科学出版社"十四五"普通高等教育
大学数学系列教材

概率论与数理统计

（第二版）

王殿坤　主编

科学出版社
北京

内 容 简 介

本书根据教学大纲,结合编者多年来的教学实践经验编写而成. 全书共九章,分为两大部分: 第一章到第五章是概率论部分,包括概率论基础、随机变量及其分布、多维随机变量及其分布、随机变量的数字特征、大数定律与中心极限定理; 第六章到第九章是数理统计部分,包括数理统计的基础知识、参数估计、假设检验、方差分析与回归分析. 本书还通过二维码链接了重难点视频与线上测试题,读者可扫码学习.

本书立足于概率论与数理统计中的基本方法和基本原理,淡化理论,注重应用,通俗易懂,适用范围广,可作为高等院校非数学专业概率论与数理统计的教材,也可为参加研究生入学考试的同学提供参考.

图书在版编目(CIP)数据

概率论与数理统计 / 王殿坤主编. -- 2 版. -- 北京:科学出版社, 2025.1. -- (科学出版社"十四五"普通高等教育本科规划教材)(大学数学系列教材). -- ISBN 978-7-03-080901-8

I. O21

中国国家版本馆 CIP 数据核字第 20249FE970 号

责任编辑:王 静 范培培 / 责任校对:樊雅琼
责任印制:师艳茹 / 封面设计:陈 敬

科 学 出 版 社 出版
北京东黄城根北街 16 号
邮政编码:100717
http://www.sciencep.com

三河市骏杰印刷有限公司印刷
科学出版社发行 各地新华书店经销

*

2021 年 8 月第 一 版 开本:720×1000 1/16
2025 年 1 月第 二 版 印张:16 3/4
2025 年 1 月第八次印刷 字数:338 000

定价:56.00 元
(如有印装质量问题,我社负责调换)

编委会

主　编　王殿坤

副主编　尹晓翠　李桂玲　程　冰　王敏会　王忠锐

编　委　（按姓名拼音排序）

　　　　程　冰　李冬梅　李桂玲　孙金领

　　　　王　萍　王殿坤　王广彬　王敏会

　　　　王忠锐　尹晓翠　于加举

前　　言

　　本书是根据编者多年的实践教学经验，综合了全体授课教师和广大学生提出的宝贵意见和建议，在第一版的基础上修订而成的．在修订过程中，我们保持了第一版结构严谨、逻辑清晰、淡化理论、通俗易懂等优点，并坚持了因材施教、夯实基础、注重应用的原则．合理利用信息化手段，尽量解决数学知识的逻辑性强、抽象难懂等教学难点问题，本次修订的主要内容为

　　(1) 注重在教材中融入思政元素，对教材中的部分例题进行了修改、注释；

　　(2) 增加了每一节的课后习题，更换了部分章节的例题；

　　(3) 为了适应不同层次的学生学习需求，我们将课后习题分为(A)基础题和(B)提高题两部分，学生可以根据自己的学习基础和对知识的实际掌握情况进行选择；

　　(4) 为了满足教师和学生对教材信息化的要求，本书按照新形态教材的要求，对教材中的重点和难点录制了微视频，读者可通过扫描教材中的二维码进行观看．除此之外，每章还通过二维码链接线上测试题．读者可扫码自测．

　　在本书修订过程中，各位任课教师和同学提出了许多宝贵意见和建议，同时我们也参阅了大量的同类教材，并借鉴了一些经典例题和习题，另外，本书的出版获得了青岛农业大学教材研究项目的资助，在此表示由衷的感谢！

　　由于编者水平有限，书中难免出现疏漏，恳请广大读者批评指正！

编　者

2024 年 10 月

第一版前言

党的二十大报告指出："教育、科技、人才是全面建设社会主义现代化国家的基础性、战略性支撑."在人类发展的历史长河中,数学伴随着人类的生产实践而产生,又为人类社会的发展做出了积极的贡献.概率论与数理统计作为近代数学的一个重要分支,它将随机现象及其统计规律作为研究对象,给出了一些重要的概念,提出了在工业、农业、医学、经济管理等领域中广泛使用的理论和方法,对其发展发挥了非常重要的作用.根据国家全面建设"新工科、新医科、新农科、新文科"的"四新"战略布局,结合当前大众化教育的特点,我们在前人的工作基础上,总结多年来的教学经验,立足于培养学生的数据处理能力、解决实际问题的能力编写了本书.本书形成的鲜明特点如下.

一、淡化理论,突出应用

概率论与数理统计的研究对象具有高度的抽象性与复杂性,它的一些定理和结论难度很大,不利于学生的理解和掌握.本书每一章都配有思维导图,帮助学生梳理所学知识.在满足基本教学要求的条件下,本书适当降低了对理论的要求,淡化了定理和性质的证明,对一些抽象的内容多以实际例子呈现,着重培养学生对知识的应用,有利于学生解决实际问题能力的培养.

二、由浅入深,通俗易懂

本书从基本概念入手,深刻剖析、递进式地引入性质、定理等其他知识,深入探索概率论与数理统计中各种知识之间的联系,使读者更容易、更自然地接受基础知识.全书有大量的图表,有助于读者对内容的深入理解.

三、习题多样,层次分明

本书习题的选择注重多样性,题目来自工业、农业、经济管理、医学等各个领域,帮助理解和巩固基本知识.每一节的课后都配有习题,题型多样,难度也是逐步提高的,适合不同层次的学生选择学习.每一章的最后附有检测练习题,帮助学生检验对本章知识的掌握程度.本书配套学习指导中对习题进行了详细解答,以供学习参考.

四、融入建模,服务专业

在内容的选取上,本书从具有实际应用背景的问题出发,由浅入深地介绍概率的基本知识,既能体现对概率知识的应用,又能体现数学建模精神,提高学生的学习兴趣和积极性.本书充分考虑了各专业的需求,在保持概率论与数理统计学科知识的完整性与系统性的前提下,力争做到推动数学与专业课知识的融合,服务于专业的需求与发展.

本书适合非数学专业的学生使用,全部内容大约需要讲授64学时,不同专业可以根据需要选择合适的内容进行讲授. 例如, 一些偏文科的专业不学统计学部分, 可以只讲授概率论部分(前五章)内容, 这部分授课内容大约需要 32 学时.

所有的参编者均参与了本书的资料收集、书稿汇总、交叉审阅等工作, 付出了艰辛的劳动, 保障了本书的编写质量. 全书由王殿坤统筹定稿.

在本书的编写过程中, 我们参考了大量的教材、习题解答等资料, 在此我们向各位同行深表感谢. 由于我们水平有限, 本书的不足之处, 恳请各位读者批评指正.

2021 年 3 月

2023 年 7 月修订

目　　录

前言
第一版前言
第一章　概率论基础 …………………………………………………………… 1
　第一节　随机事件与样本空间 …………………………………………… 1
　　一、随机现象和必然现象 ……………………………………………… 1
　　二、随机试验和样本空间 ……………………………………………… 1
　　三、事件之间的关系与运算 …………………………………………… 2
　　习题 1-1 ………………………………………………………………… 5
　第二节　概率的定义 ……………………………………………………… 5
　　一、概率的统计定义 …………………………………………………… 6
　　二、古典概率模型 ……………………………………………………… 6
　　三、几何概率模型 ……………………………………………………… 8
　　习题 1-2 ………………………………………………………………… 9
　第三节　概率的公理化 …………………………………………………… 10
　　一、概率的公理化定义 ………………………………………………… 10
　　二、概率的性质 ………………………………………………………… 11
　　习题 1-3 ………………………………………………………………… 12
　第四节　条件概率、乘法公式、独立性 ………………………………… 12
　　一、条件概率、乘法公式 ……………………………………………… 12
　　二、条件概率的性质 …………………………………………………… 13
　　三、事件的独立性 ……………………………………………………… 14
　　四、多个事件的独立性 ………………………………………………… 15
　　习题 1-4 ………………………………………………………………… 15
　第五节　全概率公式和贝叶斯公式 ……………………………………… 16
　　一、全概率公式 ………………………………………………………… 16
　　二、贝叶斯公式 ………………………………………………………… 18
　　习题 1-5 ………………………………………………………………… 19
　第六节　伯努利概型 ……………………………………………………… 20
　　一、重复独立试验 ……………………………………………………… 20
　　二、二项概率公式 ……………………………………………………… 20
　　习题 1-6 ………………………………………………………………… 21
　思维导图 …………………………………………………………………… 22

自测题一 · · · · · · 23
阅读材料：概率的起源 · · · · · · 24

第二章 随机变量及其分布 · · · · · · 26
第一节 随机变量的概念 · · · · · · 26
习题 2-1 · · · · · · 27
第二节 离散型随机变量及其分布 · · · · · · 28
一、离散型随机变量 · · · · · · 28
二、常见的离散型随机变量的分布 · · · · · · 29
习题 2-2 · · · · · · 32
第三节 随机变量的分布函数 · · · · · · 33
一、分布函数的定义 · · · · · · 33
二、离散型随机变量的分布函数 · · · · · · 34
习题 2-3 · · · · · · 35
第四节 连续型随机变量及其分布 · · · · · · 36
一、连续型随机变量 · · · · · · 36
二、常用的连续型随机变量 · · · · · · 39
习题 2-4 · · · · · · 43
第五节 随机变量函数的分布 · · · · · · 44
一、离散型随机变量函数的分布 · · · · · · 44
二、连续型随机变量函数的分布 · · · · · · 45
习题 2-5 · · · · · · 48

思维导图 · · · · · · 49
自测题二 · · · · · · 50
阅读材料：高斯与正态分布 · · · · · · 50

第三章 多维随机变量及其分布 · · · · · · 52
第一节 二维随机变量及其分布函数 · · · · · · 52
一、二维随机变量的联合分布函数 · · · · · · 52
二、二维随机变量的边缘分布 · · · · · · 54
习题 3-1 · · · · · · 54
第二节 二维离散型随机变量及其分布 · · · · · · 55
一、二维离散型随机变量及其概率分布 · · · · · · 55
二、二维离散型随机变量的边缘分布 · · · · · · 57
习题 3-2 · · · · · · 59
第三节 二维连续型随机变量及其分布 · · · · · · 60
一、二维连续型随机变量及其概率密度函数 · · · · · · 60
二、二维连续型随机变量的边缘概率密度 · · · · · · 62
三、常见的二维连续型随机变量 · · · · · · 63

习题 3-3 ······64
第四节　随机变量的独立性······65
　　一、两个随机变量独立性的定义······66
　　二、离散型随机变量的独立性······66
　　三、连续型随机变量的独立性······67
　　四、n 维随机变量的独立性······70
　　习题 3-4······70
第五节　条件分布······71
　　一、离散型随机变量的条件分布······71
　　二、连续型随机变量的条件概率密度······73
　　习题 3-5······76
第六节　二维随机变量函数的分布······77
　　一、二维离散型随机变量函数的分布······77
　　二、二维连续型随机变量函数的分布······79
　　习题 3-6······83
思维导图······85
自测题三······86
阅读材料：中国概率论与数理统计研究的开拓者——许宝騄······87

第四章　随机变量的数字特征······88

第一节　数学期望······88
　　一、离散型随机变量的数学期望······88
　　二、连续型随机变量的数学期望······90
　　三、随机变量函数的数学期望······92
　　四、数学期望的性质······94
　　习题 4-1······96
第二节　方差······97
　　一、方差的概念······98
　　二、方差的性质······100
　　习题 4-2······102
第三节　协方差与相关系数······103
　　一、协方差······103
　　二、协方差的性质······104
　　三、相关系数······104
　　四、相关系数的性质······106
　　习题 4-3······108
第四节　矩与协方差矩阵······110
　　一、矩······110

二、协方差矩阵 ··· 110
　　　习题 4-4 ··· 111
　思维导图 ·· 112
　自测题四 ·· 113
　阅读材料: 数学神童——布莱士·帕斯卡 ······························ 114

第五章　大数定律与中心极限定理 ······································ 116
　第一节　切比雪夫不等式 ··· 116
　　　习题 5-1 ··· 117
　第二节　大数定律 ·· 117
　　　习题 5-2 ··· 119
　第三节　中心极限定理 ··· 120
　　　习题 5-3 ··· 122
　思维导图 ·· 123
　自测题五 ·· 124
　阅读材料: 切比雪夫简介 ··· 125

第六章　数理统计的基础知识 ··· 127
　第一节　数理统计的基本概念 ·· 127
　　一、总体与样本 ·· 127
　　二、经验分布函数 ·· 129
　　　习题 6-1 ··· 130
　第二节　统计量 ··· 131
　　　习题 6-2 ··· 133
　第三节　三大重要分布 ··· 133
　　一、χ^2 分布 ··· 134
　　二、t 分布 ·· 136
　　三、F 分布 ·· 138
　　　习题 6-3 ··· 140
　第四节　常用统计量的分布 ·· 141
　　一、一个正态总体的抽样分布 ····································· 141
　　二、两个正态总体的抽样分布 ····································· 141
　　　习题 6-4 ··· 144
　思维导图 ·· 145
　自测题六 ·· 146
　阅读材料: 数理统计学的发展历史 ··································· 147

第七章　参数估计 ·· 148
　第一节　点估计 ··· 148
　　一、矩估计法 ··· 148

二、最大似然估计法 ……………………………………………………… 150
　　　习题 7-1 …………………………………………………………………… 153
第二节　估计量的评选标准 ………………………………………………… 154
　　　习题 7-2 …………………………………………………………………… 156
第三节　区间估计 …………………………………………………………… 157
　　一、双侧置信区间 ………………………………………………………… 157
　　二、单侧置信区间 ………………………………………………………… 158
　　三、求置信区间的一般步骤 ……………………………………………… 158
第四节　正态总体参数的区间估计 ………………………………………… 159
　　一、单个正态总体的区间估计 …………………………………………… 159
　　二、两个正态总体的区间估计 …………………………………………… 162
　　　习题 7-4 …………………………………………………………………… 166
思维导图 ……………………………………………………………………… 167
自测题七 ……………………………………………………………………… 168
阅读材料：统计学家皮尔逊简介 …………………………………………… 169

第八章　假设检验 ………………………………………………………… 170
第一节　假设检验的基本概念 ……………………………………………… 170
　　一、假设检验问题的提出 ………………………………………………… 170
　　二、假设检验问题的基本思想和步骤 …………………………………… 171
　　三、假设检验中的两类错误 ……………………………………………… 173
　　　习题 8-1 …………………………………………………………………… 174
第二节　单个正态总体参数的假设检验 …………………………………… 175
　　一、单个正态总体均值的假设检验 ……………………………………… 175
　　二、单个正态总体方差的假设检验 ……………………………………… 178
　　　习题 8-2 …………………………………………………………………… 179
第三节　两个正态总体参数的假设检验 …………………………………… 180
　　一、两个正态总体均值的假设检验 ……………………………………… 181
　　二、两个正态总体方差的假设检验 ……………………………………… 185
　　　习题 8-3 …………………………………………………………………… 186
第四节　单侧检验 …………………………………………………………… 187
　　　习题 8-4 …………………………………………………………………… 192
思维导图 ……………………………………………………………………… 193
自测题八 ……………………………………………………………………… 194
阅读材料：分布拟合检验 …………………………………………………… 194

第九章　方差分析与回归分析 …………………………………………… 197
第一节　单因素方差分析 …………………………………………………… 197
　　一、引例 …………………………………………………………………… 197

  二、数学模型 ·· 198
  三、平方和分解 ·· 199
  四、检验方法 ·· 201
  习题 9-1 ·· 204
 第二节 一元线性回归 ··· 205
  一、一元线性回归模型 ··· 206
  二、回归方程的确定 ·· 207
  三、回归方程的显著性检验 ····································· 210
  四、预测问题 ·· 212
  习题 9-2 ·· 217
 思维导图 ··· 218
 自测题九 ··· 218
 阅读材料：回归分析的创始人——弗朗西斯·高尔顿 ············· 219
参考文献 ··· 221
附表 1 二项分布数值表 ··· 222
附表 2 泊松分布表 ··· 236
附表 3 标准正态分布表 ··· 239
附表 4 χ^2 分布表 ··· 241
附表 5 t 分布表 ·· 243
附表 6 F 分布表 ·· 245

第一章 概率论基础

概率论与数理统计是研究随机现象及其统计规律的一门学科，是统计学的理论基础，是近代数学的重要组成部分．本章将介绍随机事件之间的关系及其运算、概率的性质及计算方法等，这些都是我们学习概率论与数理统计的基础．

随机事件在一次试验中可能发生，也可能不发生，带有不确定性．但在多次重复试验中，这些无法准确预料的现象并非杂乱无章的，而是存在着某种规律，我们称这种规律为随机现象的统计规律．概率论与数理统计的理论和方法在物理学、医学、生物学等学科以及农业、工业、国防和国民经济等领域具有极广泛的应用．

第一节 随机事件与样本空间

一、随机现象和必然现象

人们在生产活动、社会实践和科学实验中所遇到的自然现象和社会现象大体分为两类：一类是**确定性现象**，又称为**必然现象**，是指事先可以准确预知的，在一定条件下必然发生的现象．例如，每天早晨太阳从东方升起；在标准大气压下，水加热到 100℃ 时会沸腾；竖直向上抛一重物，则该重物一定会竖直落下等．

另一类是**不确定性现象**，又称为**随机现象**，是指事先不可准确预知的，在一定的条件下可能发生这样的结果，也可能发生那样的结果，具有偶然性的现象．例如，掷一枚硬币，观察下落后的结果，有可能正面向上，也可能反面向上；观察某粒种子发芽的情况，可能发芽，也可能不发芽；某个射手向一目标射击，结果可能命中，也可能不中．

二、随机试验和样本空间

为了获得随机现象的统计规律，必须在相同的条件下做大量的重复试验，若一个试验满足以下三个特点：

(1) 在相同的条件下可以重复进行；

(2) 每次试验的结果不止一个，在试验之前可以确定一切可能出现的结果，一次试验中有且只有其中的一个结果发生；

(3) 每次试验结果恰好是这些结果中的一个，但在试验之前不能准确地预知哪种结果会出现．

称这种试验为**随机试验**，简称**试验**，记作 E．

定义 随机试验 E 的每一个可能发生的结果称为随机试验的一个**样本点**或**基本事件**，常用 ω 表示。样本点的全体构成的集合称为随机试验的**样本空间**，用 Ω 表示，$\Omega = \{\omega\}$。显然 $\omega \in \Omega$。

例1 观察一粒种子的发芽情况，一次观察就是一次试验，试验的结果为

$$\omega_1 = \text{"发芽"}, \quad \omega_2 = \text{"不发芽"}, \quad \Omega = \{\omega_1, \omega_2\}.$$

例2 掷两枚硬币，观察正反面的情况，用 H 表示正面向上，用 T 表示反面向上，试验的可能结果有

$$\omega_1 = \{H,H\}, \ \omega_2 = \{H,T\}, \ \omega_3 = \{T,H\}, \ \omega_4 = \{T,T\}, \ \Omega = \{\omega_1, \omega_2, \omega_3, \omega_4\}.$$

例3 观测某地的年降雨量，写出样本空间。设 $t = $ "年降雨量"，则 $\Omega = \{t \mid t \in [0, +\infty)\}$。

例4 从 J, Q, K, A 四张扑克牌中随意抽取两张，写出其样本空间。

$$\omega_1 = \{J,Q\}, \ \omega_2 = \{J,K\}, \ \omega_3 = \{J,A\}, \ \omega_4 = \{Q,K\}, \ \omega_5 = \{Q,A\}, \ \omega_6 = \{K,A\},$$

$$\Omega = \{\omega_1, \omega_2, \omega_3, \omega_4, \omega_5, \omega_6\}.$$

例5 某人向一圆形平面靶 G 射击，观察击中点位置的分布情况，假设射击不会脱靶，并且在此平面上建立了坐标系，设 $(x,y) = $ "击中点 $P(x,y)$"，则样本空间为

$$\Omega = \{(x,y) \mid (x,y) \in G\}.$$

注 (1) 样本空间中的基本事件不但要涵盖随机试验的全部结果，而且基本事件不能重复。

(2) 样本空间中的元素可以是数，也可以不是数。

(3) 从样本空间含有样本点的个数来看，样本空间可以分为有限样本空间和无限样本空间两类。

在观察随机现象时，不仅要考虑基本事件，而且还要考虑复杂事件。

随机试验 E 的样本空间 Ω 的任一子集称为一个**随机事件**，简称**事件**，常用大写的字母 $A, B, C, \cdots$ 表示。在试验中，如果事件 A 中所包含的某一个基本事件 ω 出现了，则称 A **发生**。反之则称 A **不发生**。样本空间 Ω 是自身的子集，从而是随机事件，它包含所有样本点，在每次试验中必然发生，称为**必然事件**。$\varnothing$ 是 Ω 的子集，从而是随机事件，但它不包含任何样本点，故在每次试验中都不发生，称为**不可能事件**。

三、事件之间的关系与运算

为了将复杂事件用简单事件来表示，以便研究复杂事件发生的可能性，需要建立事件之间的关系和事件之间的运算。

设 Ω 为随机试验 E 的样本空间，$A, B, A_k (k=1,2,\cdots)$ 是 Ω 的子集。

1. 事件的包含

若事件 A 中任一样本点都属于 B，称**事件 A 包含于事件 B**（或称事件 B 包含事件

A). 记作 $A \subset B$ 或 $B \supset A$. 若事件 A 发生,则事件 B 必然发生. 如图 1-1 所示.

2. 相等事件

若事件 $A \subset B$,同时 $B \subset A$,则称 A 与 B 为**相等事件**,记作 $A = B$.

3. 和事件

由事件 A 和 B 所有样本点组成的事件称为事件 A 和 B 的**和事件**,记作 $A \cup B$. 若 $A \cup B$ 发生,则事件 A,B 至少有一个发生. 如图 1-2 所示.

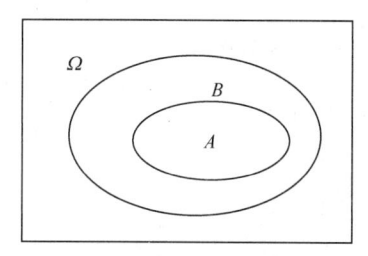

图 1-1 事件的包含关系

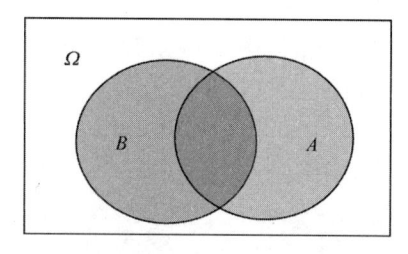

图 1-2 和事件

类似地,n 个事件的和事件记作 $\bigcup_{i=1}^{n} A_i = A_1 \cup A_2 \cup \cdots \cup A_n$,若 $\bigcup_{i=1}^{n} A_i$ 发生,则 n 个事件中至少有一个发生.

4. 积事件

由既属于 A 又属于 B 的样本点组成的集合,称为事件 A 和 B 的**积事件**,记作 $A \cap B$ 或 AB. 若事件 AB 发生,则事件 A 和 B 同时发生. 如图 1-3 所示.

类似地,n 个事件的积事件记作 $\bigcap_{i=1}^{n} A_i = A_1 \cap A_2 \cap \cdots \cap A_n$. 若事件 $\bigcap_{i=1}^{n} A_i$ 发生,则事件 $A_1, A_2, \cdots, A_n$ 同时发生.

5. 互不相容事件

若事件 A 和 B 满足 $AB = \varnothing$,则称 A,B 为**互不相容事件**或**互斥事件**,在一次试验中 A,B 两个事件不能同时发生. 如图 1-4 所示.

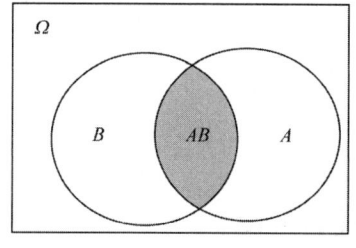

图 1-3 积事件

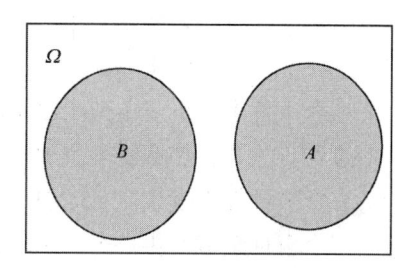

图 1-4 互不相容事件

6. 差事件

由属于 A 但不属于 B 的所有样本点组成的集合，称为事件 A 和 B 的**差事件**，记作 $A-B$. $A-B$ 表示事件 A 发生而事件 B 不发生. 如图 1-5 所示.

7. 对立事件

由样本空间 Ω 中不属于 A 的样本点组成集合 B，称事件 A 与 B 互为**对立事件**或互为**逆事件**，记作 $B = \bar{A} = \Omega - A$.

显然有 $A\bar{A} = \varnothing, A\cup \bar{A} = \Omega$，且 $\bar{\bar{A}} = A$.

在一次试验中 A 与 $\bar{A}$ 不能同时发生，但在每次试验中必有一个发生，且仅有一个发生. 如图 1-6 所示.

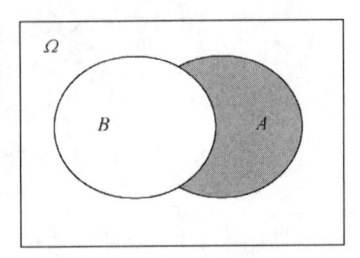

图 1-5　差事件

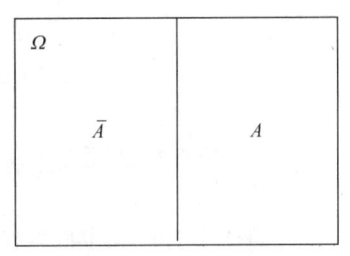

图 1-6　对立事件

事件的运算满足以下规律.

(1) 交换律：$A\cup B = B\cup A$, $\quad A\cap B = B\cap A$.

(2) 结合律：$A\cup(B\cup C) = (A\cup B)\cup C$,
$\quad\quad\quad\quad A\cap(B\cap C) = (A\cap B)\cap C$.

(3) 分配律：$(A\cup B)\cap C = (A\cap C)\cup(B\cap C)$,
$\quad\quad\quad\quad (A\cap B)\cup C = (A\cup C)\cap(B\cup C)$.

(4) 对偶律(德·摩根律)：
$$\overline{A\cup B} = \bar{A}\cap\bar{B}, \quad \overline{A\cap B} = \bar{A}\cup\bar{B},$$
$$\overline{\bigcup_{i=1}^{n} A_i} = \bigcap_{i=1}^{n} \overline{A_i}, \quad \overline{\bigcap_{i=1}^{n} A_i} = \bigcup_{i=1}^{n} \overline{A_i}.$$

例 6　设 A, B, C 是 Ω 中的三个事件，用事件的运算式子表示下列各事件.

(1) 三个事件恰好有两个发生：$AB\bar{C}\cup A\bar{B}C\cup \bar{A}BC$.

(2) 三个事件至少发生一个：$A\cup B\cup C$.

(3) 三个事件中至少发生两个：$AB\cup BC\cup AC$.

(4) A 与 B 发生，C 不发生：$AB\bar{C}$ 或 $AB - C$.

(5) 三个事件都不发生：$\overline{ABC}$ 或 $\overline{A\cup B\cup C}$.

(6) 三个事件至多发生一个：$\bar{A}\bar{B}\bar{C}\cup A\bar{B}\bar{C}\cup \bar{A}B\bar{C}\cup \bar{A}\bar{B}C$.

习题 1-1

(A) 基础题

1. 写出下列随机试验的样本空间.
   (1) 同时抛三枚硬币,观察出现的正反面情况;
   (2) 同时抛三颗骰子,观察出现的点数;
   (3) 连续抛一枚硬币,直到出现正面为止;
   (4) 在某十字路口,观察一小时内通过的机动车辆数;
   (5) 观察某城市一天内的用电量.

2. 某工人生产了 n 个零件,以事件 A_i $(1 \leqslant i \leqslant n)$ 表示他生产的第 i 个零件是合格品,用 A_i 表示下列事件.
   (1) 没有一个零件是不合格品;
   (2) 至少有一个零件是不合格品.

3. 在大学一年级新生中任取一名学生,以 A 表示"被选学生为女生",B 表示"该学生高考选科没有选物理和化学",C 表示"该学生为团员".
   (1) 说明 ABC 的意义;
   (2) 什么条件下成立 $ABC = A$;
   (3) $B = \bar{C}$ 在什么情况下成立?

(B) 提高题

1. 考察某养鸡场的十只小鸡在一年后能有几只产蛋. 设 A = "只有五只产蛋",B = "至少有五只产蛋",C = "最多有四只产蛋",试问:
   (1) A 与 B,A 与 C,B 与 C 是否为互不相容?
   (2) A 与 B,A 与 C,B 与 C 是否为对立事件?

2. 证明下列等式.
   (1) $(A \cup \bar{B}) - A\bar{B} = \overline{AB} \cup AB$;
   (2) $C \cup (A - AC) \cup (B - BC) = A \cup B \cup C$.

第二节 概率的定义

对于随机事件,在一次试验中是否发生,有很大的不确定性,不同的事件在同样的试验中发生的可能性有大有小,如一只口袋中有 5 个球,其中 2 个白球、3 个黑球,随机取一球,取到各种颜色球的可能性大小是不同的. 为了对随机试验有更深入的了解,人们希望对任一事件发生的可能性大小都能做出客观描述,并用一个数值对它进行度量. 我们把度量随机事件发生的可能性大小的数值称为事件发生的概率. 为了研究随机事件发生概率的大小与性质,首先引入频率的概念.

一、概率的统计定义

定义 1 若随机事件 A 在 n 次重复试验中发生了 n_A 次,则称 n_A 为随机事件 A 在这 n 次试验中发生的**频数**,$f_n(A) = \dfrac{n_A}{n}$ 为事件 A 在这 n 次试验中发生的**频率**.

频率的性质:

(1) 非负性: $0 \leqslant f_n(A) \leqslant 1$;

(2) 规范性: $f_n(\Omega) = 1$;

(3) 有限可加性: 对于 n 个两两互不相容事件 $A_1, A_2, \cdots, A_n$,有 $f_n\left(\bigcup\limits_{i=1}^{n} A_i\right) = \sum\limits_{i=1}^{n} f_n(A_i)$.

在 n 次试验中,事件 A 的频率一般来说是不同的,具有随机性. 但当 n 不断增大时,$f_n(A)$ 能呈现某种规律性. 历史上,著名数学家蒲丰、K. 皮尔逊和 E. 皮尔逊曾进行过大量的抛掷硬币试验. A 表示硬币正面向上,结果如表 1-1 所示.

表 1-1 投币试验

试验者	n	n_A	$f_n(A)$
蒲丰	4040	2048	0.5069
K. 皮尔逊	12000	6019	0.5016
E. 皮尔逊	24000	12012	0.5005

从上述数据可以看出,随着 n 的增大,频率 $f_n(A)$ 呈现一定稳定性,即当 n 逐渐增大时,$f_n(A)$ 总是在 0.5 附近波动,而逐渐稳定于 0.5.

定义 2 在相同的条件下,重复进行 n 次试验,如果随着试验次数的增大,事件 A 出现的频率 $f_n(A)$ 稳定地在某一确定的常数 p 附近摆动,则称常数 p 为**事件 A 发生的概率**. 记作 $P(A) = p$,这个定义称为概率的**统计定义**. 概率与频率不同,概率是固定不变的,而频率是变化的.

概率的统计定义有以下性质:

(1) 非负性: $0 \leqslant P(A) \leqslant 1$;

(2) 规范性: $P(\Omega) = 1$;

(3) 有限可加性: 对于 n 个两两互不相容的事件 $A_1, A_2, \cdots, A_n$,有 $P\left(\bigcup\limits_{i=1}^{n} A_i\right) = \sum\limits_{i=1}^{n} P(A_i)$.

二、古典概率模型

1. 古典概型

人们在生活中最早研究的是一类简单的随机试验,它们满足以下条件:

(1) 有限性: 样本空间中含有有限个样本点;

(2) 等可能性: 每次试验中, 每个样本点出现的可能性大小相同.

这类随机试验是概率论发展过程中最早的研究对象, 通常称这类随机试验为**古典概率模型**, 简称**古典概型**.

2. 概率的古典定义

定义 3 设 $\Omega = \{\omega_1, \omega_2, \cdots, \omega_n\}$ 为古典概型 E 的样本空间, 其中 $P(\omega_i) = \dfrac{1}{n}(i = 1, 2, \cdots, n)$, 事件 A 包含 n_A 个样本点, 则称

$$P(A) = \frac{n_A}{n} \tag{1.2.1}$$

为事件 A 发生的概率.

法国数学家拉普拉斯在 1812 年把式(1.2.1)作为概率的定义, 并在 19 世纪广泛流传, 现在称它为**概率的古典定义**. 但这种定义只适合于具有有限性、等可能性的古典概型, 有一定的局限性. 后来这个结果虽然推广到了拥有无限多个可能发生的结果, 每个结果具有等可能性的随机试验, 例如几何概率, 但还是没有解决概率的定义问题.

例 1 将一枚均匀的硬币连续掷两次, 计算(1)正面只出现一次的概率; (2)正面至少出现一次的概率.

解 设 $A =$ "正面只出现一次", $B =$ "正面至少出现一次", $H =$ "正面向上", $T =$ "反面向上", 则

$$\Omega = \{(H,H), (H,T), (T,H), (T,T)\}, \quad n_A = 2, \quad n_B = 3.$$

故(1) $P(A) = \dfrac{2}{4}$; (2) $P(B) = \dfrac{3}{4}$.

例 2 设一批产品有 N 个, 其中有 M 个次品, 从这批产品中, 任取 n 个产品, 求其中恰有 m 个次品的概率.

解 Ω 中含有样本点的总数为 C_N^n, 设 $A =$ "n 件产品中恰有 m 个次品", 则 A 中样本点总数为 $n_A = C_M^m C_{N-M}^{n-m}$, 故

$$P(A) = \frac{C_M^m C_{N-M}^{n-m}}{C_N^n}.$$

例 3 10 张奖券, 其中 2 张有奖、8 张无奖. 有 10 人依次去抽, 每人一张, 求第 $k(k=1,\cdots,10)$ 个人抽到有奖的概率.

解 样本空间中含有样本点个数 $n = 10!$, 设 $A =$ "第 k 个人抽中有奖", 则 A 中样本点总数为 $n_A = C_2^1 \cdot 9!$, 故

$$P(A) = \frac{n_A}{n} = \frac{C_2^1 \cdot 9!}{10!} = \frac{1}{5}.$$

例4 袋中有 5 个黑球、3 个白球,从中任取两个,求取到两个颜色相同球的概率.

解 样本空间中含有样本点个数 $n = C_8^2$,设 $A=$ "两个球颜色相同",则 A 中样本总数为 $n_A = C_5^2 + C_3^2$,故

$$P(A) = \frac{n_A}{n} = \frac{C_5^2 + C_3^2}{C_8^2} = \frac{13}{28}.$$

例5 假设有 r 个球,随机放入 n 个盒子中,试求:

(1) 某指定的 r 个盒子中各有一球的概率;

(2) 恰有 r 个盒子中各有一球的概率.

解 样本空间中共有 n^r 个样本点,即 $n_\Omega = n^r$,设 $A=$ "某指定的 r 个盒子中各有一球",则 $n_A = r!$,$B=$ "恰有 r 个盒子中各有一球",则 $n_B = C_n^r r!$,故

$$P(A) = \frac{n_A}{n_\Omega} = \frac{r!}{n^r}; \quad P(B) = \frac{n_B}{n_\Omega} = \frac{C_n^r r!}{n^r}.$$

几何概率

三、几何概率模型

在古典概率模型中,试验的结果是有限的,具有非常大的限制.在概率发展早期,人们当然要竭尽全力突破这个限制,尽量扩大自己的研究范围.一般情况下,当试验结果为无限时,会出现一些本质性的困难,这里我们讨论一种简单的情况,即具有某种等可能性的问题.

引例 设 Ω 为平面内的一个区域,其面积为 S_Ω,A 为 Ω 的一个子区域,面积为 S_A,见图 1-7.向区域 Ω 内等可能地投点,即每个点被投中的可能性大小相等.求点落入 A 的概率.

解 设 $A=$ "点落在子区域 A 中",则点落在 A 中的概率与 S_A 成正比,与 A 的位置和形状没有关系,故

$$P(A) = \frac{S_A}{S_\Omega}.$$

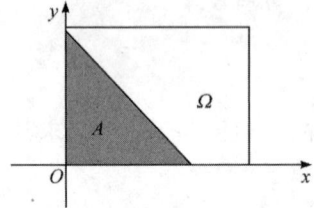

图 1-7 引例图形

定义4 若一个随机试验 E 满足如下两条:

(1) 样本空间 Ω 可以用一个几何区域 G 来表示;

(2) 样本点 ω 落在 G 的任一个子区域 A 中的可能性与区域 A 的几何测度(曲线的长度、曲面的面积、立体的体积)成正比,但与 A 的形状以及 A 在 G 中所处的位置无关,即样本点出现具有等可能性,称随机试验 E 为**几何概率模型**,简称**几何模型**.

定义5 在几何模型 E 中,Ω 可用区域 G 表示,A 是 E 的任一事件(G 的子区域),则称

$$P(A) = \frac{m_A}{m_G} \tag{1.2.2}$$

为**几何概率**. m_A 表示 A 的几何测度, m_G 表示 Ω 的几何测度.

例 6 某公共汽车站从上午 7:00 起,每隔 15 分钟有一辆公共汽车通过,现有一乘客在 7:00 到 7:30 之间随机到站候车. 求该乘客候车时间超过 10 分钟的概率.

解 设 T 表示该乘客到达时刻,$A=$ "该乘客候车时间超过 10 分钟". 则

$$\Omega = \{T \mid 7:00 < T < 7:30\}, \quad A = \{T \mid 7:00 < T < 7:05 \text{ 或 } 7:15 < T < 7:20\},$$

则

$$P(A) = \frac{m(A)}{m(\Omega)} = \frac{10}{30} = \frac{1}{3}.$$

例 7 甲、乙两人相约在 0 到 T 这段时间内在约定地点会面,先到的人等候另一人,经过时间 $t\,(t<T)$ 后离去,设每人在 0 到 T 内到达的时刻是等可能的,且两个人到达的时刻互不牵连,求甲、乙两人能会面的概率.

解 设 x,y 分别表示甲、乙两人到达的时刻,$A=$ "两人能会面",(x,y) 表示平面上的点,则

$$\Omega = \{(x,y) \mid 0 \leqslant x \leqslant T, 0 \leqslant y \leqslant T\},$$

$$A = \{(x,y) \mid |x-y| \leqslant t\},$$

Ω, A 对应图形见图 1-8. 故

$$P(A) = \frac{T^2 - (T-t)^2}{T^2} = 1 - \left(1 - \frac{t}{T}\right)^2.$$

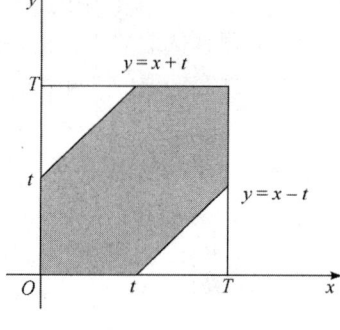

图 1-8 Ω, A 对应图形

习题 1-2

(A) 基础题

1. 有五条线段,长度分别为 1,3,5,7,9,任取 3 条,求恰好能构成三角形的概率.

2. 设袋中有 4 个白球和 2 个黑球,现从袋中依次取出 2 个球,分别就无放回取球和有放回取球两种情况,求:

(1) 这 2 个球都是白球的概率;

(2) 取到 2 个颜色相同球的概率.

3. 已知 10 个灯泡中有 7 个正品和 3 个次品,从中不放回地抽取两次,每次取一个灯泡,求:

(1) 取出的两个灯泡都是正品的概率;

(2) 取出的两个灯泡都是次品的概率;

(3) 取出一个正品,一个次品的概率;

(4) 第二次取出的灯泡是次品的概率.

4. 任意将 10 本书放在书架上，其中有两套书，一套 3 卷，另一套 4 卷，求：

(1) 3 卷一套的放在一起的概率；

(2) 两套各自放在一起的概率；

(3) 两套中至少有一套放在一起的概率；

(4) 两套各自放在一起，还按卷次顺序排好的概率.

5. (生日问题)设某班级有 n 个人($n \leqslant 365$)，求至少有两个人的生日在同一天的概率.

6. 在 11 张卡片上分别写上 engineering 这 11 个字母，从中任意连抽 6 张，求依次排列结果为 ginger 的概率.

7. 在区间 (0,1) 内任取两个数，求这两个数的乘积不大于 $\dfrac{1}{4}$ 的概率.

(B) 提高题

1. 玻璃杯成箱出售，某人欲购买三箱玻璃杯，仓库里有 10 箱库存的玻璃杯，其中管理员已经检查了其中的 6 箱，都没有残次品. 而顾客随机选取了其中的 3 箱. 求：

(1) 顾客选取的 3 箱恰好都是管理员检查过的概率；

(2) 顾客选取的 3 箱恰好有 1 箱是管理员检查过的概率.

2. 考虑一元二次方程 $x^2 + Bx + C = 0$，其中系数 B, C 取值是随机的，分别等于将一枚骰子连掷两次先后出现的点数. 试求下列事件的概率：$A_1 = \{$方程有两个不同实数根$\}$；$A_2 = \{$方程有重根$\}$；$A_3 = \{$方程无实数根$\}$.

3. 在半径为 R 的圆内画平行弦，如果这些弦与垂直于弦的直径的交点在该直径上的位置是等可能的，求任意画的弦的长度大于 R 的概率.

4. 长度为 1 的线段上任取两个点将线段分成三部分，求它们可以构成一个三角形的概率.

第三节 概率的公理化

一、概率的公理化定义

定义 设随机试验 E 的样本空间为 Ω，对于试验 E 的每一个随机事件 A，都赋予一个实数 $P(A)$，若 $P(A)$ 满足

(1) 非负性：$0 \leqslant P(A) \leqslant 1$；

(2) 规范性：$P(\Omega) = 1$；

(3) 可列可加性：若 $A_1, A_2, \cdots, A_i, \cdots$ 两两互不相容，即 $A_i A_j = \varnothing$ $(i \neq j, i, j = 1, 2, \cdots)$，则有 $P\left(\bigcup\limits_{i=1}^{+\infty} A_i\right) = \sum\limits_{i=1}^{+\infty} P(A_i)$.

称实数 $P(A)$ 为事件 A 的**概率**. 此定义称为概率的公理化定义. 可以验证，概率的

统计定义、古典定义、几何定义都满足这个定义的要求.

二、概率的性质

性质 1　$P(\varnothing)=0$.

证明　因为 $\Omega = \Omega \cup \varnothing \cup \varnothing \cup \cdots$，所以 $P(\Omega)=P(\Omega)+P(\varnothing)+P(\varnothing)+\cdots$. 从而 $P(\varnothing)=0$.

性质 2 (有限可加性)　若 $A_1,A_2,\cdots,A_n$ 两两互不相容，则 $P\left(\bigcup_{i=1}^{n}A_i\right)=\sum_{i=1}^{n}P(A_i)$.

证明　因为 $\bigcup_{i=1}^{n}A_i = A_1 \cup A_2 \cup \cdots \cup A_n \cup \varnothing \cup \cdots$，由可列可加性及 $P(\varnothing)=0$ 得

$$P\left(\bigcup_{i=1}^{n}A_i\right)=P(A_1)+P(A_2)+\cdots+P(A_n)+P(\varnothing)+\cdots=\sum_{i=1}^{n}P(A_i).$$

性质 3　若 $\overline{A}$ 为 A 的对立事件，则 $P(\overline{A})=1-P(A)$.

性质 4 (差公式)　对任意事件 A,B，有 $P(A-B)=P(A)-P(AB)$.

推论　若 $B \subset A$，则 $P(A-B)=P(A)-P(B)$，且 $P(A) \geqslant P(B)$.

性质 5 (和公式)　对任意两个事件 A,B，有 $P(A \cup B)=P(A)+P(B)-P(AB)$.

此性质不难推广到任意 n 个事件 $A_1,A_2,\cdots,A_n$，例如推广到三个事件有

$$P(A \cup B \cup C)=P(A)+P(B)+P(C)-P(AB)-P(AC)-P(BC)+P(ABC).$$

例 1　A,B 是任意两事件，$P(A)=0.6, P(A \cup B)=0.8, P(AB)=0.1$，求 $P(\overline{B})$.

解　因为 $P(A \cup B)=P(A)+P(B)-P(AB)$，所以

$$P(B)=P(A \cup B)-P(A)+P(AB)=0.8-0.6+0.1=0.3.$$

故 $P(\overline{B})=1-P(B)=1-0.3=0.7$.

例 2　设事件 A,B 的概率分别为 $\dfrac{1}{3}$ 和 $\dfrac{1}{2}$，在以下三种情况下求 $P(B\overline{A})$.

(1) A,B 互不相容；　(2) $A \subset B$；　(3) $P(AB)=\dfrac{1}{8}$.

解　(1) 由于 A,B 互不相容，即 $AB=\varnothing$，所以 $P(AB)=0$，

$$P(B\overline{A})=P(B)-P(AB)=\dfrac{1}{2}.$$

(2) 当 $A \subset B$ 时，

$$P(B\overline{A})=P(B-A)=P(B)-P(A)=\dfrac{1}{6}.$$

(3)

$$P(B\overline{A})=P(B)-P(BA)=\dfrac{1}{2}-\dfrac{1}{8}=\dfrac{3}{8}.$$

习题 1-3

(A) 基础题

1. 已知事件 A, B 有包含关系，$P(A) = 0.2, P(B) = 0.4$，求：
(1) $P(\bar{A}), P(\bar{B})$； (2) $P(AB)$； (3) $P(A \cup B)$； (4) $P(\overline{AB})$； (5) $P(\bar{A} \cap \bar{B})$.
2. 设 A, B 是两个事件，且 $P(A) = 0.7$，$P(A-B) = 0.4$，求 $P(\overline{AB})$.
3. 已知 $P(A) = 0.4, P(B) = 0.3, P(A \cup B) = 0.6$，求：
(1) $P(A\bar{B})$； (2) $P(\bar{A}B)$； (3) $P(\bar{A}\bar{B})$.
4. 设 $P(A) = P(B) = P(C) = 0.5, P(AB) = 0, P(AC) = 0.3, P(BC) = 0.4$，求 $P(\overline{ABC})$.
5. 设 A, B 是两个事件，证明 $P(AB) = 1 - P(\bar{A}) - P(\bar{B}) + P(\bar{A}\bar{B})$.

(B) 提高题

1. 在 1 到 50 共 50 个数中任取一个数，求这个数能被 2 或 3 或 5 整除的概率.
2. 已知 $P(A) = 0.7, P(B) = 0.8$，则
(1) 在什么情况下，$P(AB)$ 取得最大值，最大值是多少？
(2) 在什么情况下，$P(AB)$ 取得最小值，最小值是多少？

第四节 条件概率、乘法公式、独立性

一、条件概率、乘法公式

在实际问题中，不仅需要研究某事件 A 发生的概率，而且需要研究在另一事件 B 已经出现的条件下，事件 A 发生的概率，称它为 B 发生条件下 A 发生的条件概率，记为 $P(A|B)$. 条件概率是概率论中的一个重要而实用的概念.

引例 两台车床加工同一种机械零件，如表 1-2.

表 1-2 两台车床加工的零件数

	正品数	次品数	总计
第一台加工零件	35	5	40
第二台加工零件	50	10	60
总计	85	15	100

从这 100 个零件中任取一个零件，问
(1) 取得的零件为正品的概率.

(2) 如果已知取得的零件为第一台车床加工的，求取得的这个零件为正品的概率.

解 (1) 设 A 表示取得的零件为正品，故 $P(A) = \dfrac{85}{100} = 0.85$.

(2) 设 B 表示任意取一件产品为第一台车床加工的，当已知事件 B 发生的条件下，即已知取得的零件是第一台车床加工的，这样只需要考虑第一台车床加工的零件即可，这意味着，事件 B 的发生改变了样本空间，从原来的所有 100 个零件缩减为第一台车床加工的 40 个零件的新样本空间，故在 B 发生的条件下 A 发生的概率为

$$P(A|B) = \dfrac{35}{40} = \dfrac{7}{8} = 0.875.$$

另外，易知

$$P(B) = \dfrac{40}{100}, \quad P(AB) = \dfrac{35}{100}, \quad P(A|B) = \dfrac{35}{40} = \dfrac{\frac{35}{100}}{\frac{40}{100}},$$

故有

$$P(A|B) = \dfrac{P(AB)}{P(B)}.$$

在一般场合，我们将上述关系式作为条件概率的定义.

定义 1 设 A, B 为随机试验 E 的两个随机事件，Ω 为样本空间，如果 $P(B) > 0$，称

$$P(A|B) = \dfrac{P(AB)}{P(B)} \tag{1.4.1}$$

为在事件 B 发生的条件下 A 发生的**条件概率**.

对两个事件 A 和 B，由条件概率定义可得

$$P(AB) = P(B)P(A|B), \quad P(B) > 0. \tag{1.4.2}$$

$$P(AB) = P(A)P(B|A), \quad P(A) > 0. \tag{1.4.3}$$

称(1.4.2), (1.4.3)两式为**乘法公式**. 我们可以将乘法公式推广到有限个事件的情况，即若 $P(A_1 A_2 \cdots A_{n-1}) > 0$，则有

$$P(A_1 A_2 \cdots A_n) = P(A_1) P(A_2|A_1) P(A_3|A_1 A_2) \cdots P(A_n|A_1 A_2 \cdots A_{n-1}). \tag{1.4.4}$$

二、条件概率的性质

首先指出条件概率也是随机事件的概率，因此条件概率满足概率的三条公理. 设 B 是一事件，且 $P(B) > 0$，则

性质 1 $0 \leq P(A|B) \leq 1$;

性质 2 $P(\Omega|B) = 1$;

性质 3 设 $A_1, A_2, \cdots, A_n$ 两两互不相容，则 $P\left(\bigcup_{i=1}^{n} A_i \mid B\right) = \sum_{i=1}^{n} P(A_i \mid B)$.

例 1 一批产品共 100 件，有 80 件正品、20 件次品，其中甲生产的为 60 件(50 件正品、10 件次品)，乙生产的为 40 件(30 件正品、10 件次品)，现从中任取一件产品. 若令

A = "任取一产品为正品"， B = "任取一产品为甲生产的产品"，

试求：$P(A), P(B), P(AB), P(B \mid A), P(A \mid B)$.

解 由题设可得 $P(A) = \dfrac{80}{100}$， $P(B) = \dfrac{60}{100}$， $P(AB) = \dfrac{50}{100}$，

$$P(B \mid A) = \dfrac{P(AB)}{P(A)} = \dfrac{5}{8}, \quad P(A \mid B) = \dfrac{P(AB)}{P(B)} = \dfrac{5}{6}.$$

例 2 一批产品共 100 个，有 10 个次品，每次从中任取一个，不放回，求第三次才能取到合格品的概率.

解 设 A_1 = "第一次取到次品"，A_2 = "第二次取到次品"，A_3 = "第三次取到合格品"，则

$$P(A_1) = \dfrac{10}{100} = 0.1, \quad P(A_2 \mid A_1) = \dfrac{9}{99} = 0.0909, \quad P(A_3 \mid A_1 A_2) = \dfrac{90}{98} = 0.918.$$

故

$$\begin{aligned} P(A_1 A_2 A_3) &= P(A_1) P(A_2 \mid A_1) P(A_3 \mid A_1 A_2) \\ &= 0.1 \times 0.0909 \times 0.918 = 0.0083. \end{aligned}$$

三、事件的独立性

不难看出，一般情况下 $P(A) \neq P(A \mid B)$，但 $P(A) = P(A \mid B)$ 却是一种非常重要的情况，它说明事件 B 的出现并不影响事件 A 发生的概率，我们把这种情况称为 A 与 B 相互独立.

定义 2 设 A, B 为两个事件，如果 $P(AB) = P(A) P(B)$，则称 A, B 为**相互独立的事件**.

定理 1 当 $P(A) > 0$ (或 $P(B) > 0$) 时，A, B 相互独立的充要条件是

$$P(A \mid B) = P(A) \quad (或 P(B \mid A) = P(B)).$$

定理 2 若事件 A, B 相互独立，则 A 与 $\bar{B}$，$\bar{A}$ 与 B，$\bar{A}$ 与 $\bar{B}$ 也独立.

证明 只证 $\bar{A}$ 与 $\bar{B}$ 独立.

$$\begin{aligned} P(\bar{A} \bar{B}) &= P(\overline{A \cup B}) = 1 - P(A \cup B) = 1 - P(A) - P(B) + P(AB) \\ &= (1 - P(A))(1 - P(B)) = P(\bar{A}) P(\bar{B}). \end{aligned}$$

故 $\bar{A}$ 与 $\bar{B}$ 相互独立.

例3 甲、乙两射手同时向一目射击,甲击中目标的概率为 0.9,乙击中目标的概率为 0.8,求:(1) 目标被击中的概率;(2) 恰有一人命中的概率.

解 设 $A=$ "甲击中目标",$B=$ "乙击中目标",易知 A,B 是相互独立的,则

(1)
$$P(A \cup B) = P(A) + P(B) - P(AB)$$
$$= P(A) + P(B) - P(A)P(B) = 0.98;$$

(2) $A\bar{B}$ 与 $\bar{A}B$ 互斥,故

$$P(A\bar{B} \cup \bar{A}B) = P(A\bar{B}) + P(\bar{A}B) = P(A)P(\bar{B}) + P(\bar{A})P(B)$$
$$= 0.9 \times 0.2 + 0.1 \times 0.8 = 0.26.$$

四、多个事件的独立性

定义 3 设事件 A_1, A_2, A_3 满足

$$P(A_1 A_2) = P(A_1)P(A_2),$$
$$P(A_1 A_3) = P(A_1)P(A_3),$$
$$P(A_2 A_3) = P(A_2)P(A_3),$$
$$P(A_1 A_2 A_3) = P(A_1)P(A_2)P(A_3).$$

则称 A_1, A_2, A_3 相互独立.

一般地,设 $A_1, A_2, \cdots, A_n$ 是 n 个事件,若对任意 k 个事件 $A_{i_1}, A_{i_2}, \cdots, A_{i_k}$ ($1 \leqslant i_1 \leqslant i_2 \leqslant \cdots \leqslant i_k \leqslant n$),有

$$P(A_{i_1} A_{i_2} \cdots A_{i_k}) = P(A_{i_1})P(A_{i_2}) \cdots P(A_{i_k}),$$

称事件 $A_1, A_2, \cdots, A_n$ 相互独立.

例4 三人同时独立地破译一份密码,已知每人能译出的概率分别为 $\frac{1}{5}, \frac{1}{3}, \frac{1}{4}$,求密码被译出的概率.

解 设 $A_i=$ "第 i 个人译出密码",$i=1,2,3$. 则

$$P(A_1) = \frac{1}{5}, \quad P(A_2) = \frac{1}{3}, \quad P(A_3) = \frac{1}{4},$$

故
$$P(A_1 \cup A_2 \cup A_3) = 1 - P(\overline{A_1 A_2 A_3}) = 1 - P(\bar{A_1})P(\bar{A_2})P(\bar{A_3})$$
$$= 1 - \left(1 - \frac{1}{5}\right)\left(1 - \frac{1}{3}\right)\left(1 - \frac{1}{4}\right) = 1 - 0.4 = 0.6.$$

习题 1-4

(A) 基础题

1. 掷两颗均匀的骰子,已知第一颗掷出 6 点,求掷出点数之和不小于 10 的概率.

2. 已知某国男性公民寿命大于 60 岁的概率为 70%，大于 50 岁的概率为 85%，若某人今年已 50 岁，求他活到 60 岁的概率.

3. 假设一批产品中一、二、三等品各占 60%，30%，10%，从中任意取出一件，结果不是三等品，求取到的是一等品的概率.

4. 设 $P(A)=0.6, P(B)=0.8, P(A|B)=0.7$，求 $P(B|A)$.

5. 设随机事件 A,B 相互独立，$P(\overline{A}\overline{B})=\dfrac{1}{25}$，$P(A\overline{B})=P(\overline{A}B)$，求 $P(\overline{A})$.

6. 三个人独立地猜一个谜语，个人单独能猜出的概率分别为 0.2, 0.25, 0.3，求能将这个谜语猜出的概率.

7. 从某单位外打电话给该单位某一办公室要由单位总机转进，若总机打通的概率为 0.6，办公室的分机占线率为 0.3，设二者是独立的，求从单位外向该办公室打电话能打通的概率.

(B) 提高题

1. 设袋中装有 r 个红球，t 个白球，每次自袋中任取一个球，观察其颜色后放回，并再放入 a 个与所取出的那个球同色的球. 若在袋中连续取球四次，试求第一、二次取到红球且第三、四次取到白球的概率.

2. 设有三个相互独立的随机事件 A,B,C，且 $ABC=\varnothing, P(A)=P(B)=P(C)<\dfrac{1}{2}$，$P(A\cup B\cup C)=\dfrac{9}{16}$，求 $P(A)$.

3. 用导弹在距离 50 公里处打击一移动目标，击中的概率为 0.8. 如果第一次没有击中，则进行第二次打击，但由于目标的移动而使距离变为 60 公里；如果第二次依然没有击中，则进行第三次打击，此时距离变为 80 公里. 假设击中的概率与距离成反比，求导弹击中目标的概率.

第五节　全概率公式和贝叶斯公式

通常我们会遇到一些比较复杂的事件，在求它们概率的时候，往往要把它们先分解为一些互不相容事件的和，再利用概率的可加性，得到需要的概率. 下面我们学习全概率公式和贝叶斯公式，它们是概率论中非常重要的公式，提供了计算复杂事件概率的有效途径，使一个复杂事件的概率计算问题化繁为简.

一、全概率公式

首先介绍关于样本空间划分的概念.

定义　设 Ω 是随机试验 E 的样本空间，$A_1, A_2, \cdots, A_n$ 为 E 的一组事件，若满足

全概率公式

(1) $A_i A_j = \varnothing, i \neq j;\ i, j = 1, 2, 3, \cdots, n$；

(2) $A_1 \cup A_2 \cup \cdots \cup A_n = \Omega$．

称 $A_1, A_2, \cdots, A_n$ 为样本空间的一个**划分**，或者称为样本空间的一个**完备事件组**．

下面叙述全概率公式的一般形式．

定理 1 设 Ω 是随机试验 E 的样本空间，B 为 Ω 中的一个事件，$A_1, A_2, \cdots, A_n$ 为 Ω 的一个划分，且 $P(A_i) > 0$，则

$$P(B) = \sum_{i=1}^{n} P(A_i) P(B \mid A_i). \tag{1.5.1}$$

式(1.5.1)称为**全概率公式**．

例 1 某厂家有三条流水线生产同一产品，各流水线生产的产品分别占总产品的 60%, 30%, 10%，各条流水线生产产品的次品率依次为 1%, 5%, 4%. 从该厂家生产的产品中任取一件产品，求它是次品的概率．

解 设 A_i ="产品由第 i 条生产线生产"（$i = 1, 2, 3$），A_i 两两互斥，B ="任取一产品为次品"，

$$P(A_1) = 0.6,\quad P(B \mid A_1) = 0.01,\quad P(A_2) = 0.3,\quad P(B \mid A_2) = 0.05,$$
$$P(A_3) = 0.1,\quad P(B \mid A_3) = 0.04.$$

由全概率公式得

$$P(B) = \sum_{i=1}^{3} P(A_i) P(B \mid A_i) = 0.6 \times 0.01 + 0.3 \times 0.05 + 0.1 \times 0.04 = 0.025.$$

例 2 试卷中有一道选择题，共有四个答案可供选择，其中只有一个答案是正确的．任一考生如果会解这道题，则一定能选出正确答案；如果他不会解这道题，则不妨任选一个答案．设考生会解这道题的概率为 0.8, 求考生选出正确答案的概率．

解 设 A ="考生选出答案是正确的"，B ="考生会解这道题"，则由题设条件知

$$P(B) = 0.8,\quad P(\overline{B}) = 0.2,\quad P(A \mid B) = 1,\quad P(A \mid \overline{B}) = \frac{1}{4} = 0.25.$$

由全概率公式得

$$P(A) = P(B) P(A \mid B) + P(\overline{B}) P(A \mid \overline{B}) = 0.8 \times 1 + 0.2 \times 0.25 = 0.85.$$

现实中还有一类问题，是"已知结果寻找原因"．

例如，已知一批产品由三个工厂生产，现有一批产品，从中任取一件发现是次品，现要追究三个工厂的责任，已知三个工厂的产品合格率为 98%, 95%, 90%，问各工厂应承担多大责任？

这类问题在现实中更为常见，它所求的是条件概率，是已知某结果发生的条件下，求引发结果的各原因的可能性大小. 为解决这类问题，我们介绍贝叶斯公式.

二、贝叶斯公式

定理 2 设 $A_i(i=1,\cdots,n)$ 为样本空间的一个划分，且 $P(A_i)>0$，B 为 Ω 中的任一事件，$P(B)>0$，则

$$P(A_i\mid B)=\frac{P(A_iB)}{P(B)}=\frac{P(A_i)P(B\mid A_i)}{\sum_{j=1}^{n}P(A_j)P(B\mid A_j)} \quad (i=1,\cdots,n), \tag{1.5.2}$$

式(1.5.2)称为**贝叶斯公式**.

该公式由贝叶斯于 1763 年提出，它是在观察到事件 B 发生的条件下，寻找导致 B 发生的每一个原因. 贝叶斯公式在实际中有很多应用，它可以帮助人们确定某结果发生的最可能的原因.

例 3 设在某条国道上行驶的高速客车与一般客车的数量之比为 1:4，假设高速客车因发生故障需要停驶检修的概率为 0.002，一般客车因发生故障需要停驶检修的概率为 0.01. 已知该国道上有一辆客车因发生故障需要停驶检修，求这辆客车是高速客车的概率.

解 设 A_1, A_2 分别表示客车是高速客车和一般客车，B 表示事件"客车因发生故障需要停驶检修"，则

$$P(A_1)=\frac{1}{5}, \quad P(B\mid A_1)=0.002, \quad P(A_2)=\frac{4}{5}, \quad P(B\mid A_2)=0.01,$$

由贝叶斯公式

$$P(A_1\mid B)=\frac{P(A_1B)}{P(B)}=\frac{P(A_1)P(B\mid A_1)}{\sum_{i=1}^{2}P(A_i)P(B\mid A_i)}=\frac{0.2\times 0.002}{0.0084}=\frac{1}{21}.$$

例 4 某地区患癌症的人占总人数的 0.005，患者对一种试验反应是阳性的概率为 0.95，正常人对这种试验反应是阳性的概率为 0.04，现抽查了一人试验反应是阳性，求此人是癌症患者的概率.

解 设 $A=$ "试验结果是阳性"，$B=$ "抽查的人患癌症"，则 $\overline{B}=$ "抽查的人不患癌症". 已知 $P(B)=0.005, P(\overline{B})=0.995, P(A\mid B)=0.95, P(A\mid \overline{B})=0.04$，由贝叶斯公式

$$P(B\mid A)=\frac{P(B)\cdot P(A\mid B)}{P(B)\cdot P(A\mid B)+P(\overline{B})\cdot P(A\mid \overline{B})}=0.1066.$$

这种试验对诊断一个人是否患病很有意义. 若不做这种试验，一个人患病的概率为 0.005；若做试验后呈阳性，此人患病的概率为 0.1066，增加了近 21 倍. 因此对试验

呈阳性的人来说, 有必要保持高度警惕, 必要时应做进一步检查.

习题 1-5

(A) 基础题

1. 某手机制造企业有两个生产基地, 一个在 S 市, 另一个在 T 市, 但都生产同型号手机. S 市生产的手机占总数的 60%, T 市的占 40%. 两个基地的手机都送到两地之间的一个中心仓库, 且产品混合放在一起. 从质量检查可知 S 市生产的手机有 5% 不合格; T 市生产的手机有 10% 不合格. 从中心仓库随机抽出一个手机, 求它是不合格品的概率.

2. 有三个箱子, 分别编号为 1,2,3, 1 号箱有 1 个红球 4 个白球, 2 号箱有 2 个红球 3 个白球, 3 号箱有 3 个红球, 某人从三箱中任取一箱, 从中随机地取一个球, 求取到红球的概率.

3. 已知男人中有 5% 是色盲患者, 女人中有 0.25% 是色盲患者, 今从男女人数相等的人群中随机挑选一人, 恰好是色盲患者, 求此人是男性的概率.

4. 在通信网络中装有密码钥匙, 设全部收到的信息中有 95% 是可信的, 又设全部不可信的信息中只有 0.1% 是使用密码钥匙传送的, 而全部可信信息是使用密码钥匙传送的. 求由密码钥匙传送的信息是可信信息的概率.

5. 已知一批产品中有 95% 是合格品, 检验产品质量时, 一个合格品被误判为次品的概率为 0.02, 一个次品被误判为合格品的概率是 0.03. 求:
(1) 任意抽查一个产品, 它被判为合格品的概率;
(2) 如果一个产品经检查被判为合格, 那么它确实是合格品的概率.

6. 某班教师发现在考试及格的学生中有 90% 的学生从来没有旷课现象, 而在考试不及格的学生中只有 10% 的学生从来没有旷课现象, 现在只有 90% 的学生考试及格, 现在从这个班级的学生中随机抽取一名学生.
(1) 求抽到的这名学生从来没有旷课现象的概率;
(2) 若已知抽到的这名学生从来没有旷课现象, 求他考试及格的概率.

(B) 提高题

1. 轰炸机轰炸某目标, 它能飞到距目标 400 米、200 米、100 米的概率分别为 0.5, 0.3, 0.2, 又设它在距目标 400 米、200 米、100 米的命中率分别为 0.01, 0.02, 0.1, 当目标被命中时, 求飞机是在 400 米、200 米、100 米处轰炸的概率.

2. 某射击小组共有 20 名射手, 其中一级射手 4 人, 二级射手 8 人, 三级射手 7 人, 四级射手 1 人, 一、二、三、四级射手能通过选拔进入比赛的概率分别是 0.9, 0.7, 0.5, 0.2.
(1) 求任选一名射手, 能通过选拔进入比赛的概率;
(2) 若已知一名射手被选拔进入了比赛, 求他是一级射手的概率.

3. 设有来自三个地区的各 10 名、15 名和 25 名考生的报名表,其中女生的报名表分别为 3 份、7 份和 5 份. 随机地取一个地区的报名表,从中先后抽出两份.

(1) 求先抽到的一份是女生表的概率 p;

(2) 已知后抽到的一份是男生表,求先抽到的一份是女生表的概率 q.

第六节 伯努利概型

一、重复独立试验

定义 若 A 为随机试验 E 的事件,$P(A)=p$,在相同的条件下,重复地做 n 次试验,且各试验及其结果都是相互独立的,称这一类试验为 n **次重复独立试验**,或 n **重独立试验**.

在重复独立试验中,如果每次试验都只有两个可能结果,记为 A 和 $\bar{A}$,且在每次试验中 $P(A)=p$ 保持不变,称这样的 n 次重复独立试验为 n **重伯努利试验**,或 n **重伯努利概型**.

当然,许多随机试验的结果不止两个,但由于人们通常关心的是在试验中某个结果 A 是否发生,因而仍可把它归结为伯努利概型. 例如,明天的天气可以有各种不同的情况,但如果我们感兴趣的是明天是否下雨,则明天的天气只有两个结果: 下雨和不下雨, 这样它仍为伯努利概型. 伯努利概型虽然简单,但有着广泛的应用,它是概率论中最早研究的模型之一.

二、二项概率公式

对于伯努利概型有如下定理:

定理 设在一次试验中事件 A 出现的概率为 $p(0<p<1)$,在 n 重伯努利试验中,事件 A 恰好发生 k 次的概率为

$$P_n(k) = C_n^k p^k (1-p)^{n-k} \quad (k=0,1,2,\cdots,n).$$

证明 设 $A_i=$ "第 i 次试验中事件 A 发生",$i=1,2,\cdots,n$,在 n 次试验中指定 k 次事件 A 发生,$n-k$ 次事件 A 不发生的概率为 $p^k(1-p)^{n-k}$,且指定的方式有 C_n^k 种,因此

$$P_n(k) = C_n^k p^k (1-p)^{n-k} \quad (k=0,1,2,\cdots,n).$$

特别地,$P_n(0)+P_n(1)+\cdots+P_n(n)=\sum_{k=0}^{n}C_n^k p^k(1-p)^{n-k}=(p+1-p)^n$,此公式恰好为 $[p+(1-p)]^n$ 的二项展开式,称为**二项概率公式**.

例1 天气预报的准确率为 80%, 求:

(1) 5 次预报中恰有 4 次正确的概率;

(2) 5 次预报中至少有 4 次正确的概率.

解 记 $A =$ "天气预报正确", $P(A) = p = 0.8$.

(1) $P_5(4) = C_5^4 p^4 (1-p)^1 = C_5^4 0.8^4 0.2^1 = 0.4096$;

(2) $P_5(4) + P_5(5) = C_5^4 0.8^4 0.2^1 + C_5^5 0.8^5 0.2^0 = 0.7373$.

例2 一批产品有 20% 的次品, 进行重复抽样检查, 从其中取 5 件样品, 计算:

(1) 这种样品中恰好有 3 件次品的概率;

(2) 至多有 3 件次品的概率.

解 $A_i =$ "表示 5 件产品中含有 i 件次品" $(i = 0,1,2,\cdots,5)$, $p = 0.2$,

(1) $P_5(3) = C_5^3 p^3 (1-p)^2 = 0.0512$;

(2) $P(A_0 \cup A_1 \cup A_2 \cup A_3) = P_5(0) + P_5(1) + P_5(2) + P_5(3) = 0.9933$.

例3 一批种子发芽率为 0.8, 试问每穴至少播种几粒种子, 才能保证 0.99 以上的穴不空苗?

解 设至少播种 n 粒种子, 才能保证 0.99 以上的穴不空苗.

因为 $P($至少一粒出苗$) \geqslant 0.99$, 所以 $P($没有一粒出苗$) < 0.01$.

故 n 满足 $P_n(0) < 0.01$, 即 $0.2^n < 0.01$. 进而得

$$n > \frac{-2}{\lg 2 - 1} = 2.861.$$

可见, 每穴至少要播种 3 粒, 才能保证 0.99 以上的穴不空苗.

习题 1-6

1. 一批产品的废品率为 0.1, 每次抽取 1 个, 观测后放回, 下次再取 1 个, 共重复 3 次, 求 3 次中恰有两次抽到废品的概率.

2. 设三次独立试验中, 事件 A 出现的概率相等, 若已知 A 至少出现一次的概率等于 $\frac{19}{27}$, 求在一次试验中事件 A 出现的概率.

3. 若电灯泡的耐用时数在 1000 小时以上的概率为 0.2, 求三个电灯泡在使用 1000 小时以后最多只有一个损坏的概率. 设这三个电灯泡是相互独立使用的.

4. 设事件 A 在一次实验中出现的概率为 0.3, 问使 A 以不小于 0.6 的概率至少出现一次, 需要重复多少次实验.

5. 某医疗团队对一种药物的疗效进行研究, 此药物对某种疾病的治愈率为 0.9, 现在有 8 名患此种疾病的人同时服用此药物, 求至少有 6 人治愈的概率 p.

思 维 导 图

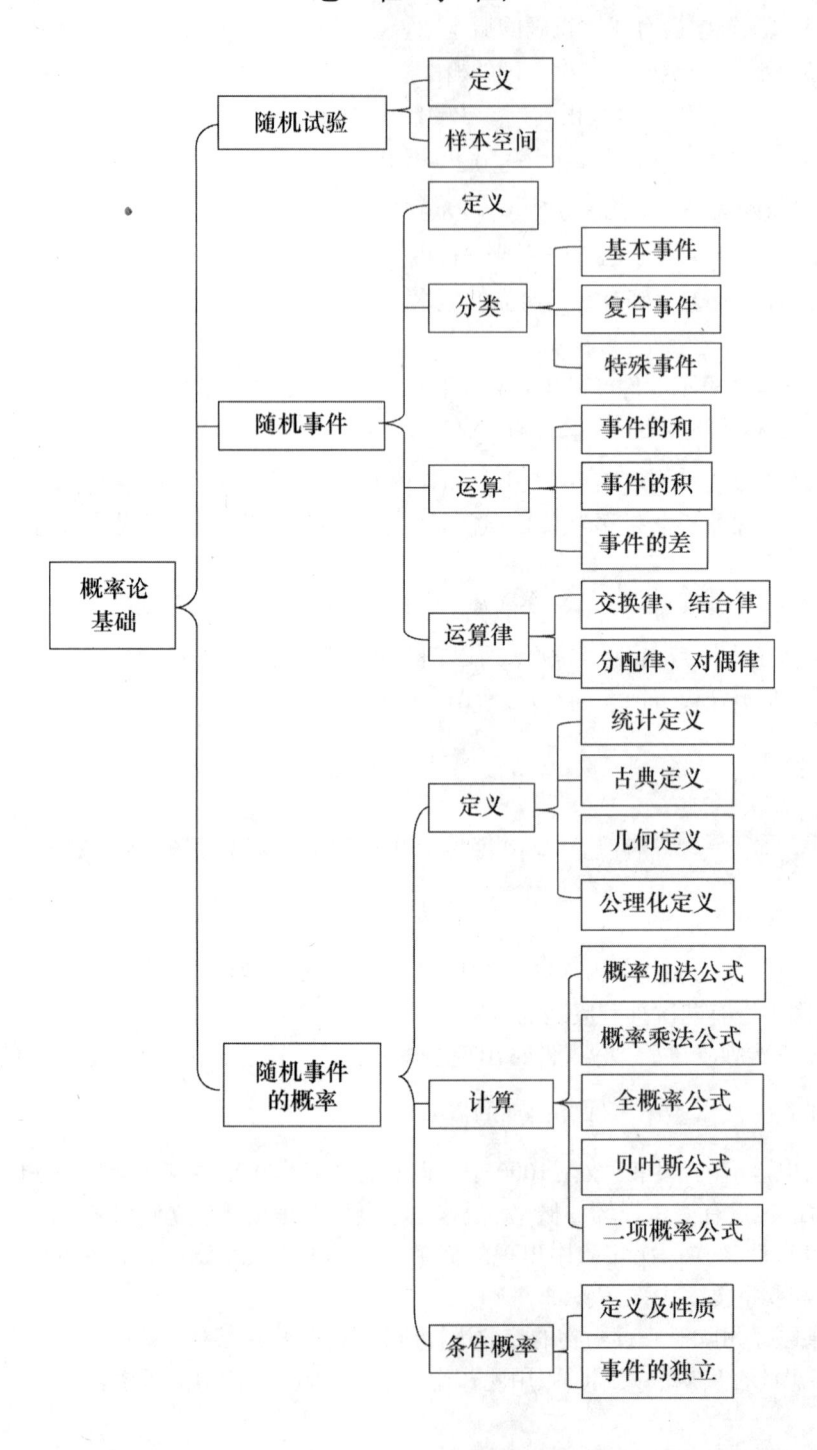

```
概率论基础
├── 随机试验
│   ├── 定义
│   └── 样本空间
├── 随机事件
│   ├── 定义
│   ├── 分类
│   │   ├── 基本事件
│   │   ├── 复合事件
│   │   └── 特殊事件
│   ├── 运算
│   │   ├── 事件的和
│   │   ├── 事件的积
│   │   └── 事件的差
│   └── 运算律
│       ├── 交换律、结合律
│       └── 分配律、对偶律
└── 随机事件的概率
    ├── 定义
    │   ├── 统计定义
    │   ├── 古典定义
    │   ├── 几何定义
    │   └── 公理化定义
    ├── 计算
    │   ├── 概率加法公式
    │   ├── 概率乘法公式
    │   ├── 全概率公式
    │   ├── 贝叶斯公式
    │   └── 二项概率公式
    └── 条件概率
        ├── 定义及性质
        └── 事件的独立
```

自 测 题 一

1. 设 A,B 为两个随机事件，且 $P(A)=0.9, P(A-B)=0.3$，则 $P(\overline{AB})=($).

2. 已知 $P(A)=0.4$，$P(B)=0.3$，$P(B|A)=0.5$，则 $P(A\cup B)=($).

3. 设事件 A 与 B 相互独立，且 $P(B)=0.5, P(A-B)=0.3$，则 $P(B-A)=($).

4. 设 A,B 为两个随机事件，且 $0<P(A)<1, 0<P(B)<1$，如果 $P(A|B)=1$，则 $P(\overline{B}|\overline{A})=($).

5. 设 A,B,C 为随机事件，且 A 与 B 互不相容，A 与 C 互不相容，B 与 C 相互独立，$P(A)=P(B)=P(C)=\dfrac{1}{3}$，则 $P(B\cup C|A\cup B\cup C)=($).

6. 某班有 30 个同学，其中 8 个女同学，随机地选 10 个，求

(1) 正好有 2 个女同学的概率；

(2) 最多有 2 个女同学的概率；

(3) 至少有 2 个女同学的概率.

7. (抽奖券问题)设某超市有奖销售，投放 n 张奖券，只有 1 张有奖，每位顾客可抽 1 张，求第 $k(1\leqslant k\leqslant n)$ 位顾客中奖的概率.

8. (相遇问题)甲、乙二人相约在中午 12 点到 1 点在预订地点会面，先到者等待 10 分钟就可离去，试求二人能会面的概率(假设二人在该时段到达预订地点是等可能的).

9. 从 5 双不同鞋子中任取 4 只，求 4 只鞋子中至少有 2 只配成一双的概率.

10. 10 个签中有 4 个是难签，3 人参加抽签(无放回)，甲先、乙次、丙最后，求甲抽到难签，甲、乙都抽到难签，甲没有抽到难签而乙抽到难签及甲、乙、丙都抽到难签的概率.

11. 100 张彩票中有 7 张有奖，现有甲先乙后各买了一张彩票，试计算说明甲、乙两人中奖的概率是否相同.

12. 设有两个相同的盒子，第一盒子中有 4 个红球和 6 个白球，第二盒子中有 5 个红球和 5 个白球，随机地取一个盒子，从中随机地取一个球，求取到红球的概率.

13. 据以往数据分析表明，当机器运转正常时，产品的合格率为 90%；当机器发生故障时，其合格率为 30%；当机器开动时，机器运转正常的概率为 75%.

(1) 求某日首件新产品是合格品的概率；

(2) 已知某日首件新产品是合格品，求机器运转正常的概率.

14. 某商店有 100 台相同型号的冰箱待售，其中 60 台是甲厂生产的，25 台是乙厂生产的，15 台是丙厂生产的，已知这三个厂生产的冰箱质量不同，它们的不合格率依次为 0.1、0.4、0.2，现有一位顾客从这批冰箱中随机地取了一台，试求：

(1) 该顾客取到一台合格冰箱的概率；

(2) 顾客开箱测试后发现冰箱不合格，求这台冰箱来自甲厂的概率.

15. 某人有一串 m 把外形相同的钥匙，其中只有一把能打开家门，有一天此人酒

醉回家，下意识地每次从 m 把钥匙中随便拿一把去开门，问此人在第 k 次才把门打开的概率.

16. 某电子产品的使用时数在 5000h 以上的概率为 0.3，求三个电子产品在使用 5000h 以后最多只有一个损坏的概率.

17. 某一型号的高射炮，每一门炮发射一弹击中飞机的概率为 0.6，现若干门炮同时发射(每炮一发)，问欲以 99% 的把握击中来犯的一架敌机，至少需要几门炮？

阅读材料：概率的起源

在三四百年之前的欧洲许多国家里，贵族之间的赌博之风非常盛行，而掷骰子是他们非常喜欢的一种赌博方式. 17 世纪中叶，法国有一位热衷于掷骰子游戏的赌徒德·梅雷(De Mere)向法国天才数学家帕斯卡(1623—1662)提出了一个非常著名的分赌注问题：有甲、乙两个赌徒按照某种方式赌博，规定谁胜一局谁就得一分，且谁先得到某个确定的分数谁就赢得所有赌资. 但是在谁也没有得到确定的分数之前，赌博因故终止了. 如果甲需要再得 n 分才赢得所有赌资，乙需要再得 m 分才赢得所有赌资，那么应该如何分配这些赌资呢？帕斯卡接受了这一问题，并与当时享有很高声誉的法国数学家费马建立了联系. 他们频繁通信，互相交流，围绕着赌博中的数学问题开始了深入细致的研究. 后来，荷兰年轻的物理学家惠更斯也赶到巴黎参加了他们的讨论，并且回到荷兰以后，他也独立地进行了研究. 这样以来，世界上很多有名的数学家对概率论产生了浓厚的兴趣，从而使得概率论这门学科得到了迅速的发展. 帕斯卡和惠更斯两人一边亲自做赌博试验，一边仔细分析赌博中出现的各种问题，终于完整解决了"分赌注问题". 帕斯卡、费马与惠更斯分别给出了"分赌注问题"的三种不同解法. 由于费马的解法比较复杂，在此我们不作介绍.

首先，我们介绍帕斯卡的解法.

为了使 n 次成功发生在 m 次失败之前，必须在前 $n+m-1$ 次试验中成功 n 次. 由二项概率公式，在 $n+m-1$ 次试验中有 k 次成功的概率为 $C_{n+m-1}^{k} p^{k}(1-p)^{n+m-1-k}$，故在前 $n+m-1$ 次试验中至少成功 n 次的概率为

$$P(n,m) = \sum_{k=n}^{n+m-1} C_{n+m-1}^{k} p^{k}(1-p)^{n+m-1-k}.$$

其次，我们介绍惠更斯的解法.

无论 n 次成功发生在 m 次失败之前，还是 m 次失败发生在 n 次成功之前，试验最多进行 $n+m-1$ 次. 又 n 次成功发生在 m 次失败之前进行的试验次数可能是 $n, n+1, \cdots, n+m-1$，如果 n 次成功发生在 m 次失败之前是在第 $k(n \leqslant k \leqslant n+m-1)$ 次发生，则第 k 次试验一定成功，且前 $k-1$ 次试验中应该有 $n-1$ 次成功，$k-n$ 次失败. 由二项概率公式可得，只需要进行 k 次试验的概率为

$$C_{k-1}^{n-1} p^{n-1}(1-p)^{k-n} p = p^{n} C_{k-1}^{n-1}(1-p)^{k-n}.$$

从而 n 次成功发生在 m 次失败之前的概率为

$$P(n,m) = p^n \sum_{k=n}^{n+m-1} C_{k-1}^{n-1}(1-p)^{k-n}.$$

至此, 关于赌资分配的问题得到了完美的解决, 而且还得到了不少的组合公式, 在此不再赘述.

总的来说, 概率论起源于人们对赌博中随机事件规律性的探索, 随后逐渐发展成为一门严谨的数学分支, 涉及数学期望、极限定理等多个重要概念, 并在统计学等领域得到广泛应用.

第二章 随机变量及其分布

随机变量是概率论与数理统计中最重要的基本概念之一，它也是通过数学方法研究随机现象的必需的一个重要方法，更是应用概率论与数理统计研究实际问题必需的一个基础。通过它能够应用数学方法分析和研究随机事件的概率及其性质，能够深入揭示随机现象的统计规律。本章主要介绍常见离散型随机变量和连续型随机变量及其分布。

第一节 随机变量的概念

在研究随机现象的过程中，有许多随机现象与数值有关，譬如，在10件产品中有3件不合格品，若从中任取两件，则取到不合格品的件数可能为 0，1，2；同时也有一些随机试验的结果是与数值无关的，例如，抛一枚硬币，可能的试验结果只有两个：出现正面或者出现反面，但是对于这种试验我们可以约定用数字 1 来表示出现正面，数字 0 来表示出现反面，这样试验的结果也就与数值有关系了。

根据上述分析可知，无论随机试验的结果是否直接表现为数量，我们总可以使其数量化，从而使随机试验的每一个可能结果对应一个数值，而这些数值可以看作一个变量的取值，这样我们就可以用这个变量来描述这个随机试验了。这个变量不同于一般的变量，它的取值依赖于试验结果，而试验结果具有随机性，因此这个变量的取值也具有随机性，我们称之为随机变量。

定义 设 Ω 为随机试验 E 的样本空间，若对 Ω 中每一个样本点 ω，都有唯一确定的实数 $X(\omega)$ 与之对应，则称 $X = X(\omega)$ 为**随机变量**，简记为 R.V. X。

随机变量一般用大写英文字母 $X, Y, Z, \cdots$ 来表示，也可以用希腊字符 $\xi, \eta, \gamma, \cdots$ 表示。

由上述定义知，随机变量是定义在样本空间上的实值函数，其值域是实数集的子集，但是这个实值函数与高等数学中的函数有本质的区别。

(1) 定义域不同，高等数学中的函数定义域是数集 D，而随机变量的定义域是样本空间 Ω。

(2) 对应关系不同，高等数学中的函数取值完全由定义域和对应法则所确定，而随机变量的取值则完全由样本点 ω 确定，若 ω 出现，则随机变量 X 取值 $X(\omega)$。由于在一次试验中究竟哪一个样本点出现是随机的，因而随机变量取值也是随机的。

下面举几个关于随机变量的例子。

例1 某人投篮一次，投中规定 $X = a$，未投中规定 $X = b$，则 X 是一个随机变量，记作

$$X = \begin{cases} a, & \omega = 投中, \\ b, & \omega = 未投中. \end{cases}$$

将此例换一种说法，令 $X =$ "某人投篮 1 次投中的次数"，则 " $X = 1$ " 表示投中 1 次，" $X = 0$ " 表示投中 0 次，即

$$X = \begin{cases} 1, & \omega = 投中1次, \\ 0, & \omega = 投中0次. \end{cases}$$

则 X 是一随机变量.

对样本空间 Ω 只含有两个样本点 ω_1 和 ω_2 的随机试验，都可以引入随机变量 X，

$$X = \begin{cases} 1, & \omega = \omega_1, \\ 0, & \omega = \omega_2. \end{cases}$$

例 2 掷一颗骰子，考察骰子出现的点数，样本空间 $\Omega = \{\omega_1, \omega_2, \cdots, \omega_6\}$，$\omega_i$ 表示骰子出现 i 点，$i = 1, 2, \cdots, 6$. 令 $X_1 =$ "骰子出现的点数"，则 X_1 为一随机变量，它的取值为 1, 2, 3, 4, 5, 6.

在例 2 中若考察骰子出现点数的奇偶性，则 $\Omega_2 = \{\omega_奇, \omega_偶\}$，$\omega_奇, \omega_偶$ 分别表示骰子出现奇数点和偶数点，规定出现奇数点 $X_2 = 1$，出现偶数点 $X_2 = 0$，即

$$X_2 = \begin{cases} 1, & \omega = \omega_奇, \\ 0, & \omega = \omega_偶. \end{cases}$$

则 X_2 为一随机变量. 同一个随机试验中根据假设不同的标准，可以得到不同的随机变量.

从此例可以看出，同是掷骰子这个随机试验，由于样本空间不同，随机变量也不同.

引入随机变量之后，可以用随机变量来描述随机事件，从而把对随机事件的研究转化为对随机变量的研究，为我们运用各种数学工具深入研究随机现象奠定了基础. 例如在例 1 中，$\{X = 1\}$ 表示事件"投中"，$\{X = 0\}$ 表示事件"未投中". 例 2 中 $\{X_1 \leq 3\}$ 表示事件"掷骰子出现的点数不超过 3"，$\{2 \leq X_1 \leq 4\}$ 表示事件"掷骰子出现的点数大于等于 2 小于等于 4"，事件 $A =$ "出现偶数点"的概率为

$$P(A) = P\{X_1 = 2\} + P\{X_1 = 4\} + P\{X_1 = 6\} = \frac{1}{6} + \frac{1}{6} + \frac{1}{6} = \frac{1}{2},$$

或者

$$P(A) = P\{X_2 = 0\} = \frac{1}{2}.$$

习题 2-1

1. 随机变量与函数的区别是什么？
2. 概率论与数理统计中引入随机变量概念的意义是什么？

3. 一个盒子中有 10 个乒乓球，编号分别是 1,2,⋯,10. 现在从中任意取出一个球，观察标号"小于5""等于5""大于5"的情况，试定义一个随机变量表示上述试验结果，并求每个结果发生的概率.

第二节　离散型随机变量及其分布

对于常见随机变量，根据其取值特点，通常分为离散型随机变量和连续型随机变量，本小节介绍常见离散型随机变量及其概率分布.

一、离散型随机变量

定义 1　如果随机变量 X 的所有可能取值为有限个或可列个，则称 X 为**离散型随机变量**，简记为 D.R.V. X.

在掷骰子并观察其出现的点数的试验中，X 表示掷一次骰子出现的点数，则 X 是一个离散型随机变量，其取值为 1, 2, 3, 4, 5, 6. 观察某网站一天内的浏览次数，令 X 表示一天内的浏览次数，则 X 是一个离散型随机变量.

对于离散型随机变量，我们不仅仅关心它的可能取值，更关心它取各个值的概率，也就是它的概率分布.

定义 2　若离散型随机变量 X 的所有可能的取值为 $x_1, x_2, \cdots$，且取各个值的概率为

$$P\{X = x_k\} = p_k, \quad k = 1, 2, \cdots,$$

称以上式子为离散型随机变量 X 的**概率分布**、**分布列**或**分布律**.

离散型随机变量 X 的分布列通常写成如下表格形式：

X	x_1	x_2	$\cdots$	x_n	$\cdots$
P	p_1	p_2	$\cdots$	p_n	$\cdots$

离散型随机变量的分布列有如下的性质：

(1) 非负性：$0 \leqslant p_k \leqslant 1, \ k = 1, 2, \cdots$；

(2) 规范性：$\sum_{k=1}^{+\infty} p_k = 1$.

例 1　现有 7 件产品，其中一等品 4 件、二等品 3 件，从中任取 3 件，用 X 表示取出的 3 件产品中的一等品数，求 X 的分布列.

解　X 的可能取值为 0, 1, 2, 3，则 X 的分布列为

$$P\{X = k\} = \frac{C_4^k C_3^{3-k}}{C_7^3}, \quad k = 0, 1, 2, 3,$$

写成表格形式为

X	0	1	2	3
P	$\dfrac{1}{35}$	$\dfrac{12}{35}$	$\dfrac{18}{35}$	$\dfrac{4}{35}$

例 2 两台机器独立地运转，它们发生故障的概率分别为 0.1, 0.2，用 X 表示发生故障的机器数，求 X 的分布列.

解 X 的可能取值为 0, 1, 2，设 $A_i =$ "第 i 台机器发生故障"，$i=1,2$，则
$$P(A_1) = 0.1, \quad P(A_2) = 0.2.$$

根据事件的独立性，有
$$P\{X=0\} = P(\overline{A_1}\,\overline{A_2}) = 0.9 \times 0.8 = 0.72,$$
$$P\{X=1\} = P(A_1\overline{A_2}) + P(\overline{A_1}A_2) = 0.1 \times 0.8 + 0.9 \times 0.2 = 0.26,$$
$$P\{X=2\} = P(A_1 A_2) = 0.1 \times 0.2 = 0.02.$$

故所求分布列为

X	0	1	2
P	0.72	0.26	0.02

二、常见的离散型随机变量的分布

1. 两点分布

若随机变量 X 只取 x_1, x_2 两个值，其分布列为
$$P\{X=x_1\} = p, \quad P\{X=x_2\} = 1-p \quad (0 < p < 1),$$
即

X	x_1	x_2
P	p	$1-p$

则称 X 服从参数为 p 的**两点分布**.

特别地，当 $x_1 = 1$，$x_2 = 0$ 时，称 X 服从 0-1 分布，其分布列也可以表示为
$$P\{X=k\} = p^k(1-p)^{1-k}, \quad k=0,1.$$

其中 $0 < p < 1$.

如果一个随机试验的结果只有两个，我们就可以用两点分布来描述它，如抛一枚硬币，观察哪面向上；或向一个目标射击，观察中与不中. 有时试验的结果虽然不止两个，但是我们只关心某一个结果是否出现，也可以用两点分布来描述它，只需令"$X=1$"表示该结果出现，"$X=0$"表示该结果未出现即可.

2. 二项分布

若随机变量 X 的可能取值为 $0,1,2,\cdots,n$,其分布列为

$$P\{X=k\} = C_n^k p^k (1-p)^{n-k} \quad (k=0,1,2,\cdots,n),$$

其中 $0<p<1$,则称随机变量 X 服从参数为 n 和 p 的**二项分布**,记作 $X \sim B(n,p)$. 之所以称之为二项分布,是因为概率 $P\{X=k\} = C_n^k p^k (1-p)^{n-k}$ 是 $[p+(1-p)]^n$ 的二项展开式中的通项.

显然,在 n 重伯努利试验中,令 X 表示事件 A 在这 n 次试验中出现的次数,则 $X \sim B(n,p)$. 特别地,当 $n=1$ 时,$B(1,p)$ 即为 0-1 分布.

例 3 某人投篮的命中率为 0.8,若连续投 5 次,求至多投中 2 次的概率.

解 每一次投篮可看作一次伯努利试验,则 5 次投篮可看作 5 重伯努利试验,设 X 表示 5 次投篮中投中的次数,则 $X \sim B(5,0.8)$,$\{X \leqslant 2\}$ 表示"至多投中 2 次". 则

$$P\{X \leqslant 2\} = P\{X=2\} + P\{X=1\} + P\{X=0\}$$
$$= C_5^2 p^2 (1-p)^3 + C_5^1 p(1-p)^4 + C_5^0 (1-p)^5 = 0.0579.$$

3. 泊松分布

若设随机变量 X 的可能取值为 $0,1,2,\cdots$,且其分布列为

$$P\{X=k\} = \frac{\lambda^k e^{-\lambda}}{k!}, \quad k=0,1,2,\cdots,$$

其中 $\lambda>0$ 为常数,则称随机变量 X 服从参数为 λ 的**泊松分布**,记作 $X \sim P(\lambda)$.

泊松分布是应用非常广泛的分布之一,它是可以用来描述客观世界中存在的大量稀疏现象的试验模型. 例如,单位时间内到达某商场的顾客人数;大型铸件的单位体积中气孔的数目;单位重量的作物种子中杂草种子的数目;某地区在某段时间内发生交通事故的次数;电话交换台在固定时间段内接到的呼叫次数等都服从或近似服从泊松分布.

例 4 已知某电话交换台每分钟的呼叫次数 X 服从参数为 4 的泊松分布,求:

(1) 每分钟恰有 8 次呼叫的概率; (2) 每分钟呼叫次数大于 8 次的概率.

解 $X \sim P(4)$,则 X 的分布列为 $P\{X=k\} = \dfrac{4^k e^{-4}}{k!}$,$k=0,1,2,\cdots$.

(1) $P\{X=8\} = \dfrac{4^8 e^{-4}}{8!} = 0.02977$.

(2) $P\{X>8\} = 1 - P\{X \leqslant 8\} = 1 - \sum_{k=0}^{8} \dfrac{4^k e^{-4}}{k!} = 0.021363$.

例 5 由某商店过去的销售记录可知某种商品每月的销售量(单位:件)可用参数 $\lambda=5$ 的泊松分布来描述,为了以 99% 以上的把握保证不脱销,问商店在月底至少应进该种商品多少件(假设只在月底进货)?

解 设 X 表示该商品的月销售量,月底进货为 N 件,则 $X \sim P(5)$,且当 $X \leqslant N$ 时不致脱销. 由题意知

$$P\{X \leqslant N\} = \sum_{k=0}^{N} \frac{5^k}{k!} \mathrm{e}^{-5} \geqslant 0.99,$$

即 $\sum_{k=N+1}^{+\infty} \frac{5^k}{k!} \mathrm{e}^{-5} \leqslant 0.01$.

查附表中的泊松分布表知:$\sum_{k=12}^{+\infty} \frac{5^k}{k!} \mathrm{e}^{-5} = 0.003434 \leqslant 0.01$.

于是,商店在月底至少应进该种商品 11 件,就可以以 99% 以上的把握保证不脱销.

在二项分布 $B(n,p)$ 中,当 n 值较大,而 p 值较小时,有一个很好的近似公式,这就是泊松定理.

泊松定理 设随机变量 X_n 服从二项分布 $B(n, p_n)$ $(n=1,2,\cdots)$,其中 p_n 与 n 有关,若 p_n 满足 $\lim\limits_{n \to +\infty} np_n = \lambda > 0$ (λ 为常数),则有

$$\lim_{n \to +\infty} P\{X_n = k\} = \lim_{n \to +\infty} C_n^k p_n^k (1-p_n)^{n-k} = \frac{\lambda^k \mathrm{e}^{-\lambda}}{k!} \quad (k=0,1,\cdots,n).$$

证明略.

在实际应用中,当 n 值较大,p 值较小,而 np 适中时,可直接利用以下近似公式

$$C_n^k p^k (1-p)^{n-k} \approx \frac{\lambda^k \mathrm{e}^{-\lambda}}{k!} \quad (\lambda = np).$$

例 6 为保证设备正常工作,配备 10 名维修工,负责 500 台设备,如果各台设备是否发生故障是相互独立的,且每台设备发生故障的概率都是 0.01(每台设备发生故障可由 1 名维修工排除),求设备发生故障而不能被及时维修的概率.

解 令 X 表示 500 台设备中同时发生故障的设备台数,则 $X \sim B(500, 0.01)$,根据泊松定理,X 可用参数为 $\lambda = np = 5$ 的泊松分布近似计算,故所求概率为

$$P\{X > 10\} \approx \sum_{k=11}^{+\infty} \frac{5^k}{k!} \mathrm{e}^{-5} = 0.013695.$$

4. 几何分布

若随机变量 X 的可能取值为 $1, 2, \cdots$,且其分布列为

$$P\{X = k\} = (1-p)^{k-1} p, \quad k = 1, 2, \cdots,$$

其中 $0 < p < 1$,则称 X 服从参数为 p 的**几何分布**,记作 $X \sim G(p)$.

之所以称其为几何分布,是因为 $(1-p)^{k-1} p$ ($k=1,2,\cdots$) 是一个几何数列. 在伯努利试验中,设事件 A 出现的概率为 p,令 X 表示事件 A 首次出现时所需的试验次数,则 $X \sim G(p)$.

5. 超几何分布

若随机变量 X 的概率分布为

$$P\{X=k\} = \frac{C_M^k C_{N-M}^{n-k}}{C_N^n},$$

$k = 0, 1, \cdots, r$；$r = \min\{M, n\}$；$M \leqslant N$，$n \leqslant N$；n，N，M 均为正整数，则称 X 服从**超几何分布**，记为 $X \sim H(n, N, M)$．

一般地，设 N 件产品中有 M 件不合格品，从中不放回地随机抽取 n 个，若令 X 表示不合格品的个数，则 $X \sim H(n, N, M)$．

习题 2-2

(A) 基础题

1. 已知离散型随机变量 X 的分布列为 $P\{X=k\} = \dfrac{1-a}{4^k}, k = 1, 2, \cdots$，求 a 的值．

2. 设在 10 只灯泡中有 2 只次品，在其中取 3 次，每次任取 1 只，作不放回抽样，X 表示取出灯泡的次品数，求 X 的分布列．

3. 一袋中装有 6 个小球，编号为 1, 2, 3, 4, 5, 6．从袋中同时取出 4 个小球，用 X 表示取出的小球中的最大号码，求 X 的分布列．

4. 有 5 件产品，其中 2 件次品，从中任取 2 件，设随机变量 X 表示取得的次品数，求

(1) X 的分布列；(2) $P\left\{X \leqslant \dfrac{1}{2}\right\}$；(3) $P\left\{1 \leqslant X \leqslant \dfrac{3}{2}\right\}$；(4) $P\{1 < X < 2\}$．

5. 某人进行射击，假设每次射击的命中率为 0.01，独立射击 400 次，试求至少命中一次的概率．

(B) 提高题

1. 某宿舍楼内有 5 台投币自助洗衣机，设每台洗衣机是否被使用相互独立．调查表明在任意时刻每台洗衣机被使用的概率为 0.1，在同一时刻，求：

(1) 恰有 2 台洗衣机被使用的概率；(2) 至多有 3 台洗衣机被使用的概率．

2. 某人从网上订购了 6 只茶杯，在运输途中，茶杯被打破的概率为 0.02，求：

(1) 该人收到茶杯时，恰有 2 只茶杯被打破的概率；

(2) 该人收到茶杯时，至少有 1 只茶杯被打破的概率；

(3) 该人收到茶杯时，至多有 2 只茶杯被打破的概率．

3. 某纺织厂有 80 台纺织机，每台机器是否工作相互独立，若每台机器出故障的概率均为 0.01，现有两种方案配备维修人员，方案一：配备 4 名维修工，每人分别负责 20 台机器；方案二：配备 3 名维修工，3 人一起负责 80 台机器，试比较两种方案下机器发生故障时需要等待维修的概率，以便做出决策．

第三节 随机变量的分布函数

为了全面描述随机变量的统计规律，我们引入随机变量的分布函数的概念.

一、分布函数的定义

定义 设 X 为一个随机变量，x 为任意实数，称 $F(x) = P\{X \leqslant x\}$ $(-\infty < x < +\infty)$ 为随机变量 X 的**分布函数**.

由此定义可知，无论随机变量 X 的取值情况如何，分布函数 $F(x)$ 的定义域均为 $(-\infty, +\infty)$.

如果将 X 看成数轴上的随机点的坐标，那么分布函数 $F(x)$ 在点 x 处的函数值就表示 X 落入区间 $(-\infty, x]$ 内的概率，因此若随机变量 X 的分布函数 $F(x)$ 已知，则 X 落入任一区间 $(x_1, x_2]$ 内的概率可表示为

$$P\{x_1 < X \leqslant x_2\} = P\{X \leqslant x_2\} - P\{X \leqslant x_1\} = F(x_2) - F(x_1).$$

从而，可由分布函数 $F(x)$ 计算随机变量 X 取任何值以及 X 落入任意区间内的概率. 例如

$$P\{X > a\} = 1 - P\{X \leqslant a\} = 1 - F(a),$$
$$P\{X < a\} = F(a - 0),$$
$$P\{X = a\} = F(a) - F(a - 0),$$
$$P\{a \leqslant X \leqslant b\} = F(b) - F(a - 0)$$

等，这里 $F(a-0) = \lim\limits_{x \to a^-} F(x)$，即 $F(x)$ 在 $x = a$ 点的左极限.

因此，知道了随机变量的分布函数，也就掌握了随机变量的统计规律性. 从这种意义上说，分布函数 $F(x)$ 完整地描述了随机变量 X 取值的概率规律.

分布函数有如下的基本性质：

(1) $0 \leqslant F(x) \leqslant 1$，$x \in \mathbb{R}$，且 $F(-\infty) = \lim\limits_{x \to -\infty} F(x) = 0$，$F(+\infty) = \lim\limits_{x \to +\infty} F(x) = 1$；

(2) 若 $x_1 < x_2$，则 $F(x_1) \leqslant F(x_2)$，即 $F(x)$ 单调不减；

(3) $F(x + 0) = F(x)$，即 $F(x)$ 为右连续函数.

这三个性质是分布函数的基本性质，任何一个随机变量的分布函数均满足以上三个性质. 反之，任何一个满足上面三个性质的函数，均可看作某个随机变量的分布函数.

例1 设随机变量 X 的分布函数为 $F(x) = \begin{cases} 0, & x \leqslant -1, \\ Ax + B, & -1 < x \leqslant 1, \\ 1, & x > 1. \end{cases}$

求：(1) 常数 A, B；(2) $P\{-0.2 < X \leqslant 0.8\}$，$P\{0.5 < X < 2\}$.

解 (1) 因为 $F(x)$ 右连续，所以有

$$\begin{cases} \lim_{x \to -1^+} F(x) = F(-1), \\ \lim_{x \to 1^+} F(x) = F(1), \end{cases} \quad 即 \quad \begin{cases} B - A = 0, \\ 1 = A + B. \end{cases}$$

解方程得 $A = \dfrac{1}{2}, B = \dfrac{1}{2}$.

(2) $P\{-0.2 < X \leqslant 0.8\} = F(0.8) - F(-0.2) = 0.9 - 0.4 = 0.5$,

$P\{0.5 < X < 2\} = F(2 - 0) - F(0.5) = 1 - 0.75 = 0.25$.

二、离散型随机变量的分布函数

设随机变量 X 的分布列为 $P\{X = x_k\} = p_k (k = 1, 2, \cdots)$，则 X 的分布函数为

$$F(x) = P\{X \leqslant x\} = \sum_{x_k \leqslant x} p_k.$$

例 2 设随机变量 X 的分布列为

X	-1	1	2
P	$\dfrac{1}{6}$	$\dfrac{1}{3}$	$\dfrac{1}{2}$

求: (1) X 的分布函数并画出图形; (2) $P\left\{X \leqslant \dfrac{1}{2}\right\}, P\left\{\dfrac{3}{2} < X \leqslant \dfrac{5}{2}\right\}, P\left\{-1 \leqslant X \leqslant \dfrac{3}{2}\right\}$.

解 (1) X 的取值 $-1, 1, 2$ 将整个数轴分为 4 个部分, 由于分布函数定义在整个数轴上, 因此, 我们应该分段考虑如下:

当 $x < -1$ 时, 由于 X 不取小于 -1 的数, 因此事件 $\{X \leqslant x\}$ 是不可能事件, 故 $F(x) = 0$;

当 $-1 \leqslant x < 1$ 时, $\{X \leqslant x\} = \{X = -1\}$, 因此

$$F(x) = P\{X \leqslant x\} = P\{X = -1\} = \dfrac{1}{6};$$

当 $1 \leqslant x < 2$ 时, $\{X \leqslant x\} = \{X = -1\} \bigcup \{X = 1\}$, 因此

$$F(x) = P\{X \leqslant x\} = P\{X = -1\} + P\{X = 1\} = \dfrac{1}{6} + \dfrac{1}{3} = \dfrac{1}{2};$$

当 $x \geqslant 2$ 时, 由于 X 的取值不超过 2, 因此事件 $\{X \leqslant x\}$ 是必然事件, 故 $F(x) = 1$. 故 X 的分布函数为

$$F(x) = \begin{cases} 0, & x < -1, \\ \dfrac{1}{6}, & -1 \leqslant x < 1, \\ \dfrac{1}{2}, & 1 \leqslant x < 2, \\ 1, & x \geqslant 2. \end{cases}$$

(2) $P\left\{X \leqslant \dfrac{1}{2}\right\} = F\left(\dfrac{1}{2}\right) = \dfrac{1}{6};$

$P\left\{\dfrac{3}{2} < X \leqslant \dfrac{5}{2}\right\} = F\left(\dfrac{5}{2}\right) - F\left(\dfrac{3}{2}\right)$

$= 1 - \dfrac{1}{2} = \dfrac{1}{2};$

$P\left\{-1 \leqslant X \leqslant \dfrac{3}{2}\right\} = F\left(\dfrac{3}{2}\right) - F(-1-0) = \dfrac{1}{2} - 0 = \dfrac{1}{2}.$

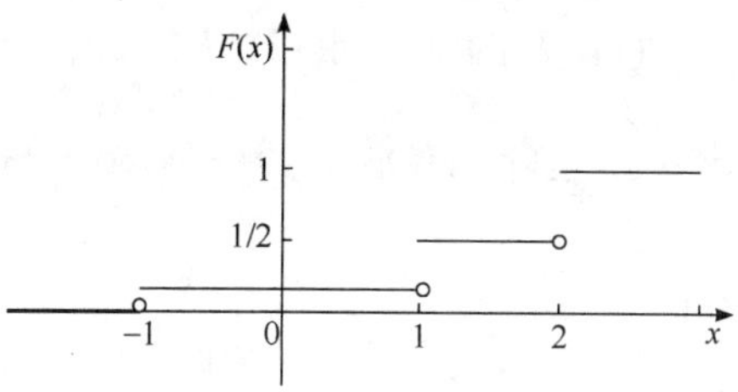

图 2-1 例 2 分布函数

$F(x)$ 的图像如图 2-1 所示. 随机变量 X 的取值点即 $x=-1$，$x=1$，$x=2$ 为函数的跳跃间断点, 且跳跃高度 $\dfrac{1}{6}$，$\dfrac{1}{3}$，$\dfrac{1}{2}$ 分别为随机变量 X 在相应取值点处的概率.

例 3 设随机变量 X 的分布函数为

$$F(x) = \begin{cases} 0, & x < 0, \\ 0.2, & 0 \leqslant x < 2, \\ 0.5, & 2 \leqslant x < 4, \\ 0.6, & 4 \leqslant x < 5, \\ 1, & x \geqslant 5. \end{cases}$$

求: (1) X 的分布列; (2) $P\{1 < X \leqslant 2\}$，$P\{X > 3\}$.

解 (1) 由离散型随机变量分布函数的特点知: 随机变量 X 的分布函数的间断点即为随机变量 X 的可能取值点, 分布函数在间断点处取值的跳跃高度即为随机变量 X 取相应值时的概率, 故随机变量 X 的分布列为

X	0	2	4	5
P	0.2	0.3	0.1	0.4

(2) $P\{1 < X \leqslant 2\} = F(2) - F(1) = 0.5 - 0.2 = 0.3$，

$P\{X > 3\} = 1 - P\{X \leqslant 3\} = 1 - F(3) = 1 - 0.5 = 0.5.$

例 1 和例 2 中相应的概率计算也可以利用第一章概率的计算方法求得, 请读者自己练习.

习题 2-3

(A) 基础题

1. 设离散型随机变量 X 分布函数为 $F(x) = \begin{cases} 0, & x < 0, \\ 0.4, & 0 \leqslant x < 3, \\ 0.8, & 3 \leqslant x < 5, \\ 1, & x \geqslant 5, \end{cases}$ 求:

(1) X 的分布列；(2) $P\{1<X\leqslant 2\}$.

2. 设随机变量 X 的分布函数为 $F(x)=\begin{cases}1-e^{-x}, & x\geqslant 0,\\ 0, & x<0,\end{cases}$ 求：

(1) $P\{X\leqslant 2\}$；(2) $P\{X>3\}$.

3. 设随机变量 $X\sim B(1,0.3)$，试写出 X 的分布函数.

4. 设随机变量 X 的分布函数为 $F(x)=\begin{cases}0, & x\leqslant 0,\\ kx^2, & 0<x\leqslant 2,\\ 1, & x>2,\end{cases}$ 试确定常数 k 的值，并求

$P\{2<X\leqslant 3\}$；$P\{X\geqslant 3\}$.

(B) 提高题

1. 设 X 是一个离散型随机变量，其分布列如下所示

X	−1	0	1
P	0.5	1−2q	q^2

试求：(1) 常数 q；(2) X 的分布函数.

2. 已知随机变量 X 的概率分布为

X	1	2	3
P	θ^2	$2\theta(1-\theta)$	$(1-\theta)^2$

且 $P\{X\geqslant 2\}=\dfrac{3}{4}$，试求：(1) 常数 θ；(2) X 的分布函数.

3. 设随机变量 X 的分布函数为 $F(x)=\begin{cases}A+Be^{-2x}, & x>0,\\ 0, & x\leqslant 0,\end{cases}$ 求：

(1) A,B 的值；(2) $P\{0<X\leqslant 2\}$；(3) $P\{X\geqslant 2\}$.

4. 设 $F_1(x)$ 与 $F_2(x)$ 都是分布函数，又 a 和 b 是两个正常数，且 $a+b=1$，证明：$F(x)=aF_1(x)+bF_2(x)$ 也是一个分布函数.

第四节 连续型随机变量及其分布

一、连续型随机变量

上一节，我们研究了离散型随机变量，它的取值为有限个或者可列个，分布列能够完全刻画其统计规律. 然而，在实际中有很多非离散型随机变量，例如描述"寿命""温度""身高""体重"等问题的随机变量，其取值可以充满某个区间，应该如何刻画

其统计规律呢? 在本节中, 我们将介绍连续型随机变量及其分布.

定义 1 设随机变量 X 的分布函数为 $F(x)$, 如果存在非负可积函数 $f(x)$, 使得对于任意的实数 x, 有

$$F(x) = \int_{-\infty}^{x} f(t)dt \quad (-\infty < x < +\infty),$$

则称随机变量 X 为**连续型随机变量**, 简记为 C.R.V. X, 其中 $f(x)$ 称为连续型随机变量 X 的**概率密度函数**, 或简称为**密度**.

根据上述定义, 可以得到概率密度函数的以下性质.

(1) 非负性: $f(x) \geq 0$, $-\infty < x < +\infty$.

(2) 正则性: $\int_{-\infty}^{+\infty} f(x)dx = 1$.

(3) 对任意实数 a, b ($a < b$), 有

$$P\{a < X \leq b\} = F(b) - F(a) = \int_{a}^{b} f(x)dx.$$

(4) 如果 $f(x)$ 在 x 点连续, 则 $F'(x) = f(x)$.

证明 (1) 由定义 1, 显然有 $f(x) \geq 0$.

(2) 由分布函数的性质

$$\int_{-\infty}^{+\infty} f(x)dx = \lim_{x \to +\infty} \int_{-\infty}^{x} f(t)dt = \lim_{x \to +\infty} P\{X \leq x\}$$
$$= \lim_{x \to +\infty} F(x) = 1.$$

(3) $P\{a < X \leq b\} = F(b) - F(a) = \int_{-\infty}^{b} f(x)dx - \int_{-\infty}^{a} f(x)dx$

$$= \int_{-\infty}^{b} f(x)dx + \int_{a}^{-\infty} f(x)dx = \int_{a}^{b} f(x)dx.$$

(4) $F'(x) = \dfrac{d}{dx} \int_{-\infty}^{x} f(t)dt = f(x)$.

对于连续型随机变量 X, 还要指出两点:

(1) 随机变量 X 的分布函数 $F(x)$ 是连续函数;

(2) 若 a 为实数, 则 $P\{X = a\} = 0$.

证明 (1) 略.

(2) 设随机变量 X 的分布函数为 $F(x)$, 对 $\Delta x > 0$,

$$\{X = a\} \subset \{a - \Delta x < X \leq a\},$$

所以有

$$0 \leq P\{X = a\} \leq P\{a - \Delta x < X \leq a\} = F(a) - F(a - \Delta x),$$

即 $0 \leq P\{X = a\} \leq F(a) - F(a - \Delta x)$.

又因为 $F(x)$ 在点 a 连续，所以有
$$\lim_{\Delta x \to 0^+}[F(a)-F(a-\Delta x)]=0.$$
从而 $P\{X=a\}=0$.

由此可知，对于连续型随机变量有
$$P\{a\leqslant X<b\}=P\{a<X\leqslant b\}=P\{a\leqslant X\leqslant b\}=P\{a<X<b\}.$$

例 1 设随机变量 X 的概率密度函数为
$$f(x)=\begin{cases}k(4x-2x^2), & 0<x<2,\\ 0, & \text{其他}.\end{cases}$$

试求：(1) 常数 k；(2) X 的分布函数 $F(x)$；(3) $P\{-1\leqslant X<1\}$，$P\{X>1\}$.

解 (1) 由 $\int_{-\infty}^{+\infty}f(x)\mathrm{d}x=1$ 知
$$\int_{-\infty}^{0}0\mathrm{d}x+\int_{0}^{2}k(4x-2x^2)\mathrm{d}x+\int_{2}^{+\infty}0\mathrm{d}x$$
$$=0+k\left(2x^2-\frac{2}{3}x^3\right)\bigg|_{0}^{2}+0=\frac{8}{3}k=1,$$

所以 $k=\dfrac{3}{8}$.

(2) 注意到 $f(x)$ 为分段函数：

当 $x\leqslant 0$ 时，$F(x)=\int_{-\infty}^{x}0\mathrm{d}t=0$；

当 $0<x<2$ 时，$F(x)=\int_{-\infty}^{x}f(t)\mathrm{d}t=\int_{0}^{x}\left(\frac{3}{2}t-\frac{3}{4}t^2\right)\mathrm{d}t=\frac{3}{4}x^2-\frac{1}{4}x^3$；

当 $x\geqslant 2$ 时，$F(x)=\int_{-\infty}^{x}f(t)\mathrm{d}t=\int_{0}^{2}\left(\frac{3}{2}t-\frac{3}{4}t^2\right)\mathrm{d}t=1$.

所以 X 的分布函数为
$$F(x)=\begin{cases}0, & x\leqslant 0,\\ \dfrac{3}{4}x^2-\dfrac{1}{4}x^3, & 0<x<2,\\ 1, & x\geqslant 2.\end{cases}$$

(3) **方法一** 利用分布函数得
$$P\{-1\leqslant X<1\}=F(1)-F(-1)=\frac{1}{2}-0=\frac{1}{2}.$$
$$P\{X>1\}=1-F(1)=1-\frac{1}{2}=\frac{1}{2}.$$

方法二 利用概率密度函数得

$$P\{-1 \leq X < 1\} = \int_{-1}^{1} f(x)\mathrm{d}x = \int_{-1}^{0} 0\mathrm{d}x + \int_{0}^{1}\left(\frac{3}{2}x - \frac{3}{4}x^2\right)\mathrm{d}x = \frac{1}{2}.$$

$$P\{X > 1\} = \int_{1}^{+\infty} f(x)\mathrm{d}x = \int_{1}^{2}\left(\frac{3}{2}x - \frac{3}{4}x^2\right)\mathrm{d}x + \int_{2}^{+\infty} 0\mathrm{d}x = \frac{1}{2}.$$

二、常用的连续型随机变量

1. 均匀分布

定义 2 若随机变量 X 的概率密度函数为 $f(x) = \begin{cases} \dfrac{1}{b-a}, & a < x < b, \\ 0, & \text{其他}, \end{cases}$ 其中 a,b $(a<b)$ 为常数,则称 X 服从区间 (a,b) 上的**均匀分布**,记作 $X \sim U(a,b)$.

均匀分布的分布函数为

$$F(x) = \begin{cases} 0, & x \leq a, \\ \dfrac{x-a}{b-a}, & a < x < b, \\ 1, & x \geq b. \end{cases}$$

均匀分布的密度函数图像与分布函数图像如图 2-2 和图 2-3 所示.

如果 $X \sim U(a,b)$,则对任意 $(c,d) \subset (a,b)(c<d)$,有

$$P\{c < X < d\} = F(d) - F(c) = \frac{d-c}{b-a}.$$

上式说明服从均匀分布的随机变量 X 落入 (a,b) 上任何一个子区间内的概率与该区间的长度成正比,而与该区间的位置无关,这正是"均匀"的含义.

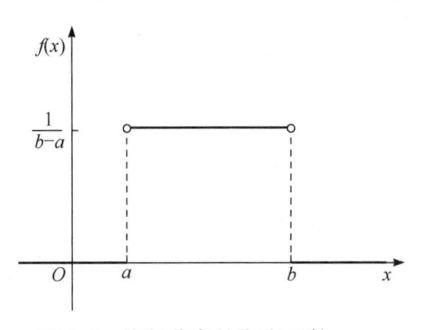

图 2-2 均匀分布的密度函数   图 2-3 均匀分布的分布函数

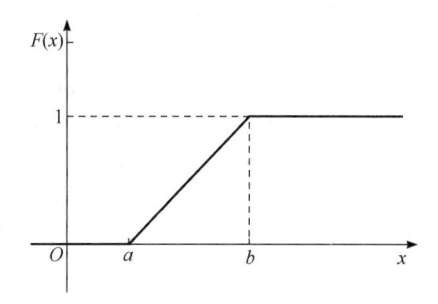

均匀分布是概率统计中的一个重要分布,被广泛地应用于流行病学、遗传学、交通流量理论等概率模型中.

例 2 某公共汽车站从上午 6:00,每 15 分钟来一辆车,如果某乘客在 6:00~6:30 之间随机到达此站,试求他等车不超过 5 分钟的概率.

解 设乘客于 6:00 过 X 分钟到达车站，则 $X \sim U(0,30)$，其概率密度函数为

$$f(x) = \begin{cases} \dfrac{1}{30}, & 0 < x < 30, \\ 0, & \text{其他,} \end{cases}$$

显然，"等候时间少于 5 分钟" $= \{10 < X < 15\} \cup \{25 < X < 30\}$，即所求概率为

$$P\{10 < X < 15\} + P\{25 < X < 30\} = \int_{10}^{15} \frac{1}{30} \mathrm{d}x + \int_{25}^{30} \frac{1}{30} \mathrm{d}x = \frac{1}{3}.$$

例 3 设随机变量 X 在 $(1,4)$ 上服从均匀分布，对 X 进行 3 次独立的观察，求至少有 2 次观测值大于 2 的概率.

解 随机变量 X 的概率密度函数为 $f(x) = \begin{cases} \dfrac{1}{3}, & 1 < x < 4, \\ 0, & \text{其他,} \end{cases}$ 所以 $P\{X > 2\} = \int_{2}^{4} \dfrac{1}{3} \mathrm{d}x = \dfrac{2}{3}.$

设 Y 表示 3 次观测值大于 2 的次数，则 $Y \sim B\left(3, \dfrac{2}{3}\right).$

$$P\{Y \geqslant 2\} = C_3^2 \left(\frac{2}{3}\right)^2 \frac{1}{3} + C_3^3 \left(\frac{2}{3}\right)^3 \left(\frac{1}{3}\right)^0 = \frac{20}{27}.$$

2. 指数分布

定义 3 若随机变量 X 的概率密度函数为

$$f(x) = \begin{cases} \lambda \mathrm{e}^{-\lambda x}, & x > 0, \\ 0, & \text{其他.} \end{cases}$$

其中 $\lambda > 0$ 为常数，则称随机变量 X 服从参数为 λ 的**指数分布**，记作 $X \sim E(\lambda)$.

若 $X \sim E(\lambda)$，则 X 的分布函数为

$$F(x) = \begin{cases} 1 - \mathrm{e}^{-\lambda x}, & x > 0, \\ 0, & \text{其他.} \end{cases}$$

服从指数分布的随机变量的概率密度函数图像和分布函数图像分别如图 2-4 和图 2-5.

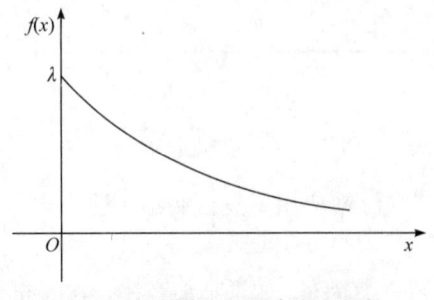

图 2-4 指数分布的概率密度函数

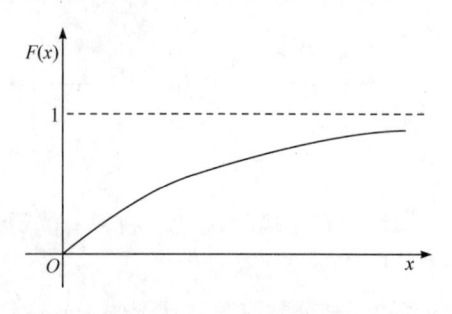

图 2-5 指数分布的分布函数

指数分布常用来描述各种"寿命"的分布. 例如产品的寿命和动物的寿命都可认为是服从指数分布的.

例 4 设某种电子仪器的无故障使用时间(即从修复后使用到下次出现故障之间的时间间隔)$X \sim E(\lambda)$, (1) 求这种仪器能无故障使用t小时以上的概率; (2) 已知这种仪器已经无故障使用了s小时, 求它还能无故障使用t小时以上的概率.

解 $X \sim E(\lambda)$, 则X的概率密度函数为$f(x) = \begin{cases} \lambda e^{-\lambda x}, & x > 0, \\ 0, & \text{其他}. \end{cases}$则

(1) $P\{X > t\} = \int_t^{+\infty} f(x) \mathrm{d}x = \int_t^{+\infty} \lambda e^{-\lambda x} \mathrm{d}x = e^{-\lambda t}$.

(2) $P\{X > t+s | X > s\} = \dfrac{P\{X > t+s\}}{P\{X > s\}} = \dfrac{e^{-\lambda(s+t)}}{e^{-\lambda s}} = e^{-\lambda t} = P\{X > t\}$.

这里需要注意的是, 已知这种仪器已经无故障使用了s小时, 它还能无故障使用t小时以上的概率与仪器能无故障使用t小时以上的概率相等, 相当于仪器对于已经使用的s小时没有记忆, 这正是指数分布的"无记忆性".

3. 正态分布

下面介绍概率统计中非常重要的分布——正态分布.

正态分布

定义 4 若随机变量X的概率密度函数为$f(x) = \dfrac{1}{\sqrt{2\pi}\sigma} e^{-\frac{(x-\mu)^2}{2\sigma^2}}$ $(-\infty < x < +\infty)$, 其中$\mu, \sigma > 0$为常数, 则称随机变量X服从参数为μ和σ^2的**正态分布**, 也叫**高斯分布**, 记作$X \sim N(\mu, \sigma^2)$.

正态分布的概率密度函数$f(x)$的图形如图2-6所示, 它具有如下特征:

(1) 关于直线$x = \mu$对称. 这表明对任意的$h > 0$, 随机变量X在关于μ对称的区间$[\mu-h, \mu]$与$[\mu, \mu+h]$上取值的概率相等, 即
$$P\{\mu - h \leqslant X \leqslant \mu\} = P\{\mu \leqslant X \leqslant \mu + h\}.$$

(2) 在$x = \mu$处取得最大值$\dfrac{1}{\sqrt{2\pi}\sigma}$, 而这个值随着$\sigma$的增大而减小.

(3) 在$x = \mu \pm \sigma$处是拐点且以x轴为水平渐近线.

(4) 固定σ, 改变μ的值, 则曲线沿着x轴平移, 但不改变形状, 因此μ决定曲线的位置, 称为**位置参数**. 固定μ, 改变σ的值, 则曲线的位置不变, 但随着σ的增大, 曲线形状变得越来越扁平; 随着σ的减小, 曲线形状变得越来越陡峭, 所以, σ又称为**尺度参数**.

若$X \sim N(\mu, \sigma^2)$, 则X的分布函数为
$$F(x) = \int_{-\infty}^x \dfrac{1}{\sqrt{2\pi}\sigma} e^{-\frac{(t-u)^2}{2\sigma^2}} \mathrm{d}t \quad (-\infty < x < +\infty).$$

随着μ和σ^2的变化, 概率密度函数$f(x)$的图形展现出不同的形状. 当$\mu = 0, \sigma^2 = 1$时, 称随机变量X服从**标准正态分布**, 记作$X \sim N(0,1)$, 此时, X的概率密

度函数为

$$\varphi(x) = \frac{1}{\sqrt{2\pi}} e^{-\frac{x^2}{2}} \quad (-\infty < x < +\infty).$$

分布函数为

$$\Phi(x) = \int_{-\infty}^{x} \frac{1}{\sqrt{2\pi}} e^{-\frac{t^2}{2}} dt \quad (-\infty < x < +\infty).$$

由定积分的几何意义知,图 2-7 中的阴影部分面积表示 $\Phi(x)$.

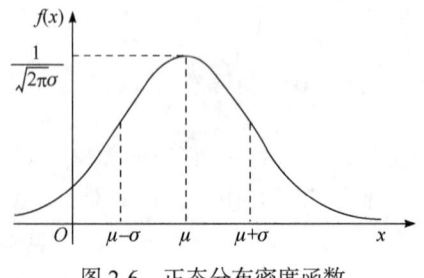

图 2-6 正态分布密度函数

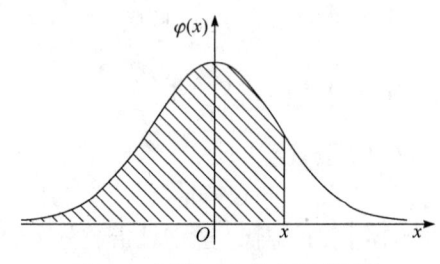

图 2-7 标准正态分布密度函数

对于标准正态分布,根据概率密度函数 $\varphi(x)$ 的对称性,可以得到如下重要公式

$$\Phi(-x) + \Phi(x) = 1,$$

即 $\Phi(-x) = 1 - \Phi(x)$.

$\Phi(x)$ 的函数值已制成标准正态分布表可供查阅(见附表 3),但标准正态分布表只能解决标准正态分布的概率计算问题,对于一般的正态分布,该如何计算其概率呢?下面我们将介绍标准化定理,有了这个定理就可以把一般的正态分布转化为标准正态分布,再通过查表计算其概率.

标准化定理 若 $X \sim N(\mu, \sigma^2)$,则 $U = \dfrac{X - \mu}{\sigma} \sim N(0, 1)$.

称 $U = \dfrac{X - \mu}{\sigma}$ 为 X 的标准化变换. 对于服从正态分布 $N(\mu, \sigma^2)$ 的随机变量 X,可以通过线性变换 $U = \dfrac{X - \mu}{\sigma}$ 转化为标准正态分布. 因为

$$F(x) = \int_{-\infty}^{x} \frac{1}{\sqrt{2\pi}\sigma} e^{-\frac{(t-\mu)^2}{2\sigma^2}} dt \xrightarrow{\diamondsuit v = \frac{t-\mu}{\sigma}} \int_{-\infty}^{\frac{x-\mu}{\sigma}} \frac{1}{\sqrt{2\pi}} e^{-\frac{v^2}{2}} dv = \Phi\left(\frac{x-\mu}{\sigma}\right),$$

所以

$$P\{a < X \leqslant b\} = F(b) - F(a) = \Phi\left(\frac{b-\mu}{\sigma}\right) - \Phi\left(\frac{a-\mu}{\sigma}\right).$$

由分布函数的性质 $\Phi(-\infty) = 0$, $\Phi(+\infty) = 1$ 可知, a 或 b 为无穷时,有

$$P\{-\infty < X \leqslant b\} = P\{X \leqslant b\} = \Phi\left(\frac{b-\mu}{\sigma}\right),$$

$$P\{a<X<+\infty\}=P\{a<X\}=1-\Phi\left(\frac{a-\mu}{\sigma}\right).$$

例 5 设 $X\sim N(2,0.25)$，求：

(1) $P\{X\leqslant 2.2\}$； (2) $P\{2.2\leqslant X<2.5\}$； (3) $P\{|X-2|\leqslant 1\}$； (4) $P\{|X|>0.5\}$.

解 (1) $P\{X\leqslant 2.2\}=\Phi\left(\dfrac{2.2-2}{0.5}\right)=\Phi(0.4)=0.6554$.

(2) $P\{2.2\leqslant X<2.5\}=\Phi\left(\dfrac{2.5-2}{0.5}\right)-\Phi\left(\dfrac{2.2-2}{0.5}\right)=\Phi(1)-\Phi(0.4)$

$=0.8413-0.6554=0.1859$.

(3) $P\{|X-2|\leqslant 1\}=P\{1\leqslant X\leqslant 3\}=\Phi\left(\dfrac{3-2}{0.5}\right)-\Phi\left(\dfrac{1-2}{0.5}\right)$

$=\Phi(2)-\Phi(-2)=2\Phi(2)-1=2\times 0.9772-1=0.9544$.

(4) $P\{|X|>0.5\}=1-P\{|X|\leqslant 0.5\}=1-P\{-0.5\leqslant X\leqslant 0.5\}$

$=1-\Phi\left(\dfrac{0.5-2}{0.5}\right)+\Phi\left(\dfrac{-0.5-2}{0.5}\right)=0.9987$.

例 6 设 $X\sim N(\mu,\sigma^2)$，求 X 落在区间 $(\mu-k\sigma,\mu+k\sigma)$ 内的概率，其中 $k=1,2,3$.

解 $P\{\mu-k\sigma<X<\mu+k\sigma\}=\Phi\left(\dfrac{\mu+k\sigma-\mu}{\sigma}\right)-\Phi\left(\dfrac{\mu-k\sigma-\mu}{\sigma}\right)$

$=\Phi(k)-\Phi(-k)=2\Phi(k)-1=\begin{cases}0.6826, & k=1,\\ 0.9544, & k=2,\\ 0.9974, & k=3.\end{cases}$

由本例可见，正态随机变量 X 的取值几乎全部落在区间 $(\mu-3\sigma,\mu+3\sigma)$ 之内，这是一个应用十分广泛的准则，称为 3σ 原则.

习题 2-4

(A) 基础题

1. 已知随机变量 X 的概率密度为 $f(x)=\begin{cases}x, & 0\leqslant x<1,\\ 2-x, & 1\leqslant x<2,\\ 0, & \text{其他}.\end{cases}$ 求：

(1) 分布函数 $F(x)$；

(2) $P\{X<0.5\}$，$P\{X>1.3\}$，$P\{0.2<X\leqslant 1.2\}$.

2. 设连续型随机变量 X 的分布函数为 $F(x)=\begin{cases}0, & x\leqslant 0,\\ x^2, & 0<x<1,\\ 1, & 1\leqslant x.\end{cases}$ 求：

(1) X 的概率密度 $f(x)$；(2) X 落入区间(0.3, 0.7)的概率.

3. 某原件在损坏前可连续运行的时间(单位: h)是一个连续型随机变量 X，其密度函数为含有参数 $\lambda(\lambda>0)$ 的函数

$$f(x)=\begin{cases}\lambda e^{-\frac{x}{100}}, & x\geqslant 0,\\ 0, & \text{其他}.\end{cases}$$

试求: (1) X 的分布函数 $F(x)$；(2) 元件连续运行时间为 50～150h 的概率.

4. 设随机变量 $X\sim N(5,9)$，试确定 c 的值使 $P\{X>c\}=P\{X\leqslant c\}$.

5. 设 $X\sim N(1.5,4)$，求:

(1) $P\{X<2.5\}$；(2) $P\{X<-4\}$；(3) $P\{X>3\}$；(4) $P\{|X|<2\}$.

(B) 提高题

1. 设随机变量 X 在 $(-1,1)$ 上服从均匀分布，求方程 $t^2-3Xt+1=0$ 有实根的概率.

2. 某仪器装有 3 只独立工作的同型号的电子元件，其寿命 X (单位: h)都服从参数为 $\dfrac{1}{300}$ 的指数分布，在仪器使用的最初 150h 内，求:

(1) 至少有 1 只电子元件损坏的概率；(2) 至多有 2 只电子元件损坏的概率.

3. 某地抽样结果表明，考生的数学成绩 X (百分制)近似服从正态分布 $N(72,\sigma^2)$，96 分以上的占考生总数的 2.28%，求考生的数学成绩在 60 分到 84 分之间的概率.

4. 在电源电压不超过 200 V，200～240 V 和超过 240 V 三种情况下，某种电子元件损坏的概率分别为 0.1, 0.001 和 0.2，假设电源电压 X 服从正态分布 $N(220,25^2)$，试求: (1)该电子元件损坏的概率；(2)该电子元件损坏时，电源电压超过 240V 的概率.

第五节　随机变量函数的分布

在许多实际问题中，我们常常用到某些随机变量的函数. 设 X 是一个随机变量，$y=g(x)$ 为一元函数，则随机变量 $Y=g(X)$ 称为随机变量 X 的函数，下面分别在 X 为离散型随机变量、连续型随机变量两种情形下给出随机变量 Y 的分布.

一、离散型随机变量函数的分布

设 X 为离散型随机变量，其分布列为

X	x_1	x_2	…	x_n	…
P	p_1	p_2	…	p_n	…

则 $Y=g(X)$ 的分布列为

$Y=g(X)$	$g(x_1)$	$g(x_2)$	⋯	$g(x_n)$	⋯
P	p_1	p_2	⋯	p_n	⋯

但是需要注意的是，与 $g(x_i)$ 取相同值对应的那些概率应合并相加.

例 1 设离散型随机变量 X 的分布列为

X	-2	-1	0	1	2
P	0.1	0.2	0.4	0.2	0.1

试求: (1) $Y=2X+1$ 的分布列; (2) $Y=X^2$ 的分布列.

解 (1) Y 的所有可能取值为 $-3,-1,1,3,5$，取这些值的概率分别为

$$P\{Y=-3\}=P\{2X+1=-3\}=P\{X=-2\}=0.1.$$
$$P\{Y=-1\}=P\{2X+1=-1\}=P\{X=-1\}=0.2.$$
$$P\{Y=1\}=P\{2X+1=1\}=P\{X=0\}=0.4.$$
$$P\{Y=3\}=P\{2X+1=3\}=P\{X=1\}=0.2.$$
$$P\{Y=5\}=P\{2X+1=5\}=P\{X=2\}=0.1.$$

列表表示为

Y	-3	-1	1	3	5
P	0.1	0.2	0.4	0.2	0.1

(2) Y 的所有可能取值为 $0,1,4$，取这些值的概率分别为

$$P\{Y=0\}=P\{X^2=0\}=P\{X=0\}=0.4.$$
$$P\{Y=1\}=P\{X^2=1\}=P\{X=-1\}+P\{X=1\}=0.4.$$
$$P\{Y=4\}=P\{X^2=4\}=P\{X=-2\}+P\{X=2\}=0.2.$$

列表表示为

Y	0	1	4
P	0.4	0.4	0.2

二、连续型随机变量函数的分布

1. 分布函数法

设 X 为连续型随机变量，其概率密度函数为 $f_X(x)$，$y=g(x)$ 为一连续函数，则

$Y = g(X)$ 仍为连续型随机变量,那么如何求 Y 的概率密度函数 $f_Y(y)$ 呢? 方法如下.

首先根据分布函数的定义求出 $Y = g(X)$ 的分布函数

$$F_Y(y) = P\{Y \leqslant y\} = P\{g(X) \leqslant y\} = P\{X \in I\}, \text{ 其中 } I = \{x | g(x) \leqslant y\}.$$

然后对分布函数 $F_Y(y)$ 求关于 y 的导数,得到 y 的概率密度函数 $f_Y(y)$. 这种方法称为 "**分布函数法**".

例 2 已知随机变量 X 的概率密度函数为 $f_X(x) = \begin{cases} \dfrac{1}{3}(4x+1), & 0 < x < 1, \\ 0, & \text{其他}. \end{cases}$ $Y = \ln X$,

试求随机变量 Y 的概率密度函数.

解 先求随机变量 Y 的分布函数 $F_Y(y)$,

$$F_Y(y) = P\{Y \leqslant y\} = P\{\ln X \leqslant y\} = P\{X \leqslant e^y\} = \int_{-\infty}^{e^y} f_X(x) dx.$$

当 $y < 0$ 时, $F_Y(y) = \int_{-\infty}^{e^y} f_X(x) dx = \int_0^{e^y} \dfrac{1}{3}(4x+1) dx$.

当 $y \geqslant 0$ 时, $F_Y(y) = \int_{-\infty}^{e^y} f_X(x) dx = \int_0^1 \dfrac{1}{3}(4x+1) dx = 1$.

故随机变量 Y 的分布函数为

$$F_Y(y) = \begin{cases} \int_0^{e^y} \dfrac{1}{3}(4x+1) dx, & y < 0, \\ 1, & y \geqslant 0. \end{cases}$$

于是得 $Y = \ln X$ 的概率密度函数为

$$f_Y(y) = F_Y'(y) = \begin{cases} \dfrac{1}{3} e^y (4e^y + 1), & y < 0, \\ 0, & y \geqslant 0. \end{cases}$$

例 3 已知 $X \sim N(\mu, \sigma^2)$,$Y = aX + b$(a, b 为常数,且 $a \neq 0$),试求 Y 的分布.

解 X 的概率密度函数为

$$f_X(x) = \dfrac{1}{\sqrt{2\pi}\sigma} e^{-\dfrac{(x-\mu)^2}{2\sigma^2}} \quad (-\infty < x < +\infty).$$

设 Y 的分布函数为 $F_Y(y)$,则

$$F_Y(y) = P\{Y \leqslant y\} = P\{aX + b \leqslant y\}.$$

当 $a > 0$ 时, $F_Y(y) = P\{Y \leqslant y\} = P\left\{X \leqslant \dfrac{y-b}{a}\right\} = \dfrac{1}{\sqrt{2\pi}\sigma} \int_{-\infty}^{\frac{y-b}{a}} e^{-\dfrac{(x-\mu)^2}{2\sigma^2}} dx$,

$$f_Y(y) = F'_Y(y) = \frac{1}{\sqrt{2\pi}a\sigma} e^{-\frac{[y-(a\mu+b)]^2}{2a^2\sigma^2}}.$$

当 $a<0$ 时，$F_Y(y) = P\{Y \leqslant y\} = P\left\{X \geqslant \dfrac{y-b}{a}\right\} = \dfrac{1}{\sqrt{2\pi}\sigma} \displaystyle\int_{\frac{y-b}{a}}^{+\infty} e^{-\frac{(x-\mu)^2}{2\sigma^2}} \mathrm{d}x,$

$$f_Y(y) = F'_Y(y) = \frac{1}{\sqrt{2\pi}(-a)\sigma} e^{-\frac{[y-(a\mu+b)]^2}{2a^2\sigma^2}}.$$

综合上述情况，得 Y 的概率密度函数为

$$f_Y(y) = \frac{1}{\sqrt{2\pi}|a|\sigma} e^{-\frac{[y-(a\mu+b)]^2}{2a^2\sigma^2}} \quad (-\infty < y < +\infty).$$

这表明若 $X \sim N(\mu, \sigma^2)$，则 $Y = aX + b \sim N(a\mu+b, (a\sigma)^2)$.
即服从正态分布的随机变量的线性函数仍服从正态分布.

2. 公式法

当函数 $y = g(x)$ 是处处可导且严格单调函数时，我们有如下定理.

定理 设随机变量 X 的概率密度函数为 $f_X(x)$，$y = g(x)$ 为单调可导函数，且其导数恒不为零，记 $x = h(y)$ 为 $y = g(x)$ 的反函数，则 $Y = g(X)$ 的概率密度函数为

$$f_y(y) = \begin{cases} f_X[h(y)] \cdot |h'(y)|, & \alpha < y < \beta, \\ 0, & \text{其他}, \end{cases}$$

其中 $\alpha = \min\{g(-\infty), g(+\infty)\}$，$\beta = \max\{g(-\infty), g(+\infty)\}$.

此定理可利用分布函数法加以证明，此处不再赘述.

例 4 已知随机变量 X 的概率密度函数为

$$f_X(x) = \begin{cases} \dfrac{x}{8}, & 0 < x < 4, \\ 0, & \text{其他}. \end{cases}$$

求随机变量 $Y = 2X + 8$ 的概率密度函数.

解 $f_X(x)$ 在区间 $(0,4)$ 之外的函数值为零，$y = 2x + 8$ 在 $(0,4)$ 内可导且是单调增加函数，于是 $a = 0$，$b = 4$，$y = 2x + 8$ 的反函数为 $x = h(y) = \dfrac{1}{2}(y - 8)$，$\alpha = 8$，$\beta = 16$，$h'(y) = \dfrac{1}{2}$，所以随机变量 $Y = 2X + 8$ 的概率密度函数为

$$f_y(y) = \begin{cases} \dfrac{1}{8}\left(\dfrac{y-8}{2}\right) \cdot \dfrac{1}{2}, & 8 < y < 16, \\ 0, & \text{其他} \end{cases} = \begin{cases} \dfrac{y-8}{32}, & 8 < y < 16, \\ 0, & \text{其他}. \end{cases}$$

习题 2-5

(A) 基础题

1. 已知离散型随机变量 X 的分布列如下

X	-2	-1	0	1	3
P	0.1	0.2	0.4	0.2	0.1

求 $Y=|X|+2$ 的分布列.

2. 已知离散型随机变量 X 的分布列为

X	-2	-1	0	1
P	0.2	0.3	0.2	0.3

求: (1) $Y=-2X+1$ 的分布列; (2) $Y=X^2+1$ 的分布列.

3. 设随机变量 $X \sim U(0,5)$,求 $Y=3X+2$ 的概率密度.

4. 设随机变量 X 的密度函数为 $f_X(x)=\begin{cases} e^{-x}, & x>0, \\ 0, & x \leqslant 0, \end{cases}$ 求 $Y=X^2$ 的分布函数与概率密度函数.

(B) 提高题

1. 设随机变量 X 的分布列为

X	-1	0	3
P	$2a$	$2a$	a

求: (1) 常数 a 的值; (2) X 的分布函数;
(3) $P\left\{-1 \leqslant X \leqslant \dfrac{3}{2}\right\}$; (4) $Y=(X-1)^2$ 的分布列.

2. 设随机变量 X 的分布列为 $P\{X=k\}=\dfrac{1}{2^k}(k=1,2,3,\cdots)$,试求 $Y=\sin\left(\dfrac{\pi X}{2}\right)$ 的分布列.

3. 设随机变量 X 在 $(0,1)$ 上服从均匀分布,求 $Y=e^X$ 的分布函数和密度函数.

4. 设随机变量 X 服从参数为 2 的指数分布,求 $Y=1+e^{-2X}$ 的密度函数.

5. 设随机变量 X 的概率密度为 $f(x)=\begin{cases}\dfrac{1}{3\sqrt[3]{x^2}}, & 1\leqslant x\leqslant 8,\\ 0, & 其他,\end{cases}$ $F(x)$ 是 X 的分布函数,求随机变量 $Y=F(X)$ 的分布函数.

思 维 导 图

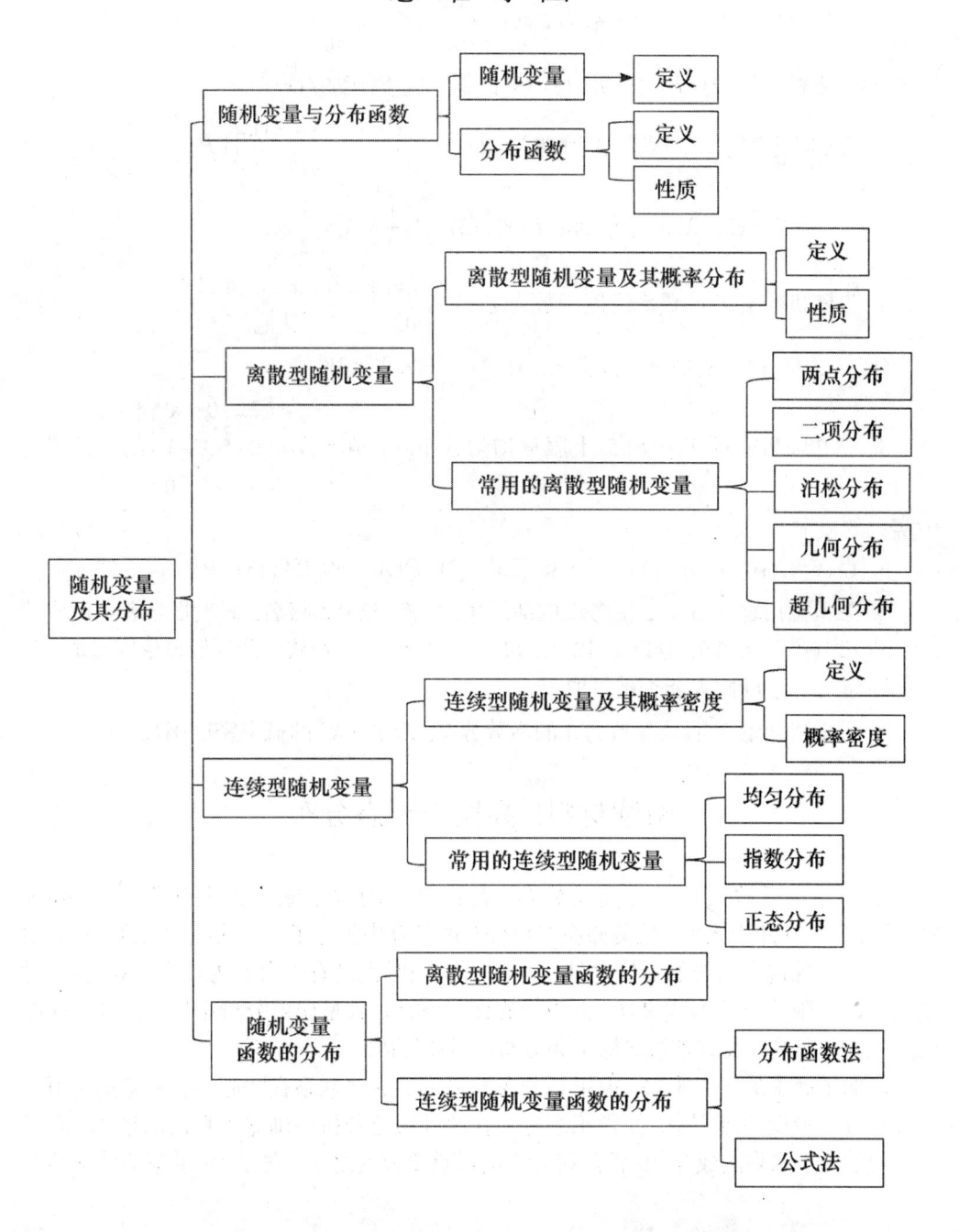

```
随机变量及其分布
├── 随机变量与分布函数
│   ├── 随机变量 → 定义
│   └── 分布函数
│       ├── 定义
│       └── 性质
├── 离散型随机变量
│   ├── 离散型随机变量及其概率分布
│   │   ├── 定义
│   │   └── 性质
│   └── 常用的离散型随机变量
│       ├── 两点分布
│       ├── 二项分布
│       ├── 泊松分布
│       ├── 几何分布
│       └── 超几何分布
├── 连续型随机变量
│   ├── 连续型随机变量及其概率密度
│   │   ├── 定义
│   │   └── 概率密度
│   └── 常用的连续型随机变量
│       ├── 均匀分布
│       ├── 指数分布
│       └── 正态分布
└── 随机变量函数的分布
    ├── 离散型随机变量函数的分布
    └── 连续型随机变量函数的分布
        ├── 分布函数法
        └── 公式法
```

自测题二

1. 设随机变量 X 的概率密度函数为 $f(x) = \dfrac{1}{2}\mathrm{e}^{-|x|}$, $-\infty < x < +\infty$, 求 X 的分布函数 $F(x)$.

2. 设随机变量 X 的分布函数为 $F(x) = \begin{cases} 1-\mathrm{e}^{-x}, & x \geq 0, \\ 0, & x < 0, \end{cases}$ 求:

(1) $P\{X \leq 2\}$; (2) $P\{X > 3\}$; (3) X 的概率密度函数 $f(x)$.

3. 已知随机变量 X 的概率密度函数为 $f(x) = \begin{cases} ax+b, & x \in (0,1), \\ 0, & 其他, \end{cases}$ 且 $P\left\{X > \dfrac{1}{2}\right\} = \dfrac{5}{8}$, 求:

(1) a,b 的值; (2) X 的分布函数 $F(x)$; (3) $P\left\{\dfrac{1}{4} < X \leq \dfrac{1}{2}\right\}$.

4. 设随机变量 X 的概率密度函数为 $f(x) = \begin{cases} k(3+2x), & x \in (2,4), \\ 0, & 其他, \end{cases}$ 求:

(1) k 的值; (2) X 的分布函数 $F(x)$; (3) $P\{1 < X \leq 3\}$.

5. 已知随机变量 X 在 $(0,5)$ 上服从均匀分布, 求矩阵 $A = \begin{pmatrix} 2 & 0 & 0 \\ 0 & -X & 1 \\ 0 & -1 & 0 \end{pmatrix}$ 的特征值全为实数的概率.

6. 设 $X \sim N(0,1)$, 求: (1) $P\{X < 1.36\}$; (2) $P\{X < -0.25\}$; (3) $P\{|X| < 1.6\}$.

7. 某单位招聘 155 人, 按考试成绩录用, 共有 526 人报名, 假设报名者考试成绩 $X \sim N(70,100)$, 已知 90 分以上 12 人, 60 分以下 83 人, 若从高分到低分依次录取, 某人成绩为 78 分, 问此人能否被录取.

8. 设随机变量 X 服从参数为 λ 的指数分布, 求 $Y = X^3$ 的概率密度函数.

阅读材料: 高斯与正态分布

正态分布通常又被称为高斯分布, 是由德国的数学家和天文学家棣莫弗(De Moivre)于 1733 年引入的. 棣莫弗在二项分布的计算中瞥见了正态曲线的模样, 不过他并没有能展现这个曲线的美妙之处. 正态分布(当时也没有被命名为正态分布)在当时也只是以极限分布的形式出现, 并没有在统计学, 尤其是误差分析中发挥作用. 这也就是正态分布最终没有被冠名棣莫弗分布的重要原因.

高斯拓展了最小二乘法, 把正态分布和最小二乘法联系在一起, 率先将其应用于天文学的测量误差研究中, 使得正态分布在统计误差分析中确立了自己的地位. 高斯所拓展的最小二乘法成为 19 世纪统计学的最重要成就之一, 它在 19 世纪统计学的重要性就相当于 18 世纪的微积分之于数学. 高斯在基于误差正态分布的最小二乘理论中, 不仅提出了最大似然估计的思想, 还解决了误差的概率密度分布的问题, 由此我们可以对误差大小的影响进行统计度量了. 高斯的这项工作对后世的影响极大, 而正态分布也因此被冠名高斯分布.

下面再观察标准正态分布的密度函数 $\varphi(x) = \dfrac{1}{\sqrt{2\pi}} e^{-\frac{x^2}{2}}$, $-\infty < x < +\infty$. 该式中用到 $\sqrt{2}$, 这是一个无理数, 也用到了圆周率 π, 还用到了 $e = 2.71828\cdots$. 有统计学家认为正态分布不是我们发明的, 它是自然产生的, 而人类用极大的心力从自然现象里逐步提粹精炼, 最后得到 $\varphi(x)$ 这样的简洁形式, 犹如一顶皇冠, 镶上了 e 及 π 两粒闪亮的宝石, 而尚嫌不足, 又配了一个用 $\sqrt{2}$ 做的链子. 但这些只是形式上的赞美, 正态分布的精要来自它所具有的性质, 是这些特殊的性质让这个分布成为一个重要的分布, 而不是任何的人为因素.

第三章　多维随机变量及其分布

第二章我们讨论的随机变量称为一维随机变量，但有些随机现象用一个随机变量来描述还不够，而需要用多个随机变量来描述. 例如在体检时，要测量的指标有身高、体重、心率等；又如考察某地区的气候，通常要同时考察气温、气压、风力、湿度这四个变量，这些随机变量之间通常是相互联系的，孤立地研究一个随机变量将忽略随机变量之间的重要关系，从而很难得到有效、完整的结论. 因此，我们一般需将多个随机变量作为整体来进行研究. 这就需要我们来讨论多维随机变量.

一般地，我们称 n 个随机变量 $X_1, X_2, \cdots, X_n$ 的整体 $X = (X_1, X_2, \cdots, X_n)$ 为 n **维随机变量**或 n **维随机向量**，$X_i\ (i=1,2,\cdots,n)$ 称为 X 的第 i 个分量. 显然一维随机变量就是第二章中的随机变量.

本章主要讨论二维随机变量 (X, Y)，许多概念和结论很容易地推广到任意 $n\ (n \geqslant 3)$ 维随机变量的情形.

第一节　二维随机变量及其分布函数

一、二维随机变量的联合分布函数

定义 1　设随机试验 E 的样本空间为 Ω，X 和 Y 是定义在 Ω 上的两个随机变量，由它们构成的向量 (X, Y) 称为**二维随机变量**或**二维随机向量**.

二维随机变量的性质不仅与 X 及 Y 的性质有关，而且还依赖于两个随机变量的相互关系，因此只研究 X 和 Y 的性质是不够的，还需要把 (X, Y) 看作一个整体进行研究. 与一维随机变量类似，我们也借助"分布函数"来研究. 下面引入二维随机变量分布函数的概念.

定义 2　设 (X, Y) 是二维随机变量，对于任意实数 x, y，二元函数

$$F(x, y) = P\{X \leqslant x, Y \leqslant y\}$$

称为二维随机变量 (X, Y) 的**联合分布函数**，简称为 (X, Y) 的**分布函数**.

注　$\{X \leqslant x, Y \leqslant y\}$ 表示两个事件 $\{X \leqslant x\}, \{Y \leqslant y\}$ 的积事件，即

$$\{X \leqslant x, Y \leqslant y\} = \{X \leqslant x\} \bigcap \{Y \leqslant y\}.$$

则有

$$F(x, y) = P\{X \leqslant x, Y \leqslant y\} = P\{(X \leqslant x) \bigcap (Y \leqslant y)\}.$$

如果将二维随机变量 (X,Y) 看成平面上随机点的坐标,那么分布函数 $F(x,y)$ 在 (x,y) 处的函数值就是随机点 (X,Y) 落在以点 (x,y) 为顶点而位于该点左下方的无穷矩形域内的概率,如图 3-1 所示.

由上面的几何解释并借助于图 3-2 可得:对于给定的分布函数 $F(x,y)$,(X,Y) 落在矩形区域 $\{(x,y)|x_1<x\leqslant x_2,y_1<y\leqslant y_2\}$ 内的概率为

$$P\{x_1<X\leqslant x_2,y_1<Y\leqslant y_2\}=F(x_2,y_2)-F(x_2,y_1)-F(x_1,y_2)+F(x_1,y_1).$$

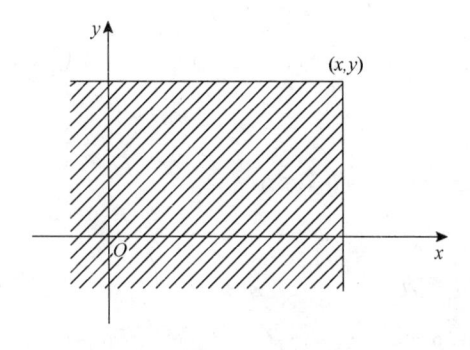

图 3-1 联合分布函数   图 3-2 落入矩形域内概率

二维随机变量 (X,Y) 的分布函数 $F(x,y)$ 与一维随机变量 X 的分布函数 $F(x)$ 有类似的性质:

(1) 对任意的实数 x,y,有 $0\leqslant F(x,y)\leqslant 1$.

(2) $F(x,y)$ 是变量 x 和 y 的不减函数. 即对于任意固定的 y,若 $x_1<x_2$,则

$$F(x_1,y)\leqslant F(x_2,y).$$

对于任意固定的 x,若 $y_1<y_2$,则

$$F(x,y_1)\leqslant F(x,y_2).$$

(3) $F(x,y)$ 关于 x 和 y 是右连续函数,即

$$F(x,y)=F(x+0,y);\quad F(x,y)=F(x,y+0).$$

(4) $F(-\infty,-\infty)=\lim\limits_{\substack{x\to-\infty\\y\to-\infty}}F(x,y)=0$;$F(+\infty,+\infty)=\lim\limits_{\substack{x\to+\infty\\y\to+\infty}}F(x,y)=1$.

对任意固定的 y,$F(-\infty,y)=\lim\limits_{x\to-\infty}F(x,y)=0$.

对任意固定的 x,$F(x,-\infty)=\lim\limits_{y\to-\infty}F(x,y)=0$.

(5) 对于任意的 $x_1<x_2$,$y_1<y_2$ 有

$$F(x_2,y_2)-F(x_2,y_1)-F(x_1,y_2)+F(x_1,y_1)\geqslant 0.$$

二、二维随机变量的边缘分布

定义 3 设二维随机变量 (X,Y) 的联合分布函数为 $F(x,y)$,随机变量 X 和 Y 的分布函数分别为 $F_X(x)$,$F_Y(y)$,则 $F_X(x)$,$F_Y(y)$ 依次称为二维随机变量 (X,Y) 关于 X 和关于 Y 的**边缘分布函数**. 边缘分布函数可以由 (X,Y) 的联合分布函数 $F(x,y)$ 所确定. 事实上,

$$F_X(x) = P\{X \leqslant x\} = P\{X \leqslant x, Y < +\infty\} = \lim_{y \to +\infty} F(x,y) = F(x,+\infty); \qquad (3.1.1)$$

$$F_Y(y) = P\{Y \leqslant y\} = P\{X < +\infty, Y \leqslant y\} = \lim_{x \to +\infty} F(x,y) = F(+\infty,y). \qquad (3.1.2)$$

例 设二维随机变量 (X,Y) 的分布函数为

$$F(x,y) = \begin{cases} a - 2^{-x} - 2^{-y} + 2^{-x-y}, & x \geqslant 0, y \geqslant 0, \\ 0, & \text{其他}. \end{cases}$$

求:(1) 常数 a;(2) (X,Y) 关于 X,Y 的边缘分布函数.

解 (1) $1 = F(+\infty,+\infty) = \lim\limits_{\substack{x \to +\infty \\ y \to +\infty}} F(x,y) = \lim\limits_{\substack{x \to +\infty \\ y \to +\infty}} (a - 2^{-x} - 2^{-y} + 2^{-x-y}) = a$. 故 $a = 1$.

(2) 关于 X 的边缘分布函数为

$$F_X(x) = F(x,+\infty) = \begin{cases} 1 - 2^{-x}, & x \geqslant 0, \\ 0, & x < 0. \end{cases}$$

关于 Y 的边缘分布函数为

$$F_Y(y) = F(+\infty,y) = \begin{cases} 1 - 2^{-y}, & y \geqslant 0, \\ 0, & y < 0. \end{cases}$$

习题 3-1

(A) 基础题

1. 设二维随机变量 (X,Y) 的分布函数为

$$F(x,y) = \begin{cases} (1 - e^{-2x})(1 - e^{-y}), & x > 0, y > 0, \\ 0, & \text{其他}. \end{cases}$$

求 $P\{X \leqslant 1, Y \leqslant 2\}$.

2. 设二维随机变量 (X,Y) 的分布函数为

$$F(x,y) = \frac{1}{\pi^2} \left(\frac{\pi}{2} + \arctan \frac{x}{2} \right) \left(\frac{\pi}{2} + \arctan \frac{y}{3} \right), \quad -\infty < x, y < +\infty.$$

求 $P\{0 < X \leqslant 2\sqrt{3}, 0 < Y \leqslant 3\sqrt{3}\}$.

3. 设二维随机变量 (X,Y) 的分布函数为

$$F(x,y) = \begin{cases} 1 - e^{-2x} - e^{-y} + e^{-2x-y}, & x > 0, y > 0, \\ 0, & \text{其他}. \end{cases}$$

求 X, Y 的边缘分布函数.

4. 设二维随机变量 (X,Y) 的分布函数为

$$F(x,y) = \begin{cases} 5a - 3^{-x} - 3^{-y} + 3^{-x-y}, & x \geqslant 0, y \geqslant 0, \\ 0, & \text{其他}. \end{cases}$$

求: (1) 常数 a; (2) (X,Y) 关于 X, Y 的边缘分布函数.

(B) 提高题

1. 设二元函数 $F(x,y) = \begin{cases} 1, & x+y \geqslant 1, \\ 0, & x+y < 1, \end{cases}$ 试问 $F(x,y)$ 能否作为某二维随机变量的分布函数?

2. 设二维随机变量 (X,Y) 的分布函数为

$$F(x,y) = A\left(B + \arctan\frac{x}{2}\right)\left(C + \arctan\frac{y}{3}\right), \quad -\infty < x, y < +\infty.$$

求: (1) 常数 A, B, C; (2) $P\{0 < X \leqslant 2, 0 < Y \leqslant 3\}$.

第二节　二维离散型随机变量及其分布

一、二维离散型随机变量及其概率分布

定义 1　如果二维随机变量 (X,Y) 的所有可能取值为有限个数对或无穷可列个数对, 则称 (X,Y) 为**二维离散型随机变量**.

注　如果 (X,Y) 为二维离散型随机变量, 则它的每一个分量 X 与 Y 分别都是一维离散型随机变量, 反之亦然.

定义 2　设二维随机变量 (X,Y) 的所有可能取值为 $(x_i, y_j)(i, j = 1, 2, \cdots)$, 则称

$$P\{X = x_i, Y = y_j\} = p_{ij}, \quad i, j = 1, 2, \cdots \tag{3.2.1}$$

为二维离散型随机变量 (X,Y) 的**联合概率分布**或**联合分布列(律)**, 简称为 (X,Y) 的**概率分布**或**分布列(律)**.

联合分布列有以下性质:

(1) 非负性: $0 \leqslant p_{ij} \leqslant 1$, $i,j=1,2,\cdots$;

(2) 规范性: $\sum_i \sum_j p_{ij} = 1$.

联合分布列也常用表格表示

X \ Y	y_1	y_2	$\cdots$	y_j	$\cdots$
x_1	p_{11}	p_{12}	$\cdots$	p_{1j}	$\cdots$
x_2	p_{21}	p_{22}	$\cdots$	p_{2j}	$\cdots$
$\vdots$	$\vdots$	$\vdots$		$\vdots$	
x_i	p_{i1}	p_{i2}	$\cdots$	p_{ij}	$\cdots$
$\vdots$	$\vdots$	$\vdots$		$\vdots$	

如果已知二维离散型随机变量的联合概率分布列, 由二维随机变量的分布函数的定义, 可得二维离散型随机变量 (X,Y) 的分布函数为 $F(x,y) = \sum_{x_i \leqslant x} \sum_{y_j \leqslant y} p_{ij}$, 其中和式是对一切满足 $x_i \leqslant x, y_j \leqslant y$ 的 i 和 j 求和.

例1 二维离散型随机变量的联合概率分布列如下表

X \ Y	-2	0	1
0	0.3	0.1	0.1
1	0.05	0.2	0
2	0.2	0	0.05

求: (1) $P\{X \leqslant 0, Y \geqslant 0\}$; (2) $P\{X+Y=0\}$; (3) $F(0,0)$.

解 (1) $P\{X \leqslant 0, Y \geqslant 0\} = P\{X=0, Y=0\} + P\{X=0, Y=1\} = 0.2$.

(2) $P\{X+Y=0\} = P\{X=0, Y=0\} + P\{X=2, Y=-2\} = 0.3$.

(3) $F(0,0) = P\{X \leqslant 0, Y \leqslant 0\} = P\{X=0, Y=-2\} + P\{X=0, Y=0\}$

$= 0.3 + 0.1 = 0.4$.

例2 10件产品中有3件次品、7件正品, 每次任取一件, 连续取两次, 记

$$X_i = \begin{cases} 0, & \text{第 } i \text{ 次取到正品,} \\ 1, & \text{第 } i \text{ 次取到次品,} \end{cases} \quad i=1,2,$$

对不放回抽样情况, 写出 (X_1, X_2) 的联合概率分布.

解 (X_1, X_2) 的可能取值为 $(0,0), (0,1), (1,0), (1,1)$，则

$$P\{X_1 = 0, X_2 = 0\} = P\{X_1 = 0\}P\{X_2 = 0 | X_1 = 0\} = \frac{7}{10} \times \frac{6}{9} = \frac{7}{15}.$$

$$P\{X_1 = 0, X_2 = 1\} = P\{X_1 = 0\}P\{X_2 = 1 | X_1 = 0\} = \frac{7}{10} \times \frac{3}{9} = \frac{7}{30}.$$

$$P\{X_1 = 1, X_2 = 0\} = P\{X_1 = 1\}P\{X_2 = 0 | X_1 = 1\} = \frac{3}{10} \times \frac{7}{9} = \frac{7}{30}.$$

$$P\{X_1 = 1, X_2 = 1\} = P\{X_1 = 1\}P\{X_2 = 1 | X_1 = 1\} = \frac{3}{10} \times \frac{2}{9} = \frac{1}{15}.$$

即 (X_1, X_2) 的联合概率分布为

X_1 \ X_2	0	1
0	$\frac{7}{15}$	$\frac{7}{30}$
1	$\frac{7}{30}$	$\frac{1}{15}$

二、二维离散型随机变量的边缘分布

设 (X, Y) 是二维离散型随机变量，其概率分布为

$$P\{X = x_i, Y = y_j\} = p_{ij}, \quad i = 1, 2, \cdots, \; j = 1, 2, \cdots.$$

不妨设二维离散型随机变量 (X, Y) 中的随机变量 X 的概率分布为

$$p_i = P\{X = x_i\}, \quad i = 1, 2, \cdots.$$

那么 X 的分布函数是

$$F_X(x) = \sum_{x_i \leqslant x} P\{X = x_i\} = \sum_{x_i \leqslant x} p_i. \tag{3.2.2}$$

另外由式(3.1.1)得

$$F_X(x) = F(x, +\infty) = \sum_{x_i \leqslant x} \sum_{y_j < +\infty} p_{ij} = \sum_{x_i \leqslant x} \sum_{j=1}^{+\infty} p_{ij}. \tag{3.2.3}$$

比较式(3.2.2)和式(3.2.3)得 $p_i = P\{X = x_i\} = \sum_{j=1}^{+\infty} p_{ij}$，$i = 1, 2, \cdots$.

同理可得 $p_j = P\{Y = y_j\} = \sum_{i=1}^{+\infty} p_{ij}$，$j = 1, 2, \cdots$.

记

$$p_{i \cdot} = p_i = P\{X = x_i\} = \sum_{j=1}^{+\infty} p_{ij}, \quad i = 1, 2, \cdots;$$

$$p_{\cdot j}=p_j=P\{Y=y_j\}=\sum_{i=1}^{+\infty}p_{ij},\quad j=1,2,\cdots.$$

分别称 $p_{i\cdot}\,(i=1,2,\cdots)$, $p_{\cdot j}\,(j=1,2,\cdots)$ 为 (X,Y) 关于 X 和 Y 的**边缘概率分布列(律)**, 简称**边缘分布**.

为了直观, 我们将二维离散型随机变量 (X,Y) 的概率分布及其关于 X 和 Y 的边缘分布列于同一表格中.

X \ Y	y_1	y_2	$\cdots$	y_j	$\cdots$	$p_{i\cdot}$
x_1	p_{11}	p_{12}	$\cdots$	p_{1j}	$\cdots$	$p_{1\cdot}$
x_2	p_{21}	p_{22}	$\cdots$	p_{2j}	$\cdots$	$p_{2\cdot}$
$\vdots$	$\vdots$	$\vdots$		$\vdots$		$\vdots$
x_i	p_{i1}	p_{i2}	$\cdots$	p_{ij}	$\cdots$	$p_{i\cdot}$
$\vdots$	$\vdots$	$\vdots$		$\vdots$		$\vdots$
$p_{\cdot j}$	$p_{\cdot 1}$	$p_{\cdot 2}$	$\cdots$	$p_{\cdot j}$	$\cdots$	$\sum_{i=1}^{+\infty}p_{i\cdot}=\sum_{j=1}^{+\infty}p_{\cdot j}=\sum_{i=1}^{+\infty}\sum_{j=1}^{+\infty}p_{ij}=1$

表中的最后一列是随机变量 X 的边缘分布, 表中的最后一行是随机变量 Y 的边缘分布. 可直观地看出: 最后一行数据就是该数据所在列的数据之和, 最后一列数据就是该数据所在行的数据之和. 由于随机变量 X 和 Y 的概率分布恰好位于表格四个边的位置, "边缘分布"一词便来源于此.

例 3 设袋中有 4 个白球、5 个红球, 从袋中随机摸取两次, 每次摸一个球, 定义

$$X=\begin{cases}0, & \text{第一次摸到白球,}\\ 1, & \text{第一次摸到红球,}\end{cases}\quad Y=\begin{cases}0, & \text{第二次摸到白球,}\\ 1, & \text{第二次摸到红球.}\end{cases}$$

求有放回摸球方式下 (X,Y) 的概率分布及其关于 X 和 Y 的边缘分布.

解 X 的所有可能取值为 $0,1$, Y 的所有可能取值为 $0,1$, 那么 (X,Y) 的所有可能取值为 $(0,0),(0,1),(1,0),(1,1)$.

$$P\{X=0,Y=0\}=\frac{4\times 4}{9\times 9}=\frac{16}{81},$$

$$P\{X=0,Y=1\}=\frac{4\times 5}{9\times 9}=\frac{20}{81},$$

$$P\{X=1,Y=0\}=\frac{5\times 4}{9\times 9}=\frac{20}{81},$$

$$P\{X=1,Y=1\}=\frac{5\times 5}{9\times 9}=\frac{25}{81}.$$

则 (X,Y) 的概率分布及其关于 X 和 Y 的边缘分布如下表所示

X \ Y	0	1	$p_{i\cdot}$
0	$\dfrac{16}{81}$	$\dfrac{20}{81}$	$\dfrac{4}{9}$
1	$\dfrac{20}{81}$	$\dfrac{25}{81}$	$\dfrac{5}{9}$
$p_{\cdot j}$	$\dfrac{4}{9}$	$\dfrac{5}{9}$	

注 对于二维离散型随机变量 (X,Y)，虽然由它的联合分布可以确定它的两个边缘分布，但在一般情况下，由 (X,Y) 的两个边缘分布是不能确定 (X,Y) 的联合分布的.

习题 3-2

(A) 基础题

1. 10 件产品中有 3 件次品，7 件正品，每次任取一件，连续取两次，记
$$X_i = \begin{cases} 0, & \text{第}i\text{次取到正品}, \\ 1, & \text{第}i\text{次取到次品}, \end{cases} i=1,2,$$
在有放回抽样情况下，写出 (X_1,X_2) 的联合概率分布.

2. 将一枚硬币连续掷三次，以 X 表示在三次中出现正面的次数，以 Y 表示三次中出现正面的次数与出现反面的次数之差的绝对值，写出 (X,Y) 的联合概率分布.

3. 箱内装有 10 件产品，其中一、二、三等品各 1,4,5 件. 从箱内任意取出两件产品，用 X 和 Y 分别表示取出的一等品和二等品的数目. 求：
(1) (X,Y) 的概率分布及其关于 X 和 Y 的边缘分布；
(2) 求取出的一等品和二等品相等的概率.

4. 设随机变量 X 在 1,2,3 中等可能地取值，Y 在 $1\sim X$ 中等可能地取整数值，求 (X,Y) 的分布列及 $P\{X=Y\}$.

5. 已知随机变量 X 的分布列如下：

X	-1	0	1
P	$\dfrac{1}{4}$	$\dfrac{1}{2}$	$\dfrac{1}{4}$

$Y=X^2$，求 (X,Y) 的分布列.

(B) 提高题

1. 一箱中装有 6 件同种工艺品，其中一等品 1 件，二等品 2 件，三等品 3 件，现有

放回地从箱中取两次,每次取一件,以 X,Y,Z 分布表示两次取得的一等品、二等品和三等品的件数. 求

(1) $P\{X=1|Z=0\}$;

(2) 二维随机变量 (X,Y) 的分布列.

2. 设随机变量 Y 服从区间 $(0,3)$ 上的均匀分布,随机变量 $X_k=\begin{cases}0, Y\leqslant k,\\ 1, Y>k,\end{cases}(k=1,2)$,求随机变量 (X_1,X_2) 的分布列.

3. 两名水平相当的棋手对弈 3 盘,设 X 表示某名棋手获胜的盘数,Y 表示他输赢盘数之差的绝对值. 假定没有和棋,且每盘结果是相互独立的,求:

(1) (X,Y) 的分布列;(2) X 和 Y 的边缘分布列.

4. 一个箱子中装有 100 个大小形状完全相同的球,其中黑色球 50 个,红色球 40 个,白色球 10 个,现从中随机抽取一个球,记

$$X_1=\begin{cases}1, & 取到黑色球,\\ 0, & 取到非黑色球,\end{cases}\quad X_2=\begin{cases}1, & 取到红色球,\\ 0, & 取到非红色球,\end{cases}$$

求 (X_1,X_2) 的分布列.

5. 从 $1,2,\cdots,8$ 中任取一个数 Z,设 X 表示 Z 的因数的个数,Y 表示 Z 的质因数的个数,求:(1) (X,Y) 的联合分布列;(2) $P\{|X-Y|=1\}$.

第三节 二维连续型随机变量及其分布

一、二维连续型随机变量及其概率密度函数

定义 1 设二维随机变量 (X,Y) 的分布函数为 $F(x,y)$,如果存在一个非负可积的二元函数 $f(x,y)$,使得对任意实数 x,y 都有

$$F(x,y)=P\{X\leqslant x,Y\leqslant y\}=\int_{-\infty}^{y}\int_{-\infty}^{x}f(u,v)\mathrm{d}u\mathrm{d}v,$$

则称 (X,Y) 为二维连续型随机变量,函数 $f(x,y)$ 为二维连续型随机变量 (X,Y) 的**联合概率密度函数**,简称 (X,Y) 的**概率密度函数**.

联合概率密度函数 $f(x,y)$ 具有以下性质:

(1) $f(x,y)\geqslant 0$, $-\infty<x<+\infty$, $-\infty<y<+\infty$;

(2) $\int_{-\infty}^{+\infty}\int_{-\infty}^{+\infty}f(x,y)\mathrm{d}x\mathrm{d}y=1$;

(3) 如果 $f(x,y)$ 在点 (x,y) 连续,则有 $\dfrac{\partial^2 F(x,y)}{\partial x\partial y}=f(x,y)$;

(4) 若 D 为 xOy 平面上一个平面区域，则点 (X,Y) 落在 D 内的概率为
$$P\{(X,Y)\in D\}=\iint\limits_{D}f(x,y)\mathrm{d}x\mathrm{d}y.$$

可以证明，对于任意一个二元函数 $f(x,y)$，若满足性质(1)和(2)，它一定可作为某二维连续型随机变量的联合概率密度函数.

性质(4)的结论非常重要，它将二维连续型随机变量 (X,Y) 落在平面区域 D 内的概率问题转化成概率密度函数 $f(x,y)$ 在平面区域 D 上的二重积分的计算. 由二重积分的几何意义可知，该概率值就等于以 D 为底，以曲面 $z=f(x,y)$ 为顶，母线平行于 z 轴的曲顶柱体的体积.

例 1 已知随机变量 X 和 Y 的联合概率密度函数为 $f(x,y)=\begin{cases}k\mathrm{e}^{-2x-3y}, & x>0, y>0,\\ 0, & \text{其他},\end{cases}$
试求: (1) 常数 k; (2) (X,Y) 的分布函数; (3) $P\{X<1,Y>1\}$; (4) $P\{X>Y\}$.

解 (1) 由 $1=\int_{-\infty}^{+\infty}\int_{-\infty}^{+\infty}f(x,y)\mathrm{d}x\mathrm{d}y$ 得
$$\int_{-\infty}^{+\infty}\int_{-\infty}^{+\infty}f(x,y)\mathrm{d}x\mathrm{d}y=\int_{0}^{+\infty}\int_{0}^{+\infty}k\mathrm{e}^{-2x-3y}\mathrm{d}x\mathrm{d}y=\frac{k}{6}=1,$$
所以 $k=6$.

(2) 当 $x>0, y>0$ 时，
$$F(x,y)=P\{X\leqslant x,Y\leqslant y\}=\int_{0}^{x}\int_{0}^{y}6\mathrm{e}^{-2u}\mathrm{e}^{-3v}\mathrm{d}u\mathrm{d}v=(1-\mathrm{e}^{-2x})(1-\mathrm{e}^{-3y}).$$

当 $x\leqslant 0$ 或 $y\leqslant 0$ 时，$F(x,y)=0$. 所以 $F(x,y)=\begin{cases}(1-\mathrm{e}^{-2x})(1-\mathrm{e}^{-3y}), & x>0,y>0,\\ 0, & \text{其他}.\end{cases}$

(3) $P\{X<1,Y>1\}=\int_{-\infty}^{1}\int_{1}^{+\infty}f(x,y)\mathrm{d}x\mathrm{d}y=\int_{0}^{1}\int_{1}^{+\infty}6\mathrm{e}^{-2x}\mathrm{e}^{-3y}\mathrm{d}x\mathrm{d}y=(1-\mathrm{e}^{-2})\mathrm{e}^{-3}$.

(4) $P\{X>Y\}=\int_{0}^{+\infty}\int_{0}^{x}6\mathrm{e}^{-2x}\mathrm{e}^{-3y}\mathrm{d}y\mathrm{d}x=\int_{0}^{+\infty}2\mathrm{e}^{-2x}(1-\mathrm{e}^{-3x})\mathrm{d}x=\frac{3}{5}$.

例 2 已知 (X,Y) 的联合分布函数
$$F(x,y)=\begin{cases}a-\mathrm{e}^{-0.5x}-\mathrm{e}^{-0.5y}+\mathrm{e}^{-0.5(x+y)}, & x\geqslant 0, y\geqslant 0,\\ 0, & \text{其他}.\end{cases}$$
求 (X,Y) 的联合概率密度函数.

解 $\dfrac{\partial F(x,y)}{\partial x}=\begin{cases}0.5\mathrm{e}^{-0.5x}-0.5\mathrm{e}^{-0.5(x+y)}, & x\geqslant 0, y\geqslant 0,\\ 0, & \text{其他},\end{cases}$

所以 $f(x,y)=\dfrac{\partial^{2}F(x,y)}{\partial x\partial y}=\begin{cases}0.25\mathrm{e}^{-0.5(x+y)}, & x\geqslant 0, y\geqslant 0,\\ 0, & \text{其他}.\end{cases}$

二、二维连续型随机变量的边缘概率密度

设 (X,Y) 为二维连续型随机变量，其概率密度函数为 $f(x,y)$，X 的分布函数为 $F_X(x)$，则

$$F_X(x) = F(x,+\infty) = \int_{-\infty}^{x}\int_{-\infty}^{+\infty} f(x,y)\mathrm{d}x\mathrm{d}y = \int_{-\infty}^{x}\left[\int_{-\infty}^{+\infty} f(x,y)\mathrm{d}y\right]\mathrm{d}x.$$

由于 X 是连续型随机变量，则 X 的概率密度函数为

$$f_X(x) = \frac{\mathrm{d}F_X(x)}{\mathrm{d}x} = \int_{-\infty}^{+\infty} f(x,y)\mathrm{d}y.$$

同理 Y 也是连续型随机变量，其概率密度函数为

$$f_Y(y) = \frac{\mathrm{d}F_Y(y)}{\mathrm{d}y} = \int_{-\infty}^{+\infty} f(x,y)\mathrm{d}x.$$

分别称 $f_X(x)$, $f_Y(y)$ 为二维连续型随机变量 (X,Y) 关于 X 和 Y 的**边缘概率密度函数**或**边缘密度函数**，简称**边缘概率密度**或**边缘密度**。

例 3（本节例 1 续） 设二维随机变量 (X,Y) 的联合概率密度函数为

$$f(x,y) = \begin{cases} 6\mathrm{e}^{-2x-3y}, & x>0, y>0, \\ 0, & \text{其他}, \end{cases}$$

求 X,Y 的边缘概率密度。

解 当 $x>0$ 时，有 $f_X(x) = \int_{-\infty}^{+\infty} f(x,y)\mathrm{d}y = \int_{0}^{+\infty} 6\mathrm{e}^{-2x}\mathrm{e}^{-3y}\mathrm{d}y = 2\mathrm{e}^{-2x}$.

当 $x \leqslant 0$ 时，$f_X(x) = 0$. 所以 $f_X(x) = \begin{cases} 2\mathrm{e}^{-x}, & x>0, \\ 0, & x \leqslant 0. \end{cases}$

同理：$f_Y(y) = \begin{cases} 3\mathrm{e}^{-3y}, & y>0, \\ 0, & y \leqslant 0. \end{cases}$

例 4 设二维随机变量的联合概率密度函数为 $f(x,y) = \begin{cases} c, & x^2 \leqslant y \leqslant x, 0 \leqslant x \leqslant 1, \\ 0, & \text{其他}. \end{cases}$ 求：

(1) 常数 c; (2) X,Y 的边缘密度函数。

解 (1) 因为 $\int_{-\infty}^{+\infty}\int_{-\infty}^{+\infty} f(x,y)\mathrm{d}x\mathrm{d}y = 1$，所以 $\int_{0}^{1}\mathrm{d}x\int_{x^2}^{x} c\mathrm{d}y = 1$，得 $c=6$.

(2) $f_X(x) = \int_{-\infty}^{+\infty} f(x,y)\mathrm{d}y = \begin{cases} \int_{x^2}^{x} 6\mathrm{d}y, & 0 \leqslant x \leqslant 1, \\ 0, & \text{其他} \end{cases} = \begin{cases} 6(x-x^2), & 0 \leqslant x \leqslant 1, \\ 0, & \text{其他}. \end{cases}$

$f_Y(y) = \int_{-\infty}^{+\infty} f(x,y)\mathrm{d}x = \begin{cases} \int_{y}^{\sqrt{y}} 6\mathrm{d}x, & 0 \leqslant y \leqslant 1, \\ 0, & \text{其他} \end{cases} = \begin{cases} 6(\sqrt{y}-y), & 0 \leqslant y \leqslant 1, \\ 0, & \text{其他}. \end{cases}$

三、常见的二维连续型随机变量

1. 二维均匀分布

定义 2 如果 (X,Y) 的联合概率密度函数为

$$f(x,y) = \begin{cases} \dfrac{1}{S}, & (x,y) \in D, \\ 0, & (x,y) \notin D, \end{cases}$$

其中 D 为平面上的有界区域,S 为平面区域 D 的面积,则称 (X,Y) 服从**区域 D 上的均匀分布**,记作 $(X,Y) \sim U_D$.

不难证明,若 $(X,Y) \sim U_D$,则其取值落在 D 内面积相等的任意区域中的概率相等.

例 5 设 (X,Y) 服从区域 G 上的均匀分布,其中 $G = \{(x,y) \mid |x| \leqslant 1, |y| \leqslant 1\}$,求关于 t 的一元二次方程 $t^2 + Xt + Y = 0$ 无实根的概率.

解 由题意得 $f(x,y) = \begin{cases} \dfrac{1}{4}, & (x,y) \in G, \\ 0, & (x,y) \notin G, \end{cases}$ 如图 3-3. 所

求概率 $P\{X^2 - 4Y < 0\} = P\{(X,Y) \in D\} = \iint\limits_D f(x,y)\mathrm{d}x\mathrm{d}y =$

$\int_{-1}^{1}\int_{\frac{x^2}{4}}^{1} \dfrac{1}{4}\mathrm{d}x\mathrm{d}y = \dfrac{11}{24}$.

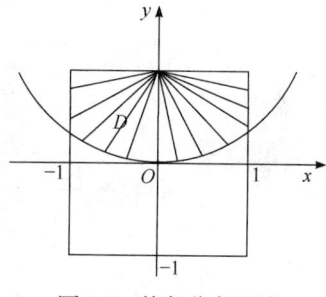

图 3-3 均匀分布区域

2. 二维正态分布

定义 3 如果 (X,Y) 的联合概率密度函数为

$$f(x,y) = \dfrac{1}{2\pi\sigma_1\sigma_2\sqrt{1-\rho^2}} \mathrm{e}^{-\frac{1}{2(1-\rho^2)}\left[\frac{(x-\mu_1)^2}{\sigma_1^2} - 2\rho\frac{(x-\mu_1)(y-\mu_2)}{\sigma_1\sigma_2} + \frac{(y-\mu_2)^2}{\sigma_2^2}\right]},$$

$$-\infty < x < +\infty, \quad -\infty < y < +\infty,$$

其中 μ_1, μ_2 为实数,$\sigma_1 > 0, \sigma_2 > 0, |\rho| < 1$ 均为常数,则称 (X,Y) 服从参数为 $\mu_1, \mu_2, \sigma_1^2, \sigma_2^2, \rho$ 的**二维正态分布**. 记作 $(X,Y) \sim N(\mu_1, \mu_2, \sigma_1^2, \sigma_2^2, \rho)$.

例 6 设 $(X,Y) \sim N(\mu_1, \mu_2, \sigma_1^2, \sigma_2^2, \rho)$,证明 X 的边缘分布为 $N(\mu_1, \sigma_1^2)$,Y 的边缘分布为 $N(\mu_2, \sigma_2^2)$.

解 由 $(X,Y) \sim N(\mu_1, \mu_2, \sigma_1^2, \sigma_2^2, \rho)$,有

$$f(x,y) = \frac{1}{2\pi\sigma_1\sigma_2\sqrt{1-\rho^2}} e^{-\frac{1}{2(1-\rho^2)}\left[\frac{(x-\mu_1)^2}{\sigma_1^2} - 2\rho\frac{(x-\mu_1)(y-\mu_2)}{\sigma_1\sigma_2} + \frac{(y-\mu_2)^2}{\sigma_2^2}\right]}.$$

由于 $f_X(x) = \int_{-\infty}^{+\infty} f(x,y)\mathrm{d}y$,

$$\frac{(y-\mu_2)^2}{\sigma_2^2} - 2\rho\frac{(x-\mu_1)(y-\mu_2)}{\sigma_1\sigma_2} = \left(\frac{y-\mu_2}{\sigma_2} - \rho\frac{x-\mu_1}{\sigma_1}\right)^2 - \rho^2\frac{(x-\mu_1)^2}{\sigma_1^2},$$

所以

$$f_X(x) = \frac{1}{2\pi\sigma_1\sigma_2\sqrt{1-\rho^2}} e^{-\frac{(x-\mu_1)^2}{2\sigma_1^2}} \int_{-\infty}^{+\infty} e^{-\frac{1}{2(1-\rho^2)}\left(\frac{y-\mu_2}{\sigma_2} - \rho\frac{x-\mu_1}{\sigma_1}\right)^2} \mathrm{d}y.$$

令 $t = \frac{1}{\sqrt{1-\rho^2}}\left(\frac{y-\mu_2}{\sigma_2} - \rho\frac{y-\mu_1}{\sigma_1}\right)$,则有

$$f_X(x) = \frac{1}{2\pi\sigma_1} e^{-\frac{(x-\mu_1)^2}{2\sigma_1^2}} \int_{-\infty}^{+\infty} e^{-t^2/2}\mathrm{d}t = \frac{1}{\sqrt{2\pi}\sigma_1} e^{-\frac{(x-\mu_1)^2}{2\sigma_1^2}}, \quad -\infty < x < +\infty,$$

即 $X \sim N(\mu_1, \sigma_1^2)$.

同理 $f_Y(y) = \frac{1}{\sqrt{2\pi}\sigma_2} e^{-\frac{(y-\mu_2)^2}{2\sigma_2^2}}$, $-\infty < y < +\infty$, 即 $Y \sim N(\mu_2, \sigma_2^2)$.

由本题可以看出,二维正态分布的两个边缘分布都是一维正态分布,并且都不依赖于参数 ρ,亦即对给定的 $\mu_1, \mu_2, \sigma_1, \sigma_2$,不同的 ρ 所对应的不同二维正态分布的边缘分布却是相同的. 这一事实表明,由 X 和 Y 的边缘分布一般是不能决定 X 和 Y 的联合分布的.

习题 3-3

(A) 基础题

1. 设二维连续型随机变量 (X,Y) 的联合概率密度函数为

$$f(x,y) = \begin{cases} cxy, & 0 \leq x \leq 2, 0 \leq y \leq 2, \\ 0, & \text{其他}. \end{cases}$$

求:(1) 常数 c;(2) 边缘概率密度函数 $f_X(x)$, $f_Y(y)$.

2. 设二维连续型随机变量 (X,Y) 的密度函数为

$$f(x,y) = \begin{cases} x^2 + \frac{1}{3}xy, & 0 \leq x \leq 1, 0 \leq y \leq 2, \\ 0, & \text{其他}, \end{cases}$$

求 X 与 Y 的边缘密度函数.

3. 设二维连续型随机变量 (X,Y) 的联合概率密度函数为

$$f(x,y)=\begin{cases}cxy, & 0\leqslant x\leqslant 1, 0\leqslant y\leqslant x,\\ 0, & \text{其他}.\end{cases}$$

求:(1) 常数 c;(2) X 与 Y 的边缘密度函数 $f_X(x)$, $f_Y(y)$.

4. 设二维连续型随机变量 (X,Y) 的概率密度函数为 $f(x,y)=\dfrac{1}{\pi^2(1+x^2)(1+y^2)}$.
求 (X,Y) 的联合分布函数 $F(x,y)$.

5. 设二维连续型随机变量 (X,Y) 的分布函数为

$$F(x,y)=\frac{1}{\pi^2}\left(\frac{\pi}{2}+\arctan\frac{x}{2}\right)\left(\frac{\pi}{2}+\arctan\frac{y}{3}\right),\quad -\infty<x,y<+\infty.$$

求 (X,Y) 的联合概率密度函数.

(B) 提高题

1. 设二维连续型随机变量 (X,Y) 的联合密度函数为

$$f(x,y)=\begin{cases}x^2+\dfrac{1}{3}xy, & 0\leqslant x\leqslant 1, 0\leqslant y\leqslant 2,\\ 0, & \text{其他},\end{cases}$$

求 $P\{X+Y\geqslant 1\}$.

2. 设二维连续型随机变量 (X,Y) 的联合概率密度函数为

$$f(x,y)=\frac{1}{\pi^2(1+x^2)(1+y^2)}.$$

求 $P\{(X,Y)\in D\}$,其中 D 为以点 $(0,0),(0,1),(1,1),(1,0)$ 为顶点的正方形区域.

3. 设二维随机变量 (X,Y) 的联合概率密度函数为

$$f(x,y)=\begin{cases}\dfrac{xy}{4}, & 0\leqslant x\leqslant 2, 0\leqslant y\leqslant 2,\\ 0, & \text{其他},\end{cases}$$

求 $P\{Y\geqslant X^2\}$.

第四节　随机变量的独立性

在多维随机变量中,各分量的取值有时会相互影响,有时会毫无影响.没有任何影响的随机变量称为相互独立的随机变量.本节我们将利用两个随机事件相互独立的概念引出两个随机变量相互独立的概念,这是一个十分重要的概念.

一、两个随机变量独立性的定义

定义 1 设 X, Y 是两个随机变量，对于任意的实数 x, y，若
$$F(x, y) = F_X(x) F_Y(y).$$
其中 $F(x, y)$ 为 (X, Y) 的联合分布函数，$F_X(x), F_Y(y)$ 分别为 X, Y 的边缘分布函数. 则称随机变量 X 和 Y 是**相互独立**的，否则称 X 和 Y **不相互独立**.

注：随机变量 X 和 Y 相互独立即随机事件 $\{X \leqslant x\}$ 和 $\{Y \leqslant y\}$ 相互独立.

二、离散型随机变量的独立性

定理 1 设 (X, Y) 是二维离散型随机变量，其概率分布为
$$P\{X = x_i, Y = y_j\} = p_{ij}, \quad i = 1, 2, \cdots, \quad j = 1, 2, \cdots.$$
(X, Y) 关于 X 和 Y 的边缘分布分别为
$$p_{i \cdot} = P\{X = x_i\} = \sum_{j=1}^{+\infty} p_{ij}, \quad i = 1, 2, \cdots,$$
$$p_{\cdot j} = P\{Y = y_j\} = \sum_{i=1}^{+\infty} p_{ij}, \quad j = 1, 2, \cdots.$$
X 和 Y 相互独立的充分必要条件为：对 (X, Y) 的所有可能取值 (x_i, y_j)，有
$$P\{X = x_i, Y = y_j\} = P\{X = x_i\} \cdot P\{Y = y_j\}, \quad 即 \ p_{ij} = p_{i \cdot} p_{\cdot j}.$$

证明略.

例 1 设二维随机变量 (X, Y) 的分布列为

X \ Y	1	3
0	$\frac{1}{6}$	$\frac{1}{3}$
1	$\frac{1}{6}$	$\frac{1}{3}$

试问 X 与 Y 是否相互独立.

解 由 (X, Y) 的分布列得关于 X 和 Y 的边缘分布列分别为

X	0	1
P	$\frac{1}{2}$	$\frac{1}{2}$

Y	1	3
P	$\frac{1}{3}$	$\frac{2}{3}$

则有
$$\frac{1}{6} = P\{X = 0, Y = 1\} = P\{X = 0\} \cdot P\{Y = 1\} = \frac{1}{2} \cdot \frac{1}{3},$$

$$P\{X=0,Y=3\} = P\{X=0\} \cdot P\{Y=3\},$$
$$P\{X=1,Y=1\} = P\{X=0\} \cdot P\{Y=1\},$$
$$P\{X=1,Y=3\} = P\{X=1\} \cdot P\{Y=3\}.$$

所以 X 与 Y 相互独立.

例 2 设二维随机变量 (X,Y) 的分布列为

X \ Y	−1	1	2
−1	0.1	0.2	0.1
1	0.2	0.1	0.3

试问 X 与 Y 是否相互独立.

解 由 (X,Y) 的分布列得关于 X 和 Y 的边缘分布列分别为

X	−1	1
P	0.4	0.6

Y	−1	1	2
P	0.3	0.3	0.4

由 $P\{X=-1,Y=-1\} \neq P\{X=-1\} \cdot P\{Y=-1\}$,所以 X 与 Y 不相互独立.

三、连续型随机变量的独立性

定理 2 设 (X,Y) 为二维连续型随机变量,其概率密度函数为 $f(x,y)$,$f_X(x)$,$f_Y(y)$ 为边缘概率密度函数,则 X 和 Y 相互独立的充分必要条件为:对任意的实数 x,y,都有

$$f(x,y) = f_X(x)f_Y(y).$$

证明 (必要性)因为 X,Y 相互独立,所以 $F(x,y) = F_X(x)F_Y(y)$. 又

$$F(x,y) = \int_{-\infty}^{x}\int_{-\infty}^{y} f(s,t)\mathrm{d}s\mathrm{d}t.$$

$$F_X(x) \cdot F_Y(y) = \left\{\int_{-\infty}^{x} f_X(s)\mathrm{d}s\right\}\left\{\int_{-\infty}^{y} f_Y(t)\mathrm{d}t\right\} = \int_{-\infty}^{x}\int_{-\infty}^{y} f_X(s)f_Y(t)\mathrm{d}s\mathrm{d}t.$$

由二维随机变量密度函数定义可得 $f(x,y) = f_X(x) \cdot f_Y(y)$.

(充分性)因为 $f(x,y) = f_X(x) \cdot f_Y(y)$,又因为

$$F(x,y) = \int_{-\infty}^{x}\int_{-\infty}^{y} f(s,t)\mathrm{d}s\mathrm{d}t = \int_{-\infty}^{x}\int_{-\infty}^{y} f_X(s)f_Y(t)\mathrm{d}s\mathrm{d}t.$$
$$= \int_{-\infty}^{x} f_X(s)\mathrm{d}s \int_{-\infty}^{y} f_Y(t)\mathrm{d}t = F_X(x) \cdot F_Y(y).$$

由定义知 X,Y 相互独立.

前面我们已讨论了联合分布与边缘分布的关系，已知联合分布可以确定边缘分布，一般情况下边缘分布是不能确定联合分布的，但当 X 和 Y 相互独立时，(X,Y) 的联合分布可由它的两个边缘分布完全确定.

例 3 (本章第三节例 3 续)　设二维随机变量 (X,Y) 的联合概率密度函数为

$$f(x,y) = \begin{cases} 6\mathrm{e}^{-2x-3y}, & x>0, y>0, \\ 0, & \text{其他}, \end{cases}$$

试判断 X 和 Y 的独立性.

解　由第三节例 3 知 X 和 Y 的边缘密度函数为

$$f_X(x) = \begin{cases} 2\mathrm{e}^{-2x}, & x>0, \\ 0, & \text{其他}, \end{cases} \quad f_Y(y) = \begin{cases} 3\mathrm{e}^{-3y}, & y>0, \\ 0, & \text{其他}. \end{cases}$$

易见，$f(x,y) = f_X(x) \cdot f_Y(y)$，所以 X 和 Y 相互独立.

例 4　设二维随机变量 (X,Y) 的联合概率密度函数为

$$f(x,y) = \begin{cases} 6, & x^2 \leqslant y \leqslant x, 0 \leqslant x \leqslant 1, \\ 0, & \text{其他}. \end{cases}$$

试判断 X 和 Y 的独立性.

解　由本章第三节例 4 知 X 和 Y 的边缘密度函数为

$$f_X(x) = \begin{cases} 6(x-x^2), & 0 \leqslant x \leqslant 1, \\ 0, & \text{其他}, \end{cases} \quad f_Y(y) = \begin{cases} 6(\sqrt{y}-y), & 0 \leqslant y \leqslant 1, \\ 0, & \text{其他}. \end{cases}$$

易见，$f(x,y) \neq f_X(x) \cdot f_Y(y)$，所以 X 和 Y 不相互独立.

例 5　设二维随机变量 (X,Y) 的联合概率密度函数为

$$f(x,y) = \begin{cases} Ay(1-x), & 0 \leqslant x \leqslant 1, 0 \leqslant y \leqslant x, \\ 0, & \text{其他}. \end{cases}$$

求：(1) 常数 A；

(2) X 和 Y 的边缘概率密度函数 $f_X(x), f_Y(y)$；

(3) 判断 X 与 Y 是否相互独立.

解　(1) 因为 $\int_{-\infty}^{+\infty}\int_{-\infty}^{+\infty} f(x,y)\mathrm{d}x\mathrm{d}y = \int_0^1 \mathrm{d}x \int_0^x Ay(1-x)\mathrm{d}y = \dfrac{A}{24} = 1$，所以 $A=24$. 因此

$$f(x,y) = \begin{cases} 24y(1-x), & 0 \leqslant x \leqslant 1, 0 \leqslant y \leqslant x, \\ 0, & \text{其他}. \end{cases}$$

(2) $f_X(x) = \int_{-\infty}^{+\infty} f(x,y)\mathrm{d}y = \begin{cases} \int_0^x 24y(1-x)\mathrm{d}y, & 0 \leqslant x \leqslant 1, \\ 0, & \text{其他} \end{cases} = \begin{cases} 12x^2(1-x), & 0 \leqslant x \leqslant 1, \\ 0, & \text{其他}; \end{cases}$

$$f_Y(y) = \int_{-\infty}^{+\infty} f(x,y)\mathrm{d}x = \begin{cases} \int_y^1 24y(1-x)\mathrm{d}x, & 0 \leqslant y \leqslant 1, \\ 0, & 其他 \end{cases} = \begin{cases} 12y(1-y)^2, & 0 \leqslant y \leqslant 1, \\ 0, & 其他. \end{cases}$$

(3) 因为 $f_X(x) \cdot f_Y(y) \neq f(x,y)$，所以 X 与 Y 不相互独立.

例6 设 X 和 Y 是相互独立且分布相同的随机变量，其共同分布由下列密度函数给出

$$f(x) = \begin{cases} 2x, & 0 \leqslant x \leqslant 1, \\ 0, & 其他. \end{cases}$$

求 $P\{X+Y \leqslant 1\}$.

解 由 X 和 Y 相互独立，故其联合密度函数为

$$f(x,y) = \begin{cases} 4xy, & 0 \leqslant x, y \leqslant 1, \\ 0, & 其他. \end{cases}$$

于是

$$\begin{aligned} P\{X+Y \leqslant 1\} &= \iint_{x+y \leqslant 1} f(x,y)\mathrm{d}x\mathrm{d}y \\ &= \int_0^1 \int_0^{1-x} 4xy\mathrm{d}y\mathrm{d}x \\ &= \int_0^1 2x(1-x)^2 \mathrm{d}x = \frac{1}{6}. \end{aligned}$$

例7 设 $(X,Y) \sim N(\mu_1, \mu_2, \sigma_1^2, \sigma_2^2, \rho)$. 证明 X 和 Y 相互独立的充分必要条件为 $\rho = 0$.

证 由 $(X,Y) \sim N(\mu_1, \mu_2, \sigma_1^2, \sigma_2^2, \rho)$，有

$$f(x,y) = \frac{1}{2\pi\sigma_1\sigma_2\sqrt{1-\rho^2}} \mathrm{e}^{-\frac{1}{2(1-\rho^2)}\left[\frac{(x-\mu_1)^2}{\sigma_1^2} - 2\rho\frac{(x-\mu_1)(y-\mu_2)}{\sigma_1\sigma_2} + \frac{(y-\mu_2)^2}{\sigma_2^2}\right]}, \tag{3.4.1}$$

$$f_X(x) = \frac{1}{\sqrt{2\pi}\sigma_1} \mathrm{e}^{-\frac{(x-\mu_1)^2}{2\sigma_1^2}}, \quad f_Y(y) = \frac{1}{\sqrt{2\pi}\sigma_2} \mathrm{e}^{-\frac{(y-\mu_2)^2}{2\sigma_2^2}}.$$

(充分性) 若 $\rho = 0$，显然有 $f(x,y) = f_X(x) \cdot f_Y(y)$，由本节定理2知 X 和 Y 相互独立.
(必要性) 若 X 与 Y 相互独立，则

$$f(x,y) = f_X(x) \cdot f_Y(y) = \frac{1}{2\pi\sigma_1\sigma_2} \mathrm{e}^{-\frac{1}{2}\left[\frac{(x-\mu_1)^2}{\sigma_1^2} + \frac{(y-\mu_2)^2}{\sigma_2^2}\right]}. \tag{3.4.2}$$

比较两个等式(3.4.1)和(3.4.2)，对任意实数 x,y 都成立，则必有 $\rho = 0$.

四、n 维随机变量的独立性

以上所述关于二维随机变量的一些概念，容易推广到 n 维随机变量的情况．

定义 2 设 n 维随机变量 $(X_1, X_2, \cdots, X_n)$ 的分布函数为 $F(x_1, x_2, \cdots, x_n)$，$F_{X_i}(x_i)$ 为 X_i 的边缘分布函数，如果对任意 n 个实数 $x_1, x_2, \cdots, x_n$ 有

$$F(x_1, x_2, \cdots, x_n) = F_{X_1}(x_1) F_{X_2}(x_2) \cdots F_{X_n}(x_n),$$

则称 $X_1, X_2, \cdots, X_n$ 相互独立．

习题 3-4

(A) 基础题

1. 已知随机变量 X_1 和 X_2 的概率分布

X_1	−1	0	1
P	0.25	0.5	0.25

X_2	0	1
P	0.5	0.5

且 $P\{X_1 X_2 = 0\} = 1$．(1) 求 X_1 和 X_2 的联合分布列；(2) 问 X_1 和 X_2 是否相互独立．

2. 设随机变量 X 的概率分布为

X	$-\pi$	0	π
P	$\dfrac{c}{9}$	$\dfrac{2c}{9}$	$\dfrac{c}{6}$

(1) 求常数 c；
(2) 求 $Y = \cos X$ 的概率分布；
(3) 求 (X, Y) 的联合概率分布；
(4) 判断 X 与 Y 是否独立．

3. 设二维连续型随机变量 (X, Y) 的联合概率密度函数为

$$f(x, y) = \begin{cases} e^{-x-y}, & x > 0, y > 0, \\ 0, & \text{其他}, \end{cases}$$

试判断 X 和 Y 的独立性．

4. 已知连续型随机变量 X 和 Y 的边缘密度函数分别为

$$f_X(x) = \begin{cases} 2e^{-2x}, & x > 0, \\ 0, & \text{其他}, \end{cases} \quad f_Y(y) = \begin{cases} 3e^{-3y}, & y > 0, \\ 0, & \text{其他}, \end{cases}$$

且 X 和 Y 相互独立，求二维连续型随机变量 (X, Y) 的联合概率密度函数．

(B) 提高题

1. 设 X 和 Y 是相互独立的随机变量,且都服从 $(0,1)$ 上的均匀分布,试求方程 $a^2 + 2Xa + Y = 0$ 有实根的概率.

2. 已知 (X,Y) 的联合密度函数为 $f(x,y) = \begin{cases} 4xy, & 0 \leqslant x, y \leqslant 1, \\ 0, & \text{其他}, \end{cases}$ 求 $P\{X+Y \leqslant 1\}$.

3. 已知 (X,Y) 的联合密度函数为 $f(x,y) = \begin{cases} 8xy, & 0 < x < y, 0 < y < 1, \\ 0, & \text{其他}. \end{cases}$ 讨论随机变量 X,Y 是否独立.

4. 设二维连续型随机变量 (X,Y) 的联合概率密度函数为 $f(x,y) = \begin{cases} e^{-y}, & 0 < x < y, \\ 0, & \text{其他}. \end{cases}$
(1) 求 X 与 Y 的边缘概率密度函数;(2) 判断 X 与 Y 是否独立.

5. 设二维随机变量 (X,Y) 在单位圆域 $D = \{(x,y) \mid x^2 + y^2 \leqslant 1\}$ 上服从均匀分布.
(1) 求 X 与 Y 的边缘概率密度函数;(2) 判断 X 与 Y 是否独立.

第五节　条　件　分　布

在第一章我们讨论了两个随机事件的条件概率,本节将要讨论随机变量的条件分布.

一、离散型随机变量的条件分布

设二维离散型随机变量 (X,Y) 的联合分布列为

$$P\{X = x_i, Y = y_j\} = p_{ij}, \quad i = 1, 2, \cdots, \quad j = 1, 2, \cdots.$$

设 $p_{\cdot j} > 0$,则由条件概率公式 $P(A \mid B) = \dfrac{P(AB)}{P(B)}$ $(P(B) > 0)$,有

$$P\{X = x_i \mid Y = y_j\} = \frac{P\{X = x_i, Y = y_j\}}{P\{Y = y_j\}} = \frac{p_{ij}}{p_{\cdot j}}, \quad i = 1, 2, \cdots.$$

于是我们引入以下的定义.

定义 1　设 (X,Y) 是二维离散型随机变量,对于固定的 j,如果 $P\{Y = y_j\} > 0$,则称

$$P\{X = x_i \mid Y = y_j\} = \frac{P\{X = x_i, Y = y_j\}}{P\{Y = y_j\}} = \frac{p_{ij}}{p_{\cdot j}}, \quad i = 1, 2, \cdots \tag{3.5.1}$$

为在 $Y = y_j$ 的条件下,随机变量 X 的**条件分布列**.

同理,对于固定的 i,如果 $P\{X = x_i\} > 0$,则称

$$P\{Y=y_j \mid X=x_i\} = \frac{P\{X=x_i, Y=y_j\}}{P\{X=x_i\}} = \frac{p_{ij}}{p_{i\cdot}}, \quad j=1,2,\cdots \qquad (3.5.2)$$

为在 $X=x_i$ 的条件下，随机变量 Y 的**条件分布列**.

由条件分布列可以得到条件分布函数. 称

$$F(x \mid y_j) = \sum_{x_i \leqslant x} P\{X=x_i \mid Y=y_j\} = \frac{1}{p_{\cdot j}} \sum_{x_i \leqslant x} p_{ij} \qquad (3.5.3)$$

为在 $Y=y_j$ 的条件下，随机变量 X 的**条件分布函数**; 称

$$F(y \mid x_i) = \sum_{y_j \leqslant y} P\{Y=y_j \mid X=x_i\} = \frac{1}{p_{i\cdot}} \sum_{y_j \leqslant y} p_{ij} \qquad (3.5.4)$$

为在 $X=x_i$ 的条件下，随机变量 Y 的**条件分布函数**.

从条件分布的定义, 易得下列基本性质:

(1) 非负性: $P\{X=x_i \mid Y=y_j\} \geqslant 0, i=1,2,\cdots;$

(2) 规范性: $\sum_{i=1}^{+\infty} P\{X=x_i \mid Y=y_j\} = 1.$

例 1 设二维离散型随机变量 (X,Y) 的概率分布如下

X \ Y	-1	1	2	$p_{i\cdot}$
0	$\frac{1}{12}$	0	$\frac{3}{12}$	$\frac{1}{3}$
1	$\frac{2}{12}$	$\frac{1}{12}$	$\frac{1}{12}$	$\frac{1}{3}$
2	$\frac{3}{12}$	$\frac{1}{12}$	0	$\frac{1}{3}$
$p_{\cdot j}$	$\frac{1}{2}$	$\frac{1}{6}$	$\frac{1}{3}$	

求: (1) 在 $Y=1$ 的条件下, X 的条件分布; (2) 在 $X=1$ 的条件下, Y 的条件分布.

解 首先求出 (X,Y) 关于 X 与 Y 的边缘概率分布, 如上表的最右一列和最下一行所示.

(1) 由 (X,Y) 的概率分布和 Y 的边缘分布以及公式(3.5.1)得

$$P\{X=0 \mid Y=1\} = \frac{P\{X=0, Y=1\}}{P\{Y=1\}} = \frac{0}{\frac{1}{6}} = 0,$$

$$P\{X=1 \mid Y=1\} = \frac{\frac{1}{12}}{\frac{1}{6}} = \frac{1}{2}, \quad P\{X=2 \mid Y=1\} = \frac{\frac{1}{12}}{\frac{1}{6}} = \frac{1}{2}.$$

即在 $Y=1$ 的条件下 X 的条件分布为

X	0	1	2
P	0	$\dfrac{1}{2}$	$\dfrac{1}{2}$

(2) 由 (X,Y) 的概率分布和 X 的边缘分布以及公式(3.5.2)得

$$P\{Y=-1|X=1\}=\frac{\frac{2}{12}}{\frac{1}{3}}=\frac{1}{2}, \quad P\{Y=1|X=1\}=\frac{\frac{1}{12}}{\frac{1}{3}}=\frac{1}{4}, \quad P\{Y=2|X=1\}=\frac{\frac{1}{12}}{\frac{1}{3}}=\frac{1}{4}.$$

即在 $X=1$ 的条件下 Y 的条件分布为

Y	-1	1	2
P	$\dfrac{1}{2}$	$\dfrac{1}{4}$	$\dfrac{1}{4}$

二、连续型随机变量的条件概率密度

设 (X,Y) 为二维连续型随机变量，由于对任意 x,y 有 $P\{X=x\}=0$，$P\{Y=y\}=0$，因此不能用条件概率的概念引入条件分布函数，我们采用极限的方法来处理.

定义 2 对于给定的实数 y 及任意的 $\varepsilon>0$，若 $P\{y<Y\leqslant y+\varepsilon\}>0$，且对任意的实数 x，极限

$$\lim_{\varepsilon\to 0^+}P\{X\leqslant x|y<Y\leqslant y+\varepsilon\}=\lim_{\varepsilon\to 0^+}\frac{P\{X\leqslant x, y<Y\leqslant y+\varepsilon\}}{P\{y<Y\leqslant y+\varepsilon\}} \tag{3.5.5}$$

存在，则称此极限值为在 $Y=y$ 条件下，随机变量 X 的**条件分布函数**，记为 $F_{X|Y}(x|y)$.

同理，对于给定的实数 x 及任意的 $\varepsilon>0$，$P\{x<X\leqslant x+\varepsilon\}>0$，且对任意的实数 y，极限

$$\lim_{\varepsilon\to 0^+}P\{Y\leqslant y|x<X\leqslant x+\varepsilon\}=\lim_{\varepsilon\to 0^+}\frac{P\{Y\leqslant y, x<X\leqslant x+\varepsilon\}}{P\{x<X\leqslant x+\varepsilon\}} \tag{3.5.6}$$

存在，则称此极限值为在 $X=x$ 条件下，随机变量 Y 的**条件分布函数**，记为 $F_{Y|X}(y|x)$.

对于二维连续型随机变量 (X,Y)，其概率密度函数为 $f(x,y)$，式(3.5.5)可写为

$$F_{X|Y}(x|y)=\lim_{\varepsilon\to 0^+}\frac{\int_{-\infty}^{x}\int_{y}^{y+\varepsilon}f(u,v)\mathrm{d}v\mathrm{d}u}{\int_{y}^{y+\varepsilon}f_Y(v)\mathrm{d}v}.$$

若 $f(x,y), f_Y(y)$ 在 (x,y) 及其附近连续，并且 $f_Y(y)>0$，由积分中值定理可得

$$F_{X|Y}(x|y) = \lim_{\varepsilon \to 0^+} \frac{\int_{-\infty}^{x} f(u, y+\theta_1\varepsilon)\mathrm{d}u}{f_Y(y+\theta_2\varepsilon)}, \quad 0 < \theta_i < 1, \ i = 1, 2,$$

从而

$$F_{X|Y}(x|y) = \frac{\int_{-\infty}^{x} f(u,y)\mathrm{d}u}{f_Y(y)} = \int_{-\infty}^{x} \frac{f(u,y)}{f_Y(y)}\mathrm{d}u.$$

因此我们有如下定义.

定义3 设 (X,Y) 为二维连续型随机变量，$f(x,y)$ 为其概率密度函数，若对于固定的 y，Y 的边缘概率密度函数 $f_Y(y)>0$，则称

$$f_{X|Y}(x|y) = F'(x|y) = \frac{f(x,y)}{f_Y(y)} \tag{3.5.7}$$

为在 $Y=y$ 的条件下，X 的**条件概率密度**.

同理，若对于固定的 x，X 的边缘概率密度函数 $f_X(x)>0$，则称

$$f_{Y|X}(y|x) = F'(y|x) = \frac{f(x,y)}{f_X(x)} \tag{3.5.8}$$

为在 $X=x$ 的条件下，Y 的**条件概率密度**.

在 $X=x$ 的条件下，随机事件 $\{a < Y \leqslant b\}$ 的条件概率有下列计算公式

$$P\{a < Y \leqslant b \mid X = x\} = \int_a^b f_{Y|X}(y|x)\mathrm{d}y.$$

例2 设二维随机变量 (X,Y) 在圆域 $D = \{(x,y) \mid x^2+y^2 \leqslant 4\}$ 上服从均匀分布，求条件概率密度 $f_{X|Y}(x|y), f_{Y|X}(y|x)$ 和 $P\{0 < Y \leqslant 3 \mid X = 1\}$.

解 由于 (X,Y) 的联合概率密度函数为 $f(x,y) = \begin{cases} \dfrac{1}{4\pi}, & x^2+y^2 \leqslant 4, \\ 0, & \text{其他}. \end{cases}$ 则 X,Y 的边缘密度函数为

$$f_X(x) = \begin{cases} \dfrac{1}{2\pi}\sqrt{4-x^2}, & |x| \leqslant 2, \\ 0, & \text{其他}, \end{cases} \qquad f_Y(y) = \begin{cases} \dfrac{1}{2\pi}\sqrt{4-y^2}, & |y| \leqslant 2, \\ 0, & \text{其他}. \end{cases}$$

所以，当 $-2 < y < 2$ 时，$f_Y(y) > 0$，由式(3.5.7)可得

$$f_{X|Y}(x|y) = \begin{cases} \dfrac{1}{2\sqrt{4-y^2}}, & -\sqrt{4-y^2} \leqslant x \leqslant \sqrt{4-y^2}, \\ 0, & \text{其他}. \end{cases}$$

同理, 当 $-2<x<2$ 时, $f_X(x)>0$, 由式(3.5.8)可得

$$f_{Y|X}(y|x)=\begin{cases}\dfrac{1}{2\sqrt{4-x^2}}, & -\sqrt{4-x^2}\leqslant y\leqslant\sqrt{4-x^2},\\ 0, & \text{其他}.\end{cases}$$

于是所求概率为

$$P\{0<Y\leqslant 3\mid X=1\}=\int_0^3 f_{Y|X}(y|1)\mathrm{d}y=\int_0^{\sqrt{3}}\dfrac{1}{2\sqrt{3}}\mathrm{d}y+\int_{\sqrt{3}}^3 0\mathrm{d}y=\dfrac{1}{2}.$$

例 3 设 (X,Y) 的概率密度函数为 $f(x,y)=\begin{cases}24(1-x)y, & 0<y<x<1,\\ 0, & \text{其他},\end{cases}$ 求条件概率密度 $f_{X|Y}(x|y)$ 和 $f_{Y|X}(y|x)$.

解 先求 X 和 Y 的边缘概率密度, 如图 3-4 所示, 当 $0<x<1$ 时, 有

$$f_X(x)=\int_{-\infty}^{+\infty}f(x,y)\mathrm{d}y=\int_0^x 24(1-x)y\mathrm{d}y=12(1-x)x^2.$$

当 $x\leqslant 0$ 或 $x\geqslant 1$ 时, $f_X(x)=0$. 即 X 的边缘概率密度为

$$f_X(x)=\begin{cases}12(1-x)x^2, & 0<x<1,\\ 0, & \text{其他}.\end{cases}$$

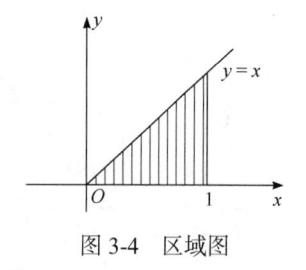

图 3-4 区域图

同理, Y 的边缘概率密度为 $f_Y(y)=\begin{cases}12y(y-1)^2, & 0<y<1,\\ 0, & \text{其他}.\end{cases}$

由条件概率密度公式得, 当 $Y=y\,(0<y<1)$ 时, X 的条件概率密度为

$$f_{X|Y}(x|y)=\dfrac{f(x,y)}{f_Y(y)}=\begin{cases}\dfrac{2(1-x)}{(y-1)^2}, & y<x<1,\\ 0, & \text{其他}.\end{cases}$$

当 $X=x\,(0<x<1)$ 时, Y 的条件概率密度为

$$f_{Y|X}(y|x)=\dfrac{f(x,y)}{f_X(x)}=\begin{cases}\dfrac{2y}{x^2}, & 0<y<x,\\ 0, & \text{其他}.\end{cases}$$

设 (X,Y) 是二维连续型随机变量, 其概率密度函数和关于 X 与关于 Y 的边缘密度分别为 $f(x,y),f_X(x),f_Y(y)$, 则 X 与 Y 相互独立的充分必要条件是 $f(x,y)=f_X(x)\cdot f_Y(y)$. 由条件分布定义知, 在 $Y=y$ 的条件下, 连续型随机变量 X 的条件概率密度函数为 $f_{X|Y}(x|y)=\dfrac{f(x,y)}{f_Y(y)}$; 在 $X=x$ 的条件下, 连续型随机变量 Y 的条件概率密度函数为 $f_{Y|X}(y|x)=\dfrac{f(x,y)}{f_X(x)}$. 因此, 连续型随机变量 X 与 Y 相互独立当且仅当有

$$f_{X|Y}(x|y) = \frac{f(x,y)}{f_Y(y)} = \frac{f_X(x) \cdot f_Y(y)}{f_Y(y)} = f_X(x), \tag{3.5.9}$$

$$f_{Y|X}(y|x) = \frac{f(x,y)}{f_X(x)} = \frac{f_X(x) \cdot f_Y(y)}{f_X(x)} = f_Y(y) \tag{3.5.10}$$

成立. 故式(3.5.9)、式(3.5.10)可作为连续型随机变量相互独立的条件. 类似地, 离散型随机变量 X 与 Y 相互独立当且仅当

$$P\{X = x_i | Y = y_j\} = P\{X = x_i\} = p_{i\cdot},$$

$$P\{Y = y_j | X = x_i\} = P\{Y = y_j\} = p_{\cdot j}$$

成立, 其中 $p_{i\cdot}, p_{\cdot j}$ 分别是二维离散型随机变量 (X,Y) 关于 X 和 Y 的边缘分布列, 请读者自行推导.

习题 3-5

(A) 基础题

1. 设二维离散型随机变量 (X,Y) 的联合分布列如下表

X \ Y	0	1	2
0	$\frac{1}{4}$	$\frac{1}{6}$	$\frac{1}{8}$
1	$\frac{1}{4}$	$\frac{1}{8}$	$\frac{1}{12}$

求: (1) 在 $X = 0, 1$ 的条件下 X 的分布列; (2) 在 $Y = 0, 1, 2$ 的条件下 Y 的分布列.

2. 设随机变量 X 在 $1, 2, 3, 4$ 四个整数中等可能取值, 另一个随机变量 Y 在 $1 \sim X$ 中等可能的取整数值. 当 Y 取到数字 2 时, 求 X 取各个数的概率.

3. 设二维连续型随机变量 (X,Y) 的联合概率密度为

$$f(x,y) = \begin{cases} A e^{-(2x+y)}, & x > 0, y > 0, \\ 0, & \text{其他}. \end{cases}$$

求: (1) 常数 A; (2) $f_{X|Y}(x|y), f_{Y|X}(y|x)$; (3) $P\{X \leq 2 | Y \leq 1\}$.

4. 设二维连续型随机变量 (X,Y) 的密度函数为

$$f(x,y) = \begin{cases} 1, & |y| < x, 0 < x < 1, \\ 0, & \text{其他}, \end{cases}$$

求条件密度 $f_{X|Y}(x|y)$ 和 $f_{Y|X}(y|x)$.

5. 已知随机变量 Y 的密度函数为 $f_Y(y) = \begin{cases} 5y^4, & 0 < y < 1, \\ 0, & \text{其他}. \end{cases}$ 在给定 $Y = y$ 的条件下,

随机变量 X 的条件概率密度为 $f_{X|Y}(x|y)=\dfrac{f(x,y)}{f_Y(y)}=\begin{cases}\dfrac{3x^2}{y^3}, & 0<x<y<1,\\ 0, & 其他.\end{cases}$ 求 $P\{X>0.5\}$.

(B) 提高题

1. 设数 X 在区间 $(0,1)$ 上随机地取值,当观察到 $X=x(0<x<1)$ 时,数 Y 在区间 $(x,1)$ 上随机地取值,求 Y 的概率密度 $f_Y(y)$.

2. 设二维连续型随机变量 (X,Y) 的联合概率密度函数为
$$f(x,y)=\begin{cases}\dfrac{21}{4}x^2y, & x^2\leqslant y\leqslant 1,\\ 0, & 其他,\end{cases}$$
求条件密度 $f_{X|Y}(x|y)$ 和 $f_{Y|X}(y|x)$.

3. 设二维连续型随机变量 (X,Y) 服从二维正态分布 $N(0,0,1,1,\rho)$,求条件密度 $f_{X|Y}(x|y)$ 和 $f_{Y|X}(y|x)$.

第六节 二维随机变量函数的分布

设 (X,Y) 为二维随机变量,$z=g(x,y)$ 是一个二元实函数,称 $Z=g(X,Y)$ 为随机变量 X 与 Y 的二元函数. 显然 $Z=g(X,Y)$ 是一个随机变量,当已知 (X,Y) 的联合分布时,如何求随机变量 $Z=g(X,Y)$ 的分布呢? 本节仅对几类特殊的情形加以讨论.

一、二维离散型随机变量函数的分布

设二维离散型随机变量 (X,Y) 的联合分布列为
$$P\{X=x_i,Y=y_j\}=p_{ij},\quad i,j=1,2,\cdots.$$
记 $z_k(k=1,2,\cdots)$ 为 $Z=g(X,Y)$ 的所有可能取值,则 Z 的概率分布为
$$P\{Z=z_k\}=P\{g(X,Y)=z_k\}=\sum_{g(x_i,y_j)=z_k}P\{X=x_i,Y=y_j\},\quad k=1,2,\cdots.$$

例 1 设二维随机变量 (X,Y) 的联合分布列为

X \ Y	-1	1	2
-1	$\dfrac{5}{20}$	$\dfrac{2}{20}$	$\dfrac{6}{20}$
2	$\dfrac{3}{20}$	$\dfrac{3}{20}$	$\dfrac{1}{20}$

试求 $Z_1=X+Y$ 和 $Z_2=XY$ 的分布列.

解 由 X,Y 的取值,可得 Z_1,Z_2 的取值及对应的概率如下

(X,Y)	$(-1,-1)$	$(-1,1)$	$(-1,2)$	$(2,-1)$	$(2,1)$	$(2,2)$
$Z_1 = X+Y$	-2	0	1	1	3	4
$Z_2 = XY$	1	-1	-2	-2	2	4
P	$\dfrac{5}{20}$	$\dfrac{2}{20}$	$\dfrac{6}{20}$	$\dfrac{3}{20}$	$\dfrac{3}{20}$	$\dfrac{1}{20}$

将 Z_1, Z_2 取相同值时的概率求和,得 $Z_1 = X+Y$ 的分布列为

$Z_1 = X+Y$	-2	0	1	3	4
P	$\dfrac{5}{20}$	$\dfrac{2}{20}$	$\dfrac{9}{20}$	$\dfrac{3}{20}$	$\dfrac{1}{20}$

$Z_2 = XY$ 的分布列为

$Z_2 = XY$	-2	-1	1	2	4
P	$\dfrac{9}{20}$	$\dfrac{2}{20}$	$\dfrac{5}{20}$	$\dfrac{3}{20}$	$\dfrac{1}{20}$

例 2 设 X,Y 相互独立,$X \sim P(\lambda_1)$,$Y \sim P(\lambda_2)$,则 $X+Y \sim P(\lambda_1 + \lambda_2)$.

证明 因为 $X \sim P(\lambda_1)$,$Y \sim P(\lambda_2)$,所以 X 和 Y 的概率分布分别为

$$P\{X = i\} = \frac{\lambda_1^i e^{-\lambda_1}}{i!}, \quad i = 0, 1, 2, \cdots,$$

$$P\{Y = j\} = \frac{\lambda_2^j e^{-\lambda_2}}{j!}, \quad j = 0, 1, 2, \cdots,$$

则 $X+Y$ 的所有可能取值为 $0,1,2,\cdots$. 由于 X,Y 相互独立,因此,对于任意的非负整数 k,有

$$P\{X+Y=k\} = P\left\{\bigcup_{l=0}^{k}(X=l, Y=k-l)\right\} = \sum_{l=0}^{k} P\{X=l\}P\{Y=k-l\}$$

$$= \sum_{l=0}^{k} \frac{\lambda_1^l e^{-\lambda_1}}{l!} \cdot \frac{\lambda_2^{k-l} e^{-\lambda_2}}{(k-l)!} = \sum_{l=0}^{k} \frac{k!}{l!(k-l)!} \lambda_1^l \lambda_2^{k-l} \frac{e^{-(\lambda_1+\lambda_2)}}{k!}$$

$$= \frac{e^{-(\lambda_1+\lambda_2)}}{k!} \sum_{l=0}^{k} \frac{k!}{l!(k-l)!} \lambda_1^l \lambda_2^{k-l}$$

$$= \frac{e^{-(\lambda_1+\lambda_2)}}{k!} \sum_{l=0}^{k} C_k^l \lambda_1^l \lambda_2^{k-l} = \frac{(\lambda_1+\lambda_2)^k}{k!} e^{-(\lambda_1+\lambda_2)}, \quad k = 0, 1, 2, \cdots,$$

因此 $X+Y \sim P(\lambda_1 + \lambda_2)$.

这一结果说明泊松分布具有可加性: 两个相互独立且均服从泊松分布的随机变量之和仍服从泊松分布, 其参数为相应随机变量的参数之和.

类似地可证明二项分布也具有可加性: 若 $X \sim B(n_1, p)$,$Y \sim B(n_2, p)$,且 X 与 Y 相互独立,则它们的和 $X+Y \sim B(n_1 + n_2, p)$.

二、二维连续型随机变量函数的分布

设 (X,Y) 为二维连续型随机变量，若 $Z = g(X,Y)$ 仍是连续型随机变量，则求 $Z = g(X,Y)$ 的概率密度函数 $f_Z(z)$ 的方法与求一维随机变量函数的分布类似，可分如下两步考虑，也称之为**分布函数法**。

设 (X,Y) 的概率密度函数为 $f(x,y)$，$Z = g(X,Y)$ 的分布函数为 $F_Z(z)$，对于任意 $z \in \mathbb{R}$。

(1) 求 Z 的分布函数

$$F_Z(z) = P\{Z \leq z\} = P\{g(X,Y) \leq z\} = \iint\limits_{g(x,y) \leq z} f(x,y) \mathrm{d}x \mathrm{d}y.$$

(2) 求 Z 的概率密度函数 $f_Z(z) = \dfrac{\mathrm{d} F_Z(z)}{\mathrm{d}z}$。

1. 和的分布，即 $Z = X + Y$ 的分布

设 (X,Y) 为二维连续型随机变量，其概率密度函数为 $f(x,y)$，令 $Z = X + Y$ 的分布函数和概率密度函数分别为 $F_Z(z)$ 和 $f_Z(z)$，有

$$F_Z(z) = P\{Z \leq z\} = P\{X + Y \leq z\} = \iint\limits_D f(x,y)\mathrm{d}x\mathrm{d}y,$$

其中 $D = \{(x,y) \mid x+y \leq z\}$ 为 xOy 平面上的一个区域，如图 3-5 所示。

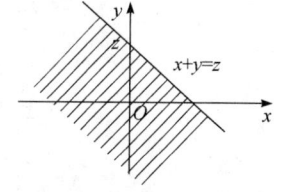

图 3-5 积分区域

将以上二重积分按先对 y 后对 x 的积分次序化成累次积分

$$F_Z(z) = \int_{-\infty}^{+\infty} \mathrm{d}x \int_{-\infty}^{z-x} f(x,y)\mathrm{d}y.$$

作变量代换，令 $y = u - x$ 得

$$F_Z(z) = \int_{-\infty}^{+\infty} \mathrm{d}x \int_{-\infty}^{z} f(x, u-x)\mathrm{d}u$$
$$= \int_{-\infty}^{z} \left[\int_{-\infty}^{+\infty} f(x, u-x)\mathrm{d}x \right] \mathrm{d}u.$$

于是，$Z = X + Y$ 的分布函数为

$$F_Z(z) = \int_{-\infty}^{z} \left[\int_{-\infty}^{+\infty} f(x, u-x)\mathrm{d}x \right] \mathrm{d}u.$$

$Z = X + Y$ 的概率密度函数为

$$f_Z(z) = \int_{-\infty}^{+\infty} f(x, z-x)\mathrm{d}x. \tag{3.6.1}$$

由于 X, Y 是对称的，所以

$$f_Z(z) = \int_{-\infty}^{+\infty} f(z-y, y)\mathrm{d}y. \tag{3.6.2}$$

若 X,Y 相互独立, 则有 $f(x,y) = f_X(x)f_Y(y)$, 式(3.6.1)和式(3.6.2)可分别变为

$$f_Z(z) = \int_{-\infty}^{+\infty} f_X(x)f_Y(z-x)\mathrm{d}x, \qquad (3.6.3)$$

$$f_Z(z) = \int_{-\infty}^{+\infty} f_X(z-y)f_Y(y)\mathrm{d}y. \qquad (3.6.4)$$

式(3.6.3)与式(3.6.4)称为**卷积公式**.

例 3 设 X 和 Y 相互独立, 它们都服从 $N(0,1)$, 求 $Z = X+Y$ 的概率密度函数.

解 因 X,Y 的概率密度函数分别为

$$f_X(x) = \frac{1}{\sqrt{2\pi}} e^{-\frac{x^2}{2}}, \quad -\infty < x < +\infty,$$

$$f_Y(y) = \frac{1}{\sqrt{2\pi}} e^{-\frac{y^2}{2}}, \quad -\infty < y < +\infty.$$

由卷积公式(3.6.3)可得 $Z = X+Y$ 的概率密度为

$$f_Z(z) = \int_{-\infty}^{+\infty} f_X(x) f_Y(z-x)\mathrm{d}x = \frac{1}{2\pi} \int_{-\infty}^{+\infty} e^{-\frac{x^2}{2}} e^{-\frac{(z-x)^2}{2}} \mathrm{d}x$$

$$= \frac{1}{2\pi} e^{-\frac{z^2}{4}} \int_{-\infty}^{+\infty} e^{-\frac{\left(\sqrt{2}x - \frac{z}{\sqrt{2}}\right)^2}{2}} \mathrm{d}x \xrightarrow{\sqrt{2}x - \frac{z}{\sqrt{2}} = t} \frac{1}{2\pi} e^{-\frac{z^2}{4}} \int_{-\infty}^{+\infty} e^{-\frac{t^2}{2}} \left(\frac{1}{\sqrt{2}}\right) \mathrm{d}t$$

$$= \frac{1}{\sqrt{2}} \frac{1}{\sqrt{2\pi}} e^{-\frac{z^2}{4}} \frac{1}{\sqrt{2\pi}} \int_{-\infty}^{+\infty} e^{-\frac{t^2}{2}} \mathrm{d}t = \frac{1}{2\sqrt{\pi}} e^{-\frac{z^2}{4}}.$$

即 $X+Y \sim N(0,2)$, 亦即 $X+Y \sim N(0+0, 1+1)$.

这一结果说明服从正态分布的随机变量具有可加性, 其一般描述为: 设 $X \sim N(\mu_1, \sigma_1^2)$, $Y \sim N(\mu_2, \sigma_2^2)$, 且 X,Y 相互独立, 则其和 $Z = X+Y \sim N(\mu_1+\mu_2, \sigma_1^2+\sigma_2^2)$. 这个结论可以推广到 n 个相互独立的服从正态分布的随机变量之和的情况. 即若 $X_i \sim N(\mu_i, \sigma_i^2)$ ($i=1,2,\cdots,n$) 且它们相互独立, 则它们的和 $Z = X_1 + X_2 + \cdots + X_n$ 仍然服从正态分布, 且有 $Z \sim N(\mu_1+\mu_2+\cdots+\mu_n, \sigma_1^2+\sigma_2^2+\cdots+\sigma_n^2)$.

例 4 设 X 和 Y 相互独立且均服从 $U(0,1)$, 求 $Z = X+Y$ 的概率密度函数.

解 由题意知 X 和 Y 的概率密度函数为

$$f_X(x) = \begin{cases} 1, & 0 < x < 1, \\ 0, & \text{其他}, \end{cases} \qquad f_Y(y) = \begin{cases} 1, & 0 < y < 1, \\ 0, & \text{其他}. \end{cases}$$

根据卷积公式 $f_Z(z) = \int_{-\infty}^{+\infty} f_X(x) f_Y(z-x) \mathrm{d}x$. x 必须同时满足: $0 < x < 1, 0 < z-x < 1$, 即 $0 < x < 1, z-1 < x < z$ 时,

$$f_X(x) \cdot f_Y(z-x) = 1.$$

故

$$f_Z(z) = \begin{cases} 0, & z \leqslant 0 \text{ 或 } z-1 \geqslant 1, \\ \int_0^z 1 \mathrm{d}x = z, & 0 < z < 1, \\ \int_{z-1}^1 1 \mathrm{d}x = 2-z, & 0 \leqslant z-1 < 1. \end{cases}$$

所以 $Z = X+Y$ 的概率密度函数为

$$f_Z(z) = \begin{cases} 0, & z \leqslant 0 \text{ 或 } z \geqslant 2, \\ z, & 0 < z < 1, \\ 2-z, & 1 \leqslant z < 2. \end{cases}$$

2. 商的分布, 即 $Z = \dfrac{X}{Y}$ 的分布

设 (X,Y) 为二维连续型随机变量, 其联合概率密度函数为 $f(x,y)$, 令 $Z = \dfrac{X}{Y}$ 的分布函数和概率密度函数分别为 $F_Z(z)$ 和 $f_Z(z)$, 有

$$F_Z(z) = P\{Z \leqslant z\} = P\left\{\dfrac{X}{Y} \leqslant Z\right\} = \iint\limits_{\frac{x}{y} \leqslant z} f(x,y) \mathrm{d}x \mathrm{d}y.$$

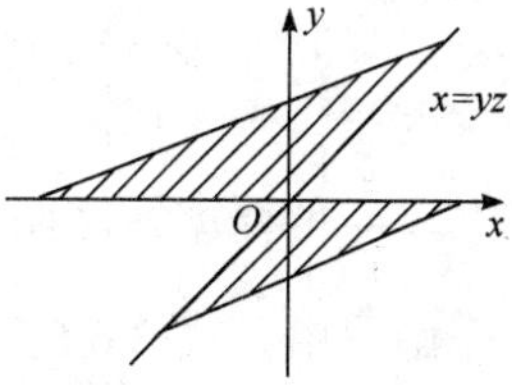

积分区域如图 3-6 所示. 当 $y > 0, x < yz$; $y < 0, x > yz$ 时,

$$F_Z(z) = \int_0^{+\infty} \mathrm{d}y \int_{-\infty}^{yz} f(x,y) \mathrm{d}x + \int_{-\infty}^0 \mathrm{d}y \int_{yz}^{+\infty} f(x,y) \mathrm{d}x.$$

图 3-6 积分区域

令 $x = yu$, 有

$$\begin{aligned} F_Z(z) &= \int_0^{+\infty} \mathrm{d}y \int_{-\infty}^z f(yu,y) y \mathrm{d}u + \int_{-\infty}^0 \mathrm{d}y \int_z^{+\infty} f(yu,y) y \mathrm{d}u \\ &= \int_0^{+\infty} \mathrm{d}y \int_{-\infty}^z f(yu,y) y \mathrm{d}u - \int_{-\infty}^0 \mathrm{d}y \int_{-\infty}^z f(yu,y) y \mathrm{d}u \\ &= \int_{-\infty}^z \left[\int_0^{+\infty} f(yu,y) y \mathrm{d}y - \int_{-\infty}^0 f(yu,y) y \mathrm{d}y \right] \mathrm{d}u \\ &= \int_{-\infty}^z \left[\int_{-\infty}^{+\infty} |y| f(yu,y) \mathrm{d}y \right] \mathrm{d}u. \end{aligned}$$

对上式两端关于 z 求导数, 得 $Z = \dfrac{X}{Y}$ 的概率密度函数为

$$f_Z(z) = \int_{-\infty}^{+\infty} |y| f(yz, y) \mathrm{d}y. \tag{3.6.5}$$

若 X, Y 相互独立, 则有

$$f_Z(z) = \int_{-\infty}^{+\infty} |y| f_X(yz) f_Y(y) \mathrm{d}y. \tag{3.6.6}$$

类似地, 对 $Z = \dfrac{Y}{X}$, 有

$$f_Z(z) = \int_{-\infty}^{+\infty} |x| f(x, xz) \mathrm{d}x,$$

若 X, Y 相互独立, 则有

$$f_Z(z) = \int_{-\infty}^{+\infty} |x| f_X(x) f_Y(xz) \mathrm{d}x.$$

对 $Z = XY$, 有

$$f_Z(z) = \int_{-\infty}^{+\infty} \dfrac{1}{|x|} f\left(x, \dfrac{z}{x}\right) \mathrm{d}x = \int_{-\infty}^{+\infty} \dfrac{1}{|y|} f\left(\dfrac{z}{y}, y\right) \mathrm{d}y,$$

若 X, Y 相互独立, 则有

$$f_Z(z) = \int_{-\infty}^{+\infty} \dfrac{1}{|x|} f_X(x) f_Y\left(\dfrac{z}{x}\right) \mathrm{d}x = \int_{-\infty}^{+\infty} \dfrac{1}{|y|} f_X\left(\dfrac{z}{y}\right) f_Y(y) \mathrm{d}y.$$

例 5 设 X 与 Y 相互独立, 概率密度函数分别为

$$f_X(x) = \begin{cases} \mathrm{e}^{-x}, & x > 0, \\ 0, & \text{其他}, \end{cases} \qquad f_Y(y) = \begin{cases} 2\mathrm{e}^{-2y}, & y > 0, \\ 0, & \text{其他}. \end{cases}$$

求 $Z = \dfrac{X}{Y}$ 的概率密度函数.

解 由公式(3.6.6), 令 Z 的概率密度函数为 $f_Z(z)$, 即当 $z > 0$ 时, 有

$$f_Z(z) = \int_{-\infty}^{+\infty} |y| f_X(yz) f_Y(y) \mathrm{d}y = \int_0^{+\infty} y \mathrm{e}^{-yz} \cdot 2\mathrm{e}^{-2y} \mathrm{d}y = \dfrac{2}{(2+z)^2};$$

即当 $z \leqslant 0$ 时, $f_Z(z) = 0$. 所以 $Z = \dfrac{X}{Y}$ 的概率密度函数为

$$f_Z(z) = \begin{cases} \dfrac{2}{(2+z)^2}, & z > 0, \\ 0, & z \leqslant 0. \end{cases}$$

最大值、最小值分布

3. 最大值、最小值分布, 即 $M = \max\{X, Y\}$ 或 $N = \min\{X, Y\}$

设 X 和 Y 是相互独立的随机变量, 它们的分布函数分别为 $F_X(x)$ 和 $F_Y(y)$, 则 M 的分布函数为

$$F_{\max}(z) = P\{M \leqslant z\} = P\{X \leqslant z, Y \leqslant z\} = P\{X \leqslant z\} \cdot P\{Y \leqslant z\} = F_X(z) \cdot F_Y(z).$$

N 的分布函数为

$$\begin{aligned} F_{\min}(z) &= P\{N \leqslant z\} = 1 - P\{N > z\} = 1 - P\{X > z, Y > y\} \\ &= 1 - P\{X > z\} \cdot P\{Y > y\} = 1 - [1 - P\{X \leqslant z\}] \cdot [1 - P\{Y \leqslant z\}] \\ &= 1 - [1 - F_X(z)][1 - F_Y(z)]. \end{aligned}$$

故有

$$F_{\max}(z) = F_X(z)F_Y(z), \quad (3.6.7)$$

$$F_{\min}(z) = 1 - [1 - F_X(z)][1 - F_Y(z)]. \quad (3.6.8)$$

以上结果容易推广到 n 个相互独立的随机变量的情况.

推广 设 $X_1, X_2, \cdots, X_n$ 是 n 个相互独立的随机变量,它们的分布函数分别为 $F_{X_i}(x_i)(i=1,2,\cdots,n)$,则 $M=\max\{X_1, X_2, \cdots, X_n\}$ 和 $N=\min\{X_1, X_2, \cdots, X_n\}$ 的分布函数分别为

$$F_{\max}(z) = F_{X_1}(z)F_{X_2}(z)\cdots F_{X_n}(z),$$

$$F_{\min}(z) = 1 - [1 - F_{X_1}(z)][1 - F_{X_2}(z)]\cdots[1 - F_{X_n}(z)].$$

若 $X_1, X_2, \cdots, X_n$ 相互独立且具有相同分布函数 $F(x)$ 时,有

$$F_{\max}(z) = [F(z)]^n,$$

$$F_{\min}(z) = 1 - [1 - F(z)]^n.$$

例6 对某种电子装置的输出测量了5次,得到观测值 $X_i, i=1,2,3,4,5$. X_i 是5个相互独立的随机变量,且服从同一分布,它们的分布函数是 $F(x) = \begin{cases} 1 - e^{-\frac{x^2}{8}}, & x \geq 0 \\ 0, & \text{其他} \end{cases}$,求 $Y = \max\{X_1, X_2, X_3, X_4, X_5\}$ 大于4的概率.

解 令 $Y = \max\{X_1, X_2, X_3, X_4, X_5\}$ 的分布函数是 $F_Y(y)$,则有 $F_Y(y) = [F(y)]^5$. 故

$$P\{Y > 4\} = 1 - F_Y(4) = 1 - [F(4)]^5 = 1 - (1 - e^{-2})^5.$$

习题 3-6

(A) 基础题

1. 设离散型随机变量 X 与 Y 的分布列分别为

X	0	1	2
P	$\frac{1}{2}$	$\frac{3}{8}$	$\frac{1}{8}$

Y	0	1
P	$\frac{1}{3}$	$\frac{2}{3}$

且 X 与 Y 独立,求:

(1) (X, Y) 的联合概率分布列;

(2) $Z = X + Y$ 的概率分布列;

(3) $Z = XY$ 的概率分布列.

2. 已知 (X,Y) 的联合概率分布列为

X \ Y	0	1	2
0	$\frac{1}{4}$	$\frac{1}{6}$	$\frac{1}{8}$
1	$\frac{1}{4}$	$\frac{1}{8}$	$\frac{1}{12}$

求：(1) $Z_1 = X + Y$ 的概率分布列；

(2) $Z_2 = XY$ 的概率分布列；

(3) $Z_3 = \max\{X, Y\}$ 的概率分布列．

3. 设 X 与 Y 相互独立，其概率密度函数分别为

$$f_X(x) = \begin{cases} \frac{1}{2}e^{-\frac{x}{2}}, & x \geqslant 0, \\ 0, & x < 0, \end{cases} \quad f_Y(y) = \begin{cases} \frac{1}{3}e^{-\frac{y}{3}}, & y \geqslant 0, \\ 0, & y < 0, \end{cases}$$

求随机变量 $Z = X + Y$ 的概率密度函数．

4. 设随机变量 X 与 Y 独立同分布，共同概率密度函数为 $f(x) = \begin{cases} e^{-x}, & x > 0, \\ 0, & x \leqslant 0. \end{cases}$ 求随机变量 $Z = X + Y$ 的概率密度函数．

5. 设二维随机变量 (X,Y) 的联合概率密度函数为 $f(x,y) = \frac{1}{2\pi}e^{-\frac{x^2+y^2}{2}}$，求 $Z = \frac{X}{Y}$ 的概率密度函数．

(B) 提高题

1. 设 $X_1, \cdots, X_n$ 在 $(0,1)$ 上都服从均匀分布且相互独立，求 $Z = \min\{X_1, X_2, \cdots, X_n\}$ 的概率密度函数．

2. 设 (X,Y) 的概率密度函数为 $f(x,y) = \begin{cases} 2, & 0 < y < x, 0 < x < 1, \\ 0, & \text{其他}, \end{cases}$ 求：

(1) $Z = X + Y$ 的概率密度函数；

(2) $Z = X - Y$ 的概率密度函数；

(3) $Z = \max\{X, Y\}$ 的概率密度函数 $f_z(z)$．

3. 设 X 与 Y 相互独立，它们都服从 $N(0, \sigma^2)$，求 $Z = \sqrt{X^2 + Y^2}$ 的概率密度函数．

4. 设一个系统由两个相互独立的子系统构成，这两个子系统的正常工作时间分别设为 X, Y，且 $X \sim E\left(\frac{1}{1000}\right), Y \sim E\left(\frac{1}{1500}\right)$，若这个系统的连接方式为两个子系统串联，求这种连接方式下整个系统正常工作时间的概率密度函数．

5. 若上题中，系统的连接方式为两个子系统并联，求这种连接方式下整个系统正

常工作时间的概率密度函数.

思 维 导 图

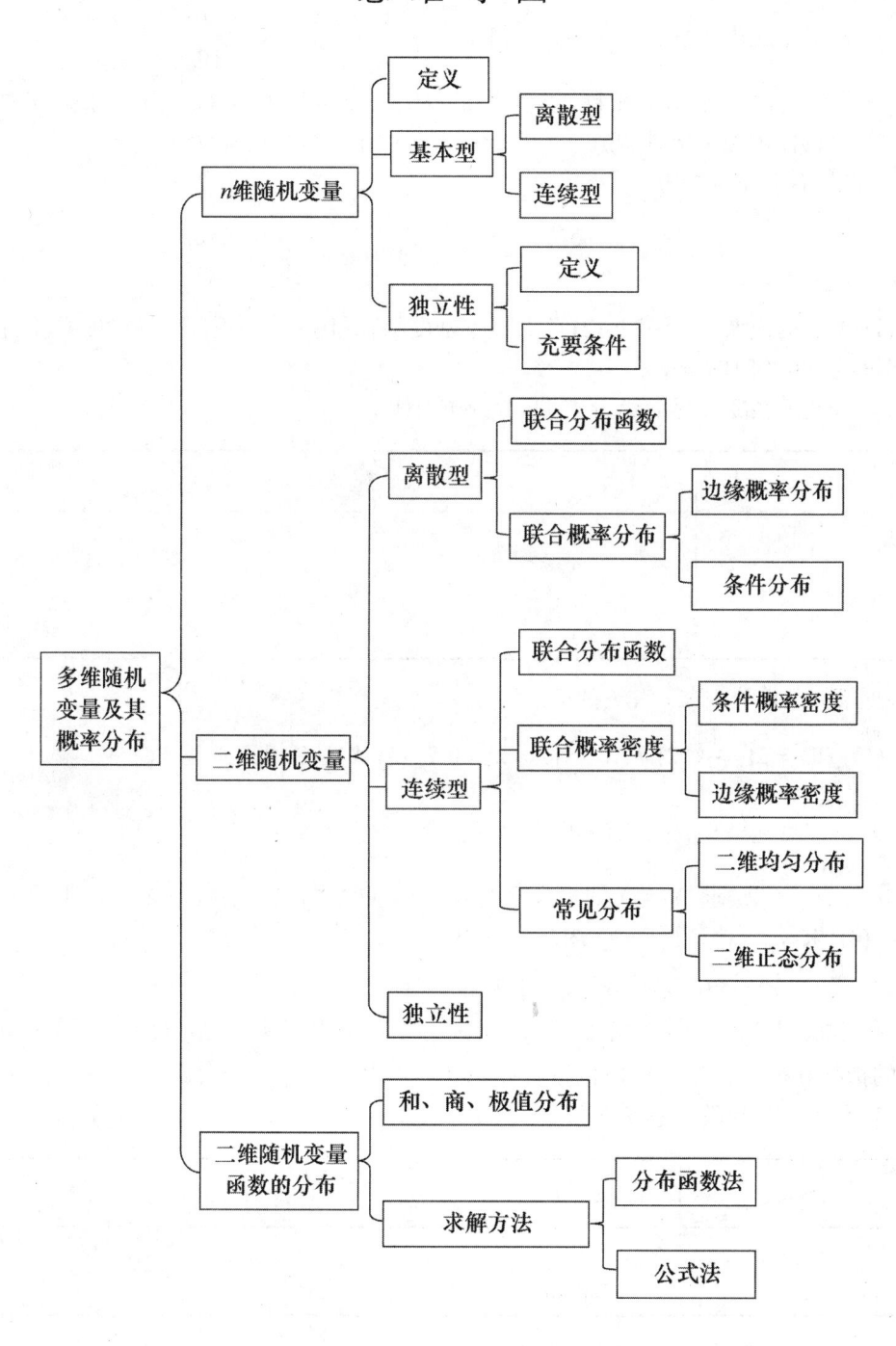

- 多维随机变量及其概率分布
  - n维随机变量
    - 定义
    - 基本型
      - 离散型
      - 连续型
    - 独立性
      - 定义
      - 充要条件
  - 二维随机变量
    - 离散型
      - 联合分布函数
      - 联合概率分布
        - 边缘概率分布
        - 条件分布
    - 连续型
      - 联合分布函数
      - 联合概率密度
        - 条件概率密度
        - 边缘概率密度
      - 常见分布
        - 二维均匀分布
        - 二维正态分布
    - 独立性
  - 二维随机变量函数的分布
    - 和、商、极值分布
    - 求解方法
      - 分布函数法
      - 公式法

自 测 题 三

1. 设二维随机变量 (X,Y) 的联合概率密度函数为 $f(x,y)=\begin{cases} ke^{-(2x+y)}, & x>0, y>0, \\ 0, & \text{其他,} \end{cases}$
求：(1) 常数 k；(2) 联合分布函数 $F(x,y)$；(3) $P\{-1<X\leqslant 1, -1<Y\leqslant 1\}$；(4) $P\{X+Y\leqslant 1\}$.

2. 某仪器由两个部件构成，X,Y 分别表示两个部件的寿命(单位：千小时)，已知 (X,Y) 的联合分布函数为

$$F(x,y)=\begin{cases} 1-e^{-0.5x}-e^{-0.5y}+e^{-0.5(x+y)}, & x\geqslant 0, y\geqslant 0, \\ 0, & \text{其他,} \end{cases}$$

求：(1) X,Y 的边缘分布函数；(2) 联合概率密度函数和边缘概率密度函数；(3) 两部件寿命都超过 100 小时的概率.

3. 设离散型随机变量 (X,Y) 的联合分布列如下

X \ Y	1	2	3
1	$\frac{1}{6}$	$\frac{1}{9}$	$\frac{1}{18}$
2	$\frac{1}{3}$	a	b

试根据下列条件分别求 a 和 b 的值：

(1) $P\{Y=2\}=\frac{1}{3}$；(2) $P\{X>1|Y=2\}=0.5$；(3) X 与 Y 相互独立.

4. 设二维随机变量 (X,Y) 的联合概率密度函数为 $f(x,y)=\begin{cases} Ax, & 0<x<1, 0<y<x, \\ 0, & \text{其他,} \end{cases}$

(1) 求常数 A；(2) 求 X 与 Y 的边缘密度函数 $f_X(x), f_Y(y)$；(3) 判断 X 与 Y 是否相互独立；(4) 求 $f_{Y|X}(y|x)$；(5) 求 $P\{X+Y\leqslant 1\}$.

5. 设 $(X,Y)\sim N(0,0,\sigma^2,\sigma^2,0)$. 求 $P\{X\leqslant Y\}$.

6. 设随机变量 X 与 Y 相互独立，X 在区间 $(0,2)$ 上服从均匀分布，Y 服从参数为 0.5 的指数分布，求：(1) (X,Y) 的联合概率密度函数；(2) $P\{Y\leqslant X^2\}$.

7. 设 (X,Y) 的联合分布列为

X \ Y	0	1	2
1	0.15	0.25	0.35
3	0.05	0.18	0.02

求在 $X=3$ 的条件下，随机变量 Y 的条件分布列.

8. 设二维随机变量 (X,Y) 的联合概率密度函数为

$$f(x,y)=\begin{cases} c(x+y), & 0\leqslant y\leqslant x\leqslant 1,\\ 0, & \text{其他}.\end{cases}$$

(1) 求常数 c；　　　　　　　　　　(2) 判断 X 与 Y 的独立性；

(3) 求 $f_{X|Y}(x|y),f_{Y|X}(y|x),f\left(y\big|x=\dfrac{1}{3}\right)$;　　(4) 求 $P\{X+Y\leqslant 1\}$.

9. 设二维随机变量 (X,Y) 的联合分布列如下：

Y \ X	0	1	2
0	0.10	0.25	0.15
1	0.15	0.20	0.15

求：(1) $Z=XY$ 的分布列；(2) $Z=\max(X,Y)$ 的分布列；(3) $Z=\min(X,Y)$ 的分布列.

阅读材料：中国概率论与数理统计研究的开拓者——许宝騄

许宝騄(1910—1970)，出生于北京，数学家. 中央研究院第一届院士，中国科学院学部委员，北京大学数学系教授. 1928 年就学于燕京大学化学系，1930 年转入清华大学算学系改学数学，1933 年毕业，1934 年至 1936 年担任北京大学数学系任助教. 1936 年公费赴英国留学，在伦敦大学作研究生，同时也在剑桥大学学习. 1938 年开始在伦敦大学兼任讲师，同年取得哲学博士学位，1940 年又获科学博士学位. 回国后，受聘为北京大学教授，并在国立西南联合大学任教. 1945 至 1947 年应邀先后在美国加州大学伯克利分校、哥伦比亚大学和北卡罗林纳大学讲学，为访问教授. 1947 年 1970 年担任北京大学数学系教授. 1948 年当选为中央研究院院士，1955 年当选为中国科学院学部委员，是第四届全国政协委员.

许宝騄毕生从事数学研究和教学工作. 在我国是最早从事数理统计和概率论研究工作的，并达到了世界先进水平. 对数理统计和概率论，特别是对多元分析、极限分布论、试验设计等方面做出了杰出的贡献，发展了矩阵变换的技巧，推进了矩阵论在数理统计学中的应用，对高斯-马尔可夫模型中方差的最优估计的研究取得重要成果，在概率论方面取得突出成果，并与他人合作首次引入全收敛概念是对强大数定律的重要加强. 对于推动这些学科在我国的发展起了重要作用. 许宝騄被公认为在数理统计和概率论方面第一个具有国际声望的中国数学家，发表论文 39 篇，有《许宝騄全集》(英文)出版.

第四章 随机变量的数字特征

前面讨论了一维和多维随机变量的分布,我们知道:随机变量的概率分布是其最重要的数字特征,如能求出分布,完整全面地描述其规律性,无疑对理论研究和实际应用都大有益处. 然而在许多实际问题中,要想确定随机变量的分布并非轻而易举,在研究某些随机变量时,我们并不需要知道其全部的规律,而只需知道其某些特征即可. 例如,要研究某地区种植某玉米新品种的效果时,我们主要关心的是平均亩产量和相对于平均亩产量的波动情况,至于该品种玉米每株的粒数、千粒重、株高等都不是本问题所要讨论的;要考察一名射手的射击水平,只需了解其中靶环数的平均值即可. 在概率论中,把描述随机变量的某种特征的量称为随机变量的**数字特征**. 研究随机变量的数字特征是概率统计研究的重要内容之一. 本章将介绍随机变量的常见数字特征:数学期望、方差、协方差、相关系数、矩.

第一节 数学期望

一、离散型随机变量的数学期望

下面我们通过对一个具体例子的分析引入随机变量的数学期望的概念.

例 1 设一个射手在一次射击中可能命中的环数为 X,其分布列如下:

X	8	9	10
P	0.4	0.1	0.5

求该射手在射击中平均命中的环数.

解 X 可能的取值为 8, 9, 10, 该射手在一次射击中命中环数的算术平均值为 $\frac{8+9+10}{3}=9$,因为该射手命中不同环数的概率不同,所以这种计算方法显然是不合理的. 现假设该射手共射击 100 次,则命中 8, 9, 10 环的频数分别为 40, 10, 50. 于是该射手在这 100 次射击中的平均命中环数为

$$\bar{x}=\frac{8\times40+9\times10+10\times50}{100}=8\times0.4+9\times0.1+10\times0.5=9.1.$$

这一计算结果比较真实地反映了该射手一次射击的平均命中环数. 上式中环数 X 的取值分别乘了各环数取值时相应的概率,这种平均称为加权平均,在该问题中,加权平均比算术平均更合理.

我们将 X 的取值分别记为 x_1, x_2, x_3,相应的概率分别记为 p_1, p_2, p_3,则射手一次

射击的平均命中环数可表示为 $\sum_{i=1}^{3} x_i \cdot p_i$,我们称之为命中环数的数学期望. 由此引出离散型随机变量的数学期望的定义.

定义 1 设离散型随机变量 X 的分布列为 $P\{X = x_i\} = p_i$, $i = 1, 2, \cdots$,如果级数 $\sum_{i=1}^{+\infty} x_i \cdot p_i$ 绝对收敛,则称级数 $\sum_{i=1}^{+\infty} x_i \cdot p_i$ 为随机变量 X 的**数学期望**,简称**期望**、**期望值**或**均值**,记为 $E(X)$,即

$$E(X) = \sum_{i=1}^{+\infty} x_i \cdot p_i = x_1 p_1 + x_2 p_2 + \cdots + x_i p_i + \cdots.$$

否则,称随机变量 X 的数学期望不存在.

定义中要求级数 $\sum_{i=1}^{+\infty} x_i \cdot p_i$ 绝对收敛是为了数学处理的方便. 因为取值 x_i 可以以任意顺序排放,因此在数学期望的定义中就应允许任意改变 x_i 的次序而不影响其收敛性及其和. 这样 $E(X)$ 与 X 取值的排序无关.

例 2 设甲、乙两个射手进行射击训练,他们的得分分别记作 X, Y,其分布列分别如下:

X	1	2	3
P	0.4	0.1	0.5

Y	1	2	3
P	0.1	0.6	0.3

问哪一个射手技术水平更高一些.

解 $E(X) = 1 \times 0.4 + 2 \times 0.1 + 3 \times 0.5 = 2.1$,

$E(Y) = 1 \times 0.1 + 2 \times 0.6 + 3 \times 0.3 = 2.2$,

所以乙射手的水平略高一些.

例 3 设盒子里共有 5 个形状相同的球,其中 3 个白球、2 个黑球,从中随机抽取 3 个球, X 记为抽到的黑球数,求 $E(X)$.

解 X 可能的取值为 0, 1, 2,且

$$P\{X=0\} = \frac{C_3^3}{C_5^3} = 0.1, \quad P\{X=1\} = \frac{C_2^1 C_3^2}{C_5^3} = 0.6, \quad P\{X=2\} = \frac{C_2^2 C_3^1}{C_5^3} = 0.3,$$

则 $E(X) = 0 \times 0.1 + 1 \times 0.6 + 2 \times 0.3 = 1.2$.

例 4 设随机变量 X 服从 0-1 分布,求 $E(X)$.

解 X 的分布列为

X	0	1
P	$1-p$	p

所以 $E(X) = 0 \cdot (1-p) + 1 \cdot p = p$.

例 5 设随机变量 X 服从参数为 n,p 的二项分布,求 $E(X)$.

解 X 的分布列为

$$P\{X=k\}=C_n^k p^k q^{n-k}, \quad k=0,1,2,\cdots,n, \ 0<p<1, \ q=1-p,$$

$$E(X)=\sum_{k=0}^n k \cdot C_n^k p^k q^{n-k}=\sum_{k=0}^n k \frac{n!}{k!(n-k)!}p^k q^{n-k}=\sum_{k=1}^n \frac{n!}{(k-1)!(n-k)!}p^k q^{n-k}$$

$$=np\sum_{k=1}^n C_{n-1}^{k-1}p^{k-1}q^{(n-1)-(k-1)}=np(p+q)^{n-1}=np.$$

例 6 设随机变量 X 服从参数为 λ 的泊松分布,$\lambda>0$,求 $E(X)$.

解 X 的分布列为 $P\{X=k\}=\dfrac{\lambda^k e^{-\lambda}}{k!}, k=0,1,2,\cdots, \lambda>0,$

$$E(X)=\sum_{k=0}^{+\infty} k \frac{\lambda^k e^{-\lambda}}{k!}=\lambda\sum_{k=1}^{+\infty}\frac{\lambda^{k-1}}{(k-1)!}e^{-\lambda}=\lambda e^{-\lambda}\sum_{k=0}^{+\infty}\frac{\lambda^k}{k!}=\lambda e^{-\lambda}\cdot e^{\lambda}=\lambda.$$

例 7 设二维离散型随机变量 (X,Y) 的联合分布列为

X \ Y	0	1	2
−1	0.1	0	0.3
0	0.3	0.1	0.2

求 $E(X)$ 和 $E(Y)$.

解 由 (X,Y) 的联合分布列可得 X 和 Y 的边缘分布列分别为

X	−1	0
P	0.4	0.6

Y	0	1	2
P	0.4	0.1	0.5

因此有 $E(X)=(-1)\times 0.4+0\times 0.6=-0.4, E(Y)=0\times 0.4+1\times 0.1+2\times 0.5=1.1.$

二、连续型随机变量的数学期望

定义 2 设连续型随机变量 X 的概率密度函数为 $f(x)$,如果积分 $\int_{-\infty}^{+\infty} x\cdot f(x)\mathrm{d}x$ 绝对收敛,则称该积分为随机变量 X 的**数学期望**,记为 $E(X)$,即

$$E(X)=\int_{-\infty}^{+\infty} x\cdot f(x)\mathrm{d}x.$$

否则,称随机变量 X 的数学期望不存在,也就是说并非所有随机变量都有数学期望.

例 8 设随机变量 X 的概率密度函数为 $f(x)=\begin{cases} x, & 0<x\leqslant 1, \\ 2-x, & 1<x\leqslant 2, \\ 0, & \text{其他}, \end{cases}$ 求 $E(X)$.

解 $E(X) = \int_{-\infty}^{+\infty} x \cdot f(x) \mathrm{d}x = \int_0^1 x \cdot x \mathrm{d}x + \int_1^2 x \cdot (2-x) \mathrm{d}x = \frac{1}{3} + \frac{2}{3} = 1$.

例 9 设随机变量 X 在 (a,b) 上服从均匀分布，求 $E(X)$.

解 已知 X 的密度函数为 $f(x) = \begin{cases} \dfrac{1}{b-a}, & x \in (a,b), \\ 0, & 其他, \end{cases}$ 所以

$$E(X) = \int_{-\infty}^{+\infty} x \cdot f(x) \mathrm{d}x = \int_a^b x \cdot \frac{1}{b-a} \mathrm{d}x = \frac{a+b}{2}.$$

例 10 设随机变量 X 服从参数为 λ 的指数分布，$\lambda > 0$，求 $E(X)$.

解 已知 X 的概率密度函数为 $f(x) = \begin{cases} \lambda \mathrm{e}^{-\lambda x}, & x > 0, \\ 0, & x \leqslant 0, \end{cases}$ 所以

$$E(X) = \int_{-\infty}^{+\infty} x \cdot f(x) \mathrm{d}x = \int_0^{+\infty} x \cdot \lambda \mathrm{e}^{-\lambda x} \mathrm{d}x \xlongequal{\lambda x = t} \frac{1}{\lambda} \int_0^{+\infty} t \mathrm{e}^{-t} \mathrm{d}t = \frac{1}{\lambda}.$$

例 11 设随机变量 X 服从参数为 μ 和 σ^2 的正态分布，求 $E(X)$.

解 已知 X 的概率密度函数为 $f(x) = \dfrac{1}{\sqrt{2\pi}\sigma} \mathrm{e}^{-\frac{(x-\mu)^2}{2\sigma^2}}$，$-\infty < x < +\infty$，所以

$$E(X) = \int_{-\infty}^{+\infty} x \frac{1}{\sqrt{2\pi}\sigma} \mathrm{e}^{-\frac{(x-\mu)^2}{2\sigma^2}} \mathrm{d}x \xlongequal{\frac{x-\mu}{\sigma}=t} \frac{1}{\sqrt{2\pi}} \int_{-\infty}^{+\infty} (\sigma t + \mu) \mathrm{e}^{-\frac{t^2}{2}} \mathrm{d}t = \mu \int_{-\infty}^{+\infty} \frac{1}{\sqrt{2\pi}} \mathrm{e}^{-\frac{t^2}{2}} \mathrm{d}t = \mu.$$

这表明正态分布的参数 μ 正是它的数学期望.

例 12 设二维连续型随机变量 (X,Y) 的联合概率密度函数为

$$f(x,y) = \begin{cases} x+y, & 0 \leqslant x \leqslant 1, 0 \leqslant y \leqslant 1, \\ 0, & 其他, \end{cases}$$

求 $E(X)$ 和 $E(Y)$.

解 X 和 Y 的边缘密度函数为

$$f_X(x) = \int_{-\infty}^{+\infty} f(x,y) \mathrm{d}y = \int_0^1 (x+y) \mathrm{d}y = x + \frac{1}{2} \quad (0 \leqslant x \leqslant 1),$$

$$f_Y(y) = \int_{-\infty}^{+\infty} f(x,y) \mathrm{d}x = \int_0^1 (x+y) \mathrm{d}x = y + \frac{1}{2} \quad (0 \leqslant y \leqslant 1),$$

所以

$$E(X) = \int_0^1 x \cdot \left(x + \frac{1}{2}\right) \mathrm{d}x = \left.\left(\frac{x^3}{3} + \frac{x^2}{4}\right)\right|_0^1 = \frac{7}{12},$$

$$E(Y) = \int_0^1 y \cdot \left(y + \frac{1}{2}\right) \mathrm{d}y = \left.\left(\frac{y^3}{3} + \frac{y^2}{4}\right)\right|_0^1 = \frac{7}{12}.$$

三、随机变量函数的数学期望

在实际问题和理论研究中,有时我们还需要研究随机变量函数的数学期望. 设 X 为随机变量,$y = g(x)$ 为连续函数,则 $Y = g(X)$ 也是随机变量. 那如何求 $g(X)$ 的数学期望呢? 一般有两种方法,一是由已知的 X 的分布求出 $Y = g(X)$ 的分布,再按照数学期望的定义把 $E[g(X)]$ 计算出来,使用这种方法必须先求出随机变量函数的分布,一般是比较复杂的;二是不求随机变量 $Y = g(X)$ 的概率分布,而只根据 X 的分布直接来计算 Y 的数学期望 $E(Y)$. 其基本定理如下.

定理 1 设 X 是随机变量,$Y = g(X)$ 是 X 的连续函数,则有

(1) 若 X 为离散型随机变量,其分布列为 $P\{X = x_i\} = p_i, i = 1, 2, \cdots$,如果级数 $\sum_{i=1}^{+\infty} g(x_i) p_i$ 绝对收敛,则函数 $Y = g(X)$ 的数学期望为

$$E(Y) = E[g(X)] = \sum_{i=1}^{+\infty} g(x_i) p_i;$$

(2) 若 X 为连续型随机变量,其概率密度函数为 $f(x)$,如果积分 $\int_{-\infty}^{+\infty} g(x) f(x) \mathrm{d}x$ 绝对收敛,则函数 $Y = g(X)$ 的数学期望为

$$E(Y) = E[g(X)] = \int_{-\infty}^{+\infty} g(x) \cdot f(x) \mathrm{d}x.$$

这个定理还可以推广到两个或多个随机变量的函数的情况.

定理 2 设 (X, Y) 是二维随机变量,$Z = g(X, Y)$ 是 X 和 Y 的连续函数,则有

(1) 若 (X, Y) 为离散型随机变量,其联合分布列为

$$P\{X = x_i, Y = y_j\} = p_{ij}, \quad i, j = 1, 2, \cdots,$$

如果级数 $\sum_{i=1}^{+\infty} \sum_{j=1}^{+\infty} g(x_i, y_j) \cdot p_{ij}$ 绝对收敛,则有

$$E(Z) = E[g(X, Y)] = \sum_{i=1}^{+\infty} \sum_{j=1}^{+\infty} g(x_i, y_j) \cdot p_{ij};$$

(2) 若 (X, Y) 为连续型随机变量,其概率密度函数为 $f(x, y)$,如果积分 $\int_{-\infty}^{+\infty} \int_{-\infty}^{+\infty} g(x, y) \cdot f(x, y) \mathrm{d}x \mathrm{d}y$ 绝对收敛,则有

$$E(Z) = E[g(X, Y)] = \int_{-\infty}^{+\infty} \int_{-\infty}^{+\infty} g(x, y) \cdot f(x, y) \mathrm{d}x \mathrm{d}y.$$

例 13 设随机变量 X 的分布列如下:

X	−1	0	1	2
P	0.1	0.3	0.2	0.4

求 $E(X^2)$ 和 $E(3X + 2)$.

解 $E(X^2) = (-1)^2 \times 0.1 + 0^2 \times 0.3 + 1^2 \times 0.2 + 2^2 \times 0.4 = 1.9$,

$E(3X+2) = [3\times(-1)+2]\times 0.1 + (3\times 0+2)\times 0.3 + (3\times 1+2)\times 0.2 + (3\times 2+2)\times 0.4 = 4.7$.

例 14 设随机变量 X 服从参数为 2 的指数分布，$Y = e^X$，求 $E(Y)$.

解 X 的概率密度函数为 $f(x) = \begin{cases} 2e^{-2x}, & x \geq 0, \\ 0, & \text{其他}, \end{cases}$

$$E(Y) = E(e^X) = \int_0^{+\infty} e^x 2e^{-2x} dx = 2\int_0^{+\infty} e^{-x} dx = -2e^{-x}\Big|_0^{+\infty} = 2.$$

例 15 设二维离散型随机变量 (X,Y) 的联合分布列为

X \ Y	0	1	3
1	0	$\frac{3}{8}$	$\frac{3}{8}$
2	$\frac{1}{8}$	0	$\frac{1}{8}$

求：$E(X), E(Y), E(XY)$.

解 由 (X,Y) 的联合分布列可得 X 和 Y 的边缘分布分别为

X	1	2
P	$\frac{3}{4}$	$\frac{1}{4}$

Y	0	1	3
P	$\frac{1}{8}$	$\frac{3}{8}$	$\frac{1}{2}$

因此有 $E(X) = 1\times\frac{3}{4} + 2\times\frac{1}{4} = \frac{5}{4}$, $E(Y) = 0\times\frac{1}{8} + 1\times\frac{3}{8} + 3\times\frac{1}{2} = \frac{15}{8}$,

$E(XY) = (1\times 0)\times 0 + (1\times 1)\times\frac{3}{8} + (1\times 3)\times\frac{3}{8} + (2\times 0)\times\frac{1}{8} + (2\times 1)\times 0 + (2\times 3)\times\frac{1}{8} = \frac{9}{4}$.

例 16 设二维连续型随机变量 (X,Y) 的概率密度函数为

$$f(x,y) = \begin{cases} xe^y, & 0 < x < 1, 0 < y < 1, \\ 0, & \text{其他}, \end{cases}$$

求：$E(X), E(XY), E\left(\dfrac{Y}{X}\right)$.

解 $E(X) = \int_{-\infty}^{+\infty}\int_{-\infty}^{+\infty} xf(x,y)dxdy = \int_0^1\int_0^1 x\cdot xe^y dxdy = \int_0^1 x^2 dx \cdot \int_0^1 e^y dy$

$= \left(\dfrac{1}{3}x^3\Big|_0^1\right)\cdot\left(e^y\Big|_0^1\right) = \dfrac{e-1}{3}$,

$E(XY) = \int_{-\infty}^{+\infty}\int_{-\infty}^{+\infty} xyf(x,y)dxdy = \int_0^1\int_0^1 xy\cdot xe^y dxdy = \int_0^1 x^2 dx \cdot \int_0^1 ye^y dy$

$$= \left(\frac{1}{3}x^3\Big|_0^1\right) \cdot \left(ye^y\Big|_0^1 - \int_0^1 e^y dy\right) = \frac{1}{3}[e-(e-1)] = \frac{1}{3},$$

$$E\left(\frac{Y}{X}\right) = \int_{-\infty}^{+\infty}\int_{-\infty}^{+\infty} \frac{y}{x} f(x,y)dxdy = \int_0^1\int_0^1 \frac{y}{x} \cdot xe^y dxdy = \int_0^1 1 dx \cdot \int_0^1 ye^y dy$$

$$= 1 \cdot \left(ye^y\Big|_0^1 - \int_0^1 e^y dy\right) = e - e^y\Big|_0^1 = e - (e-1) = 1.$$

例 17 从 A 地到 B 地的公路全长 100km. 汽车在途中可能出现故障,假设发生故障时的汽车所在地离 A 的距离 X (单位: km)服从均匀分布 $U(0,100)$. 现计划在 A,B 之间建一汽车维修站,问要使维修站离故障发生地的期望距离最短,该站应建在何处?

解 设维修站建在距离 A 地为 a(km)处,那么它与故障发生地的距离为

$$Y = |X-a| = \begin{cases} X-a, & X \geqslant a, \\ a-X, & X < a, \end{cases}$$

由题意,X 的概率密度函数为 $f(x) = \begin{cases} \dfrac{1}{100}, & 0 < x < 100, \\ 0, & \text{其他}, \end{cases}$ 维修站离故障发生地的平均距离为

$$E(Y) = E(|X-a|) = \int_{-\infty}^{+\infty} |x-a| f(x)dx$$

$$= \int_0^a (a-x)\frac{1}{100}dx + \int_a^{100} (x-a)\frac{1}{100}dx = \frac{1}{100}(a^2 - 100a + 5000).$$

显然,当 $a = 50$ km 时,维修站离故障发生地的期望距离最短.

四、数学期望的性质

下面介绍随机变量数学期望的几个性质,在下面的讨论中,我们总是假定随机变量的数学期望是存在的.

性质 1 设 C 为任意常数,则 $E(C) = C$.

性质 2 设 X 为随机变量,C 为任意常数,则 $E(CX) = CE(X)$.

性质 3 设 X,Y 为任意两个随机变量,则有 $E(X+Y) = E(X) + E(Y)$.

性质 4 设随机变量 X,Y 相互独立,则有 $E(XY) = E(X)E(Y)$.

证明 以下仅对连续型随机变量的情形给出证明,离散型的情形证法类似.

设 X 的密度函数为 $f(x)$.

性质 1: 取 $g(x) = C$,则 $E(C) = \int_{-\infty}^{+\infty} Cf(x)dx = C\int_{-\infty}^{+\infty} f(x)dx = C$.

性质 2: $E(CX) = \int_{-\infty}^{+\infty} Cxf(x)dx = C\int_{-\infty}^{+\infty} xf(x)dx = CE(X)$.

性质 3: 设二维随机变量 (X,Y) 的密度函数为 $f(x,y)$,则

$$E(X+Y) = \int_{-\infty}^{+\infty}\int_{-\infty}^{+\infty}(x+y)f(x,y)\mathrm{d}x\mathrm{d}y$$
$$= \int_{-\infty}^{+\infty}\int_{-\infty}^{+\infty}xf(x,y)\mathrm{d}x\mathrm{d}y + \int_{-\infty}^{+\infty}\int_{-\infty}^{+\infty}yf(x,y)\mathrm{d}x\mathrm{d}y$$
$$= E(X) + E(Y).$$

这一性质可推广到任意有限个随机变量之和的情形, 结合性质 2, 对常数 $C_1, C_2, \cdots, C_n$ 有
$$E(C_1X_1 + C_2X_2 + \cdots + C_nX_n) = C_1E(X_1) + C_2E(X_2) + \cdots + C_nE(X_n).$$

性质 4: 因为 X,Y 相互独立, 故其联合概率密度函数与边缘密度函数满足
$$f(x,y) = f_X(x) \cdot f_Y(y),$$
所以
$$E(XY) = \int_{-\infty}^{+\infty}\int_{-\infty}^{+\infty}xyf(x,y)\mathrm{d}x\mathrm{d}y = \int_{-\infty}^{+\infty}\int_{-\infty}^{+\infty}xyf_X(x)f_Y(y)\mathrm{d}x\mathrm{d}y$$
$$= \int_{-\infty}^{+\infty}xf_X(x)\mathrm{d}x\int_{-\infty}^{+\infty}yf_Y(y)\mathrm{d}y = E(X)E(Y).$$

这一性质可推广到任意有限个相互独立的随机变量之积的情形, 即若 $X_1, X_2, \cdots, X_n$ 为相互独立的随机变量, 则有
$$E(X_1 X_2 \cdots X_n) = E(X_1)E(X_2)\cdots E(X_n).$$

例 18 设随机变量 X,Y 相互独立, 其概率密度函数分别为
$$f_X(x) = \begin{cases} 2\mathrm{e}^{-2x}, & x > 0, \\ 0, & x \leqslant 0, \end{cases} \quad f_Y(y) = \begin{cases} 3\mathrm{e}^{-3y}, & y > 0, \\ 0, & y \leqslant 0, \end{cases}$$
求: $E(2X+3Y), E(XY)$.

解 因为 $E(X) = \dfrac{1}{2}, E(Y) = \dfrac{1}{3}$, 而由性质 2 和性质 3, 有
$$E(2X+3Y) = 2E(X) + 3E(Y) = 2 \times \frac{1}{2} + 3 \times \frac{1}{3} = 2.$$
由性质 4, 得
$$E(XY) = E(X)E(Y) = \frac{1}{2} \times \frac{1}{3} = \frac{1}{6}.$$

例 19 15 个人在大楼底层进入电梯, 楼上有 20 层, 楼上各层无人进入电梯. 如到达某一层无人走出电梯时, 电梯不停. 设每个乘客在任何一层走出电梯的概率相等, 且每个人是否走出电梯是相互独立的. 求当电梯中的乘客走完时, 电梯停下次数 X 的数学期望 $E(X)$.

解 引入随机变量
$$X_i = \begin{cases} 1, & \text{电梯在第}\,i\,\text{层停下(有人走出)}, \\ 0, & \text{电梯在第}\,i\,\text{层不停(无人走出)}, \end{cases} \quad i = 1, 2, \cdots, 20,$$
则有 $X = X_1 + X_2 + \cdots + X_{20}.$

由题意，任一个人在第 i 层走出电梯的概率为 $1/20$，因此，电梯在第 i 层不停的概率为 $P\{X_i = 0\} = (1-1/20)^{15}$，$i = 1,2,\cdots,20$，电梯在第 i 层停下的概率为 $P\{X_i = 1\} = 1-(1-1/20)^{15}$，$i = 1,2,\cdots,20$，于是得 X_i 的分布列如下：

X_i	0	1
P	$(1-1/20)^{15}$	$1-(1-1/20)^{15}$

因此 $E(X_i) = 0 \times (1-1/20)^{15} + 1 \times [1-(1-1/20)^{15}] = 1-(1-1/20)^{15}$，从而电 $E(X) = E(X_1 + X_2 + \cdots + X_{20}) = 20 \times [1-(1-1/20)^{15}] = 10.7342$，即电梯平均停 11 次。

习题 4-1

(A) 基础题

1. 设随机变量 X 的分布列为

X	-1	0	1	2
P	$\dfrac{1}{3}$	$\dfrac{1}{3}$	$\dfrac{1}{4}$	$\dfrac{1}{12}$

求 $E(X)$。

2. 某汽车修理厂给一台汽车更换一个零件，修理员从装有 4 个该零件的盒子中逐一取出零件进行测试。已知盒子中只有 2 个正品，X 记为该修理员首次取到正品零件所需的次数，求 $E(X)$。

3. 设随机变量 X 的分布函数为 $F(x) = \begin{cases} 0, & x \leqslant 0, \\ \dfrac{x}{4}, & 0 < x \leqslant 4, \\ 1, & x > 4, \end{cases}$ 求 $E(X)$。

4. 设 X 的密度函数为 $f(x) = \begin{cases} \dfrac{3}{8}x^2, & 0 < x < 2, \\ 0, & \text{其他}, \end{cases}$ 求 $E(X), E\left(\dfrac{1}{X^2}\right)$。

5. 已知 X 的密度函数为 $f(x) = \begin{cases} Ax^2 + Bx, & 0 < x < 1, \\ 0, & \text{其他}, \end{cases}$ 且 $E(X) = \dfrac{1}{2}$。求：

(1) A, B 的值； (2) $E(X^2)$。

6. 设随机变量 X 的分布列为

X	-2	0	5	10
P	0.1	0.2	0.4	0.3

求 $E(X), E(X^2), E(2X+1)$。

7. 设二维离散型随机变量 (X,Y) 的联合分布列为

X \ Y	1	2	3
-1	0	$\frac{1}{6}$	$\frac{1}{6}$
2	$\frac{1}{6}$	$\frac{1}{4}$	$\frac{1}{4}$

求 $E(X+3Y), E(XY^2)$.

8. 设二维随机变量 (X,Y) 的联合密度函数为
$$f(x,y) = \begin{cases} 12y^2, & 0 \leqslant y \leqslant x \leqslant 1, \\ 0, & 其他, \end{cases}$$
求 $E(X), E(Y), E(XY), E(X+Y)$.

(B) 提高题

1. 设甲、乙两名射手对同一目标各射击一枪，且两人击中目标的概率分别为 0.8, 0.7. 假设两人射击是相互独立的，X 表示目标被击中的次数. 求 $E(X)$.

2. 设某企业生产线上产品的合格率为 0.96, 不合格产品中只有 $\frac{3}{4}$ 的产品可进行再加工，且再加工的合格率为 0.8, 其余均为废品. 已知每件合格产品可获利 80 元，每件废品亏损 20 元. 为保证该企业每天平均利润不低于 20000 元，问该企业每天至少应生产多少件产品？

3. 设离散型随机变量 X 的概率分布为
$$P\{X=n\} = 3a^n, \quad n=1,2,\cdots.$$
求：(1) a; (2) $E(X)$.

4. 一辆校车共设有 5 个站点，某天放学后，校车上共有 10 名学生. 设每名学生都可能在任一站点下车，并且下车与否相互独立. 已知校车在有人下车时停车，求校车停车次数的数学期望.

5. 设随机变量 X 服从标准正态分布 $N(0,1)$，求 $E(X \cdot e^{2X})$.

6. 设随机变量 X 的分布函数 $F(x) = 0.3 \cdot \Phi(x) + 0.7 \cdot \Phi\left(\dfrac{x-1}{2}\right)$，其中 $\Phi(x)$ 是标准正态分布函数，求 $E(X)$.

第二节 方 差

数学期望是随机变量的一个重要数字特征，它表示随机变量取值的平均水平. 而在实际问题中只知道它是不够的，还需要研究随机变量取值的分散程度，即随机变量

的取值与其均值的偏离程度. 例如, 有甲、乙两个射手, 他们击中的环数分别记作 X,Y, 其分布列分别如下:

X	8	9	10
P	0.4	0.1	0.5

Y	8	9	10
P	0.1	0.7	0.2

则 $E(X)=E(Y)=9.1$, 也就是说甲、乙两人平均击中的环数是相同的, 但是仔细观察发现, 乙射手击中的环数更集中在平均值附近, 而甲射手的散布度比较大. 所以要考察他们的技术水平, 还需要看谁命中的环数与其平均值偏离程度更小.

那么, 用什么来度量随机变量的取值与其均值的偏离程度呢? 我们容易看到 $E[|X-E(X)|]$ 能度量随机变量与其均值的偏离程度, 但是由于上式带有绝对值, 运算不方便, 为方便计算, 通常用 $E[X-E(X)]^2$ 来度量随机变量 X 与 $E(X)$ 的偏离程度. 为此我们引入方差的概念.

一、方差的概念

定义 设 X 是一随机变量, 如果 $E[X-E(X)]^2$ 存在, 则称 $E[X-E(X)]^2$ 为随机变量 X 的**方差**, 记为 $D(X)$ 或 $\mathrm{var}(X)$, 即

$$D(X)=E[X-E(X)]^2,$$

称 $\sqrt{D(X)}$ 为随机变量 X 的**标准差**或**均方差**, 记为 $\sigma(X)$.

随机变量 X 的方差 $D(X)$ 反映出 X 的取值与其数学期望的偏离程度. 若 $D(X)$ 较小, 则 X 取值比较集中; 否则, X 取值比较分散. 因此, 方差 $D(X)$ 是刻画 X 取值分散程度的一个量.

由定义可以看出, 方差实际上是随机变量 X 的函数的数学期望.

若 X 为离散型随机变量, 其分布列为 $P\{X=x_i\}=p_i$, $i=1,2,\cdots$, 则

$$D(X)=\sum_{i=1}^{+\infty}[x_i-E(X)]^2 p_i.$$

若 X 为连续型随机变量, 其概率密度函数为 $f(x)$, 则

$$D(X)=\int_{-\infty}^{+\infty}[x-E(X)]^2\cdot f(x)\mathrm{d}x.$$

另外, 还有一个常用的计算方差的重要公式:

$$D(X)=E(X^2)-[E(X)]^2.$$

证明 $D(X)=E[X-E(X)]^2=E\{X^2-2XE(X)+[E(X)]^2\}$

$=E(X^2)-2E(X)E(X)+[E(X)]^2=E(X^2)-[E(X)]^2.$

对于前面提到的考察甲、乙两个射手的问题, 可以用方差对他们的射击水平进行判别.

$$E(X^2)=8^2\times 0.4+9^2\times 0.1+10^2\times 0.5=83.7,$$

$$E(Y^2)=8^2\times 0.1+9^2\times 0.7+10^2\times 0.2=83.1,$$

$D(X) = E(X^2) - [E(X)]^2$ 且 $E(X) = E(Y)$，所以 $D(X) > D(Y)$，因此说明，乙射手比甲射手技术水平更稳定一些.

例1 设随机变量 X 服从 0-1 分布，求 $D(X)$.

解 X 的分布列为

X	0	1
P	$1-p$	p

所以
$$E(X) = 0 \cdot (1-p) + 1 \cdot p = p, \quad E(X^2) = 0^2 \cdot (1-p) + 1^2 \cdot p = p,$$
$$D(X) = E(X^2) - [E(X)]^2 = p - p^2 = p(1-p).$$

例2 设随机变量 X 服从参数为 n, p 的二项分布，求 $D(X)$.

解 X 的分布列为
$$P\{X = k\} = C_n^k p^k q^{n-k}, \quad k = 0, 1, 2, \cdots, n, \ 0 < p < 1, \ q = 1-p,$$
已知 $E(X) = np$，而
$$E(X^2) = \sum_{k=0}^{n} k^2 \frac{n!}{k!(n-k)!} p^k q^{n-k} = \sum_{k=1}^{n} \frac{(k-1+1)n!}{(k-1)!(n-k)!} p^k q^{n-k}$$
$$= \left[\sum_{k=2}^{n} \frac{n(n-1)(n-2)!}{(k-2)!(n-k)!} + \sum_{k=1}^{n} \frac{n(n-1)!}{(k-1)!(n-k)!} \right] p^k q^{n-k}$$
$$= n(n-1) p^2 \sum_{k=2}^{n} \frac{(n-2)!}{(k-2)!(n-k)!} p^{k-2} q^{n-k} + np \sum_{k=1}^{n} \frac{(n-1)!}{(k-1)!(n-k)!} p^{k-1} q^{n-k}$$
$$= n(n-1) p^2 + np = n^2 p^2 - np^2 + np,$$
所以 $D(X) = E(X^2) - [E(X)]^2 = n^2 p^2 - np^2 + np - n^2 p^2 = np(1-p) = npq$.

例3 设随机变量 X 服从参数为 λ 的泊松分布，$\lambda > 0$，求 $D(X)$.

解 X 的分布列为 $P\{X = k\} = \dfrac{\lambda^k \mathrm{e}^{-\lambda}}{k!}, \ k = 0, 1, 2, \cdots, \lambda > 0$，已知 $E(X) = \lambda$，而
$$E(X^2) = \sum_{k=0}^{+\infty} k^2 \frac{\lambda^k \mathrm{e}^{-\lambda}}{k!} = \sum_{k=1}^{+\infty} \frac{k \lambda^k}{(k-1)!} \mathrm{e}^{-\lambda} = \sum_{k=1}^{+\infty} (k-1+1) \frac{\lambda^k}{(k-1)!} \mathrm{e}^{-\lambda}$$
$$= \sum_{k=2}^{+\infty} \frac{\lambda^k}{(k-2)!} \mathrm{e}^{-\lambda} + \sum_{k=1}^{+\infty} \frac{\lambda^k}{(k-1)!} \mathrm{e}^{-\lambda} = \mathrm{e}^{-\lambda} \left[\lambda^2 \sum_{k=2}^{+\infty} \frac{\lambda^{k-2}}{(k-2)!} + \lambda \sum_{k=1}^{+\infty} \frac{\lambda^{k-1}}{(k-1)!} \right]$$
$$= \lambda^2 \mathrm{e}^{-\lambda} \mathrm{e}^{\lambda} + \lambda \mathrm{e}^{-\lambda} \mathrm{e}^{\lambda} = \lambda^2 + \lambda,$$
所以 $D(X) = E(X^2) - [E(X)]^2 = \lambda$.

例4 设随机变量 X 的概率密度函数为 $f(x) = \begin{cases} 1+x, & -1 < x \leqslant 0, \\ 1-x, & 0 < x \leqslant 1, \\ 0, & \text{其他}, \end{cases}$ 求 $D(X)$.

解 因为 $E(X) = \int_{-1}^{0} x(1+x)\mathrm{d}x + \int_{0}^{1} x(1-x)\mathrm{d}x = 0$,

$$E(X^2) = \int_{-1}^{0} x^2(1+x)\mathrm{d}x + \int_{0}^{1} x^2(1-x)\mathrm{d}x = \frac{1}{6},$$

所以 $D(X) = E(X^2) - [E(X)]^2 = \frac{1}{6}$.

例 5 设随机变量 X 在 (a,b) 上服从均匀分布,求 $D(X)$.

解 X 的概率密度函数为 $f(x) = \begin{cases} \dfrac{1}{b-a}, & x \in (a,b), \\ 0, & \text{其他}, \end{cases}$ 已知 $E(X) = \dfrac{a+b}{2}$,而

$$E(X^2) = \int_{-\infty}^{+\infty} x^2 f(x)\mathrm{d}x = \int_{a}^{b} \frac{x^2}{b-a}\mathrm{d}x = \frac{a^2+ab+b^2}{3},$$

所以 $D(X) = E(X^2) - [E(X)]^2 = \dfrac{a^2+ab+b^2}{3} - \left(\dfrac{a+b}{2}\right)^2 = \dfrac{(b-a)^2}{12}$.

例 6 设随机变量 X 服从参数为 λ 的指数分布,$\lambda > 0$,求 $D(X)$.

解 X 的概率密度函数为 $f(x) = \begin{cases} \lambda e^{-\lambda x}, & x > 0, \\ 0, & x \leqslant 0, \end{cases}$ 已知 $E(X) = \dfrac{1}{\lambda}$,而

$$E(X^2) = \lambda \int_{0}^{+\infty} x^2 e^{-\lambda x}\mathrm{d}x = \left. \left(-x^2 e^{-\lambda x} - \frac{2x}{\lambda} e^{-\lambda x} - \frac{2}{\lambda^2} e^{-\lambda x}\right)\right|_{0}^{+\infty} = \frac{2}{\lambda^2},$$

所以 $D(X) = E(X^2) - [E(X)]^2 = \dfrac{2}{\lambda^2} - \dfrac{1}{\lambda^2} = \dfrac{1}{\lambda^2}$.

例 7 设随机变量 X 服从参数为 μ 和 σ^2 的正态分布,求 $D(X)$.

解 X 的概率密度函数为 $f(x) = \dfrac{1}{\sqrt{2\pi}\sigma} e^{-\frac{(x-\mu)^2}{2\sigma^2}}$,$-\infty < x < +\infty$,而

$$D(X) = \int_{-\infty}^{+\infty} \frac{(x-\mu)^2}{\sqrt{2\pi}\sigma} e^{-\frac{(x-\mu)^2}{2\sigma^2}} \mathrm{d}x \xrightarrow{t=\frac{x-\mu}{\sigma}} \int_{-\infty}^{+\infty} \sigma^2 \frac{t^2}{\sqrt{2\pi}} e^{-\frac{t^2}{2}} \mathrm{d}t$$

$$= \sigma^2 \left[\left. -\frac{t}{\sqrt{2\pi}} e^{-\frac{t^2}{2}} \right|_{-\infty}^{+\infty} + \int_{-\infty}^{+\infty} \frac{1}{\sqrt{2\pi}} e^{-\frac{t^2}{2}} \mathrm{d}t \right] = \sigma^2.$$

这表明正态分布的参数 σ^2 正是它的方差.

二、方差的性质

方差有下面重要的性质,在下面的讨论中,都是假定随机变量的方差存在.

性质 1 设 C 为任意常数,则 $D(C) = 0$.

性质 2 设 X 为随机变量,C 为任意常数,则 $D(CX) = C^2 D(X)$.

性质 3 设随机变量 X,Y 相互独立,则有 $D(X \pm Y) = D(X) + D(Y)$.

证明 性质 1：$D(C) = E(C^2) - [E(C)]^2 = C^2 - C^2 = 0$.

性质 2：$D(CX) = E(C^2X^2) - [E(CX)]^2 = C^2[E(X^2) - (E(X))^2] = C^2D(X)$.

性质 3：因为 X, Y 相互独立，所以 $E(XY) = E(X)E(Y)$. 从而

$$E[(X \pm Y)^2] = E(X^2) \pm 2E(X)E(Y) + E(Y^2),$$

$$[E(X \pm Y)]^2 = E^2(X) \pm 2E(X)E(Y) + E^2(Y),$$

则

$$D(X \pm Y) = E[(X \pm Y)^2] - [E(X \pm Y)]^2 = E(X^2) - E^2(X) + E(Y^2) - E^2(Y) = D(X) + D(Y).$$

注 若随机变量 $X_1, X_2, \cdots, X_n$ 相互独立，$C_1, C_2, \cdots, C_n$ 为常数，则有

$$D\left(\sum_{i=1}^{n} X_i\right) = \sum_{i=1}^{n} D(X_i), \quad D\left(\sum_{i=1}^{n} C_i X_i\right) = \sum_{i=1}^{n} C_i^2 D(X_i).$$

例 8 设随机变量 X 的数学期望 $E(X)$ 及方差 $D(X)$ 都存在，且 $D(X) > 0$，令 $Y = \dfrac{X - E(X)}{\sqrt{D(X)}}$，证明：$E(Y) = 0, D(Y) = 1$.

证明 由期望及方差的性质可得

$$E(Y) = E\left[\frac{X - E(X)}{\sqrt{D(X)}}\right] = \frac{E(X) - E(X)}{\sqrt{D(X)}} = 0,$$

$$D(Y) = D\left[\frac{X - E(X)}{\sqrt{D(X)}}\right] = \frac{D[X - E(X)]}{D(X)} = \frac{D(X)}{D(X)} = 1.$$

常见随机变量的数学期望与方差见表 4-1.

表 4-1 常见概率分布及其数学期望与方差

概率分布	分布列或概率密度	数学期望	方差
0-1 分布 $X \sim B(1, p)$	$P\{X=k\} = p^k q^{1-k}$, $k = 0, 1$；$0 < p < 1$，$q = 1-p$	p	pq
二项分布 $X \sim B(n, p)$	$P\{X=k\} = C_n^k p^k q^{n-k}$, $k = 0, 1, 2, \cdots, n$；$0 < p < 1$，$q = 1-p$	np	npq
泊松分布 $X \sim P(\lambda)$	$P\{X=k\} = \dfrac{\lambda^k \mathrm{e}^{-\lambda}}{k!}$, $k = 0, 1, 2, \cdots$；$\lambda > 0$	λ	λ
均匀分布 $X \sim U(a, b)$	$f(x) = \begin{cases} \dfrac{1}{b-a}, & a < x < b, \\ 0, & \text{其他} \end{cases}$	$\dfrac{a+b}{2}$	$\dfrac{(b-a)^2}{12}$
指数分布 $X \sim E(\lambda)$	$f(x) = \begin{cases} \lambda \mathrm{e}^{-\lambda x}, & x > 0, \\ 0, & x \leqslant 0, \end{cases}$ $\lambda > 0$	$\dfrac{1}{\lambda}$	$\dfrac{1}{\lambda^2}$
正态分布 $X \sim N(\mu, \sigma^2)$	$f(x) = \dfrac{1}{\sqrt{2\pi}\sigma} \mathrm{e}^{-\frac{(x-\mu)^2}{2\sigma^2}}$, $-\infty < x < +\infty$	μ	σ^2

习题 4-2

(A) 基础题

1. 设离散型随机变量 X 的可能的取值为 $x_1=-1, x_2=0, x_3=2$,且 $E(X)=0.5$, $D(X)=1.65$,试求 X 的分布列.

2. 设两个相互独立的随机变量 X 与 Y 的分布列分别为

X	0	1	2
P	0.3	0.5	0.2

Y	1	3
P	0.6	0.4

求 $D(Y-2X)$.

3. 设随机变量 X_1, X_2, X_3 相互独立,且 $X_1 \sim U(0,6), X_2 \sim N(0,4), X_3 \sim P(3)$,令 $Y = X_1 - 2X_2 + 3X_3$,求 $D(Y)$.

4. 设随机变量 X 的密度函数为 $f(x) = \begin{cases} a+bx, & 0<x<1, \\ 0, & 其他, \end{cases}$ 且 $E(X) = \dfrac{3}{5}$. 求:

(1) a, b 的值; (2) $D(X)$.

5. 设随机变量 $X \sim U(1,3)$,随机变量 $Y = g(X) = \dfrac{\pi X^2}{4}$,求 $D(Y)$.

6. 设二维随机变量 (X,Y) 的联合密度函数为

$$f(x,y) = \begin{cases} \dfrac{1}{2}, & 0<x<1, 1<y<3, \\ 0, & 其他. \end{cases}$$

求 $D(X), D(Y), D(XY)$.

(B) 提高题

1. 已知长方形的周长为 20,假设长方形的宽 $X \sim U(0,2)$,试求长方形面积 S 的方差.

2. 设随机变量 $X \sim U(-2,3)$,随机变量 $Y = \begin{cases} 1, & X>0, \\ 0, & X=0, \\ -1, & X<0, \end{cases}$ 求方差 $D(Y)$.

3. 设随机变量 X 的概率密度为 $f(x) = \begin{cases} 0, & x \leqslant 0, \\ \dfrac{1}{3}, & 0<x<1, \\ \dfrac{2}{3x^2}, & x \geqslant 1, \end{cases}$ 随机变量

$$Y = \begin{cases} 0, & X < \frac{1}{2}, \\ 1, & \frac{1}{2} \leqslant X < 2, \\ 2, & X \geqslant 2, \end{cases}$$

求 $E(Y), D(Y)$.

4. 某设备由三大部件构成，在设备运转中各部件需要调整的概率分别为 $0.1, 0.2, 0.3$. 设各部件的状态相互独立，X 表示同时需要调整的部件数，试求 $E(X), D(X)$.

5. 设连续型随机变量 X_1 和 X_2 相互独立，且方差都存在. X_1 和 X_2 的概率密度分别为 $f_1(x), f_2(x)$，随机变量 $Y_2 = \frac{1}{2}(X_1 + X_2)$，且随机变量 Y_1 的概率密度为 $f_{Y_1}(y) = \frac{1}{2}[f_1(y) + f_2(y)]$，试判断(1) $E(Y_1)$ 与 $E(Y_2)$ 的大小关系；(2) $D(Y_1)$ 与 $D(Y_2)$ 的大小关系.

第三节 协方差与相关系数

一、协方差

对于二维随机变量 (X, Y)，X 与 Y 的数学期望和方差只是反映了它们各自取值的平均值与偏离程度，并没有反映出随机变量 X 与 Y 之间的关系. 在实际问题中，随机变量之间往往是相互影响的. 例如人的身高和体重、产品的价格和产量等. 由前面的知识我们知道，如果两个随机变量 X 与 Y 相互独立，这时就有

$$E\{[X - E(X)][Y - E(Y)]\} = 0.$$

这说明当 $E\{[X - E(X)][Y - E(Y)]\} \neq 0$ 时，X 与 Y 不相互独立，即它们之间存在着一定的联系，于是有如下定义.

定义 1 设 (X, Y) 为二维随机变量，若 $E\{[X - E(X)][Y - E(Y)]\}$ 存在，则称 $E\{[X - E(X)][Y - E(Y)]\}$ 为随机变量 X 与 Y 的**协方差**，记为 $\mathrm{cov}(X, Y)$，即

$$\mathrm{cov}(X, Y) = E\{[X - E(X)][Y - E(Y)]\}.$$

特别地，$\mathrm{cov}(X, X) = E\{[X - E(X)][X - E(X)]\} = D(X)$.

由随机变量函数的数学期望公式，得出协方差的计算公式为

(1) 若 (X, Y) 为离散型随机变量，分布列为 $P\{X = x_i, Y = y_j\} = p_{ij}, i, j = 1, 2, \cdots$，则有

$$\mathrm{cov}(X, Y) = \sum_{i=1}^{+\infty} \sum_{j=1}^{+\infty} [x_i - E(X)][y_j - E(Y)] \cdot p_{ij};$$

(2) 若(X,Y)为连续型随机变量, 概率密度函数为$f(x,y)$, 则有
$$\mathrm{cov}(X,Y) = \int_{-\infty}^{+\infty}\int_{-\infty}^{+\infty} [x-E(X)][y-E(Y)]f(x,y)\mathrm{d}x\mathrm{d}y.$$

由数学期望的性质, 可将协方差的计算化简为
$$\mathrm{cov}(X,Y) = E(XY) - E(X)E(Y).$$

这是由于
$$\begin{aligned}\mathrm{cov}(X,Y) &= E\{[X-E(X)][Y-E(Y)]\} = E[XY - YE(X) - XE(Y) + E(X)E(Y)]\\ &= E(XY) - E(Y)E(X) - E(X)E(Y) + E(X)E(Y) = E(XY) - E(X)E(Y).\end{aligned}$$

二、协方差的性质

1. 设X,Y,Z为随机变量, a,b为任意实数, 则有
 (1) $\mathrm{cov}(X,Y) = \mathrm{cov}(Y,X)$;
 (2) $\mathrm{cov}(aX,bY) = ab\,\mathrm{cov}(X,Y)$;
 (3) $\mathrm{cov}(X+Y,Z) = \mathrm{cov}(X,Z) + \mathrm{cov}(Y,Z)$;
 (4) 若X与Y相互独立, 则$\mathrm{cov}(X,Y)=0$;
 (5) $\mathrm{cov}(X,a) = 0$.

证明 由定义易证性质(1), (2), (4), (5). 现证明性质(3),
$$\begin{aligned}\mathrm{cov}(X+Y,Z) &= E[(X+Y)Z] - E(X+Y)E(Z)\\ &= E(XZ) + E(YZ) - E(X)E(Z) - E(Y)E(Z)\\ &= E(XZ) - E(X)E(Z) + E(YZ) - E(Y)E(Z)\\ &= \mathrm{cov}(X,Z) + \mathrm{cov}(Y,Z).\end{aligned}$$

2. 对于任意两个随机变量X与Y, $D(X\pm Y) = D(X) + D(Y) \pm 2\mathrm{cov}(X,Y)$.

证明
$$\begin{aligned}D(X\pm Y) &= E[(X\pm Y)^2] - [E(X)\pm E(Y)]^2\\ &= [E(X^2) - E^2(X)] + [E(Y^2) - E^2(Y)] \pm 2[E(XY) - E(X)E(Y)]\\ &= D(X) + D(Y) \pm 2\mathrm{cov}(X,Y).\end{aligned}$$

注 结合性质(2)可得$D(aX\pm bY) = a^2 D(X) + b^2 D(Y) \pm 2ab\,\mathrm{cov}(X,Y)$.

三、相关系数

协方差$\mathrm{cov}(X,Y)$一定程度上描述了X与Y之间的相关程度, 但是协方差的数值依赖于X与Y的量纲.

为了消除量纲对协方差的影响, 我们想要改用一个与单位选取无关的量来反映X与Y之间的关系. 我们将随机变量标准化, 记
$$X^* = \frac{X-E(X)}{\sqrt{D(X)}}, \quad Y^* = \frac{Y-E(Y)}{\sqrt{D(Y)}}.$$

显然有 $E(X^*) = E(Y^*) = 0, D(X^*) = D(Y^*) = 1$，因此 X^*, Y^* 又称为**标准化随机变量**. 又

$$\text{cov}(X^*, Y^*) = E(X^*Y^*) - E(X^*)E(Y^*) = E\left[\frac{X-E(X)}{\sqrt{D(X)}} \cdot \frac{Y-E(Y)}{\sqrt{D(Y)}}\right] = \frac{\text{cov}(X,Y)}{\sqrt{D(X)}\sqrt{D(Y)}},$$

所以我们用 $\dfrac{\text{cov}(X,Y)}{\sqrt{D(X)}\sqrt{D(Y)}}$ 来度量随机变量 X 与 Y 之间的相关程度. 为此, 我们引入相关系数的定义.

定义 2 设二维随机变量 (X,Y) 的协方差 $\text{cov}(X,Y)$ 存在, 且有 $D(X)>0, D(Y)>0$, 则称 $\dfrac{\text{cov}(X,Y)}{\sqrt{D(X)}\sqrt{D(Y)}}$ 为 X 与 Y 的**相关系数**, 或称为 X 与 Y 的**标准协方差**, 记为 ρ_{XY} 或 $\rho(X,Y)$, 即

$$\rho_{XY} = \rho(X,Y) = \frac{\text{cov}(X,Y)}{\sqrt{D(X)}\sqrt{D(Y)}}.$$

特别地, 当 X 与 Y 的相关系数 $\rho_{XY} = 0$ 时, 则称 X 与 Y **不相关**.

相关系数 ρ_{XY} 与协方差 $\text{cov}(X,Y)$ 之间只相差一个常数倍数, 它的大小反映了 X 与 Y 之间的相关程度, 而且不依赖于单位的选取, 因此它能更好地反映 X 与 Y 之间的关系.

例 1 设二维离散型随机变量 (X,Y) 的联合分布列为

X \ Y	0	1	2
0	$\frac{1}{8}$	$\frac{1}{8}$	$\frac{1}{4}$
1	$\frac{1}{4}$	$\frac{1}{8}$	$\frac{1}{8}$

求：$\text{cov}(X,Y), \rho_{XY}, D(2X+3Y)$.

解 X 和 Y 的边缘分布列分别为

X	0	1
P	$\frac{1}{2}$	$\frac{1}{2}$

Y	0	1	2
P	$\frac{3}{8}$	$\frac{1}{4}$	$\frac{3}{8}$

因此有 $E(X) = 0 \times \dfrac{1}{2} + 1 \times \dfrac{1}{2} = \dfrac{1}{2}$, $E(Y) = 0 \times \dfrac{3}{8} + 1 \times \dfrac{1}{4} + 2 \times \dfrac{3}{8} = 1$.

$$E(XY) = \sum_{i=1}^{2}\sum_{j=1}^{3} x_i y_j \cdot p_{ij}$$
$$= 0 \times 0 \times \frac{1}{8} + 0 \times 1 \times \frac{1}{8} + 0 \times 2 \times \frac{1}{4} + 1 \times 0 \times \frac{1}{4} + 1 \times 1 \times \frac{1}{8} + 1 \times 2 \times \frac{1}{8} = \frac{3}{8},$$

$$E(X^2) = 0^2 \times \frac{1}{2} + 1^2 \times \frac{1}{2} = \frac{1}{2}, \quad E(Y^2) = 0^2 \times \frac{3}{8} + 1^2 \times \frac{1}{4} + 2^2 \times \frac{3}{8} = \frac{7}{4},$$

所以 $D(X) = \frac{1}{4}, D(Y) = \frac{3}{4}$，于是得

$$\text{cov}(X,Y) = E(XY) - E(X)E(Y) = \frac{3}{8} - \frac{1}{2} \times 1 = -\frac{1}{8},$$

$$\rho_{XY} = \frac{\text{cov}(X,Y)}{\sqrt{D(X)}\sqrt{D(Y)}} = \frac{-\frac{1}{8}}{\sqrt{\frac{1}{4} \times \frac{3}{4}}} = -\frac{\sqrt{3}}{6},$$

$$D(2X + 3Y) = 4D(X) + 9D(Y) + 2 \times 2 \times 3\text{cov}(X,Y) = \frac{25}{4}.$$

例 2 设随机变量 (X,Y) 的概率密度函数为 $f(x,y) = \begin{cases} x+y, & 0 \leqslant x \leqslant 1, 0 \leqslant y \leqslant 1, \\ 0, & \text{其他}, \end{cases}$

求 $\text{cov}(X,Y), \rho_{XY}$.

解
$$E(X) = \int_{-\infty}^{+\infty}\int_{-\infty}^{+\infty} xf(x,y)\mathrm{d}x\mathrm{d}y = \int_0^1 \mathrm{d}y \int_0^1 x(x+y)\mathrm{d}x = \frac{7}{12},$$

$$E(X^2) = \int_{-\infty}^{+\infty}\int_{-\infty}^{+\infty} x^2 f(x,y)\mathrm{d}x\mathrm{d}y = \int_0^1 \mathrm{d}y \int_0^1 x^2(x+y)\mathrm{d}x = \frac{5}{12},$$

同理 $E(Y) = \frac{7}{12}, E(Y^2) = \frac{5}{12},$

$$E(XY) = \int_{-\infty}^{+\infty}\int_{-\infty}^{+\infty} xy f(x,y)\mathrm{d}x\mathrm{d}y = \int_0^1 \mathrm{d}y \int_0^1 xy(x+y)\mathrm{d}x = \frac{1}{3},$$

所以 $D(X) = D(Y) = \frac{11}{144}$，于是得

$$\text{cov}(X,Y) = E(XY) - E(X)E(Y) = \frac{1}{3} - \frac{7}{12} \times \frac{7}{12} = -\frac{1}{144},$$

$$\rho_{XY} = \frac{\text{cov}(X,Y)}{\sqrt{D(X)}\sqrt{D(Y)}} = \frac{-\frac{1}{144}}{\sqrt{\frac{11}{144} \times \frac{11}{144}}} = -\frac{1}{11}.$$

四、相关系数的性质

设 (X,Y) 为二维随机变量，ρ_{XY} 为 X 与 Y 的相关系数，则有

(1) $\rho_{XY} = \rho_{YX}$;

(2) $|\rho_{XY}| \leqslant 1$;

(3) $|\rho_{XY}|=1$ 的充要条件为存在不全为零的常数 a 和 b，使得 $P\{Y=aX+b\}=1$，且当 $a>0$ 时，$\rho_{XY}=1$；当 $a<0$ 时，$\rho_{XY}=-1$.

证明 (1) 由协方差的性质(1)即可推出.

(2) 设 $X^*=\dfrac{X-E(X)}{\sqrt{D(X)}}, Y^*=\dfrac{Y-E(Y)}{\sqrt{D(Y)}}$，则有

$$E(X^*)=E(Y^*)=0, \quad D(X^*)=D(Y^*)=1.$$

于是

$$\begin{aligned}D(X^*\pm Y^*)&=D(X^*)+D(Y^*)\pm 2\mathrm{cov}(X^*,Y^*)\\&=2\pm 2\mathrm{cov}(X^*,Y^*)=2\pm 2\rho_{XY}=2(1\pm\rho_{XY}).\end{aligned}$$

而 $D(X^*\pm Y^*)\geqslant 0$，因此 $(1\pm\rho_{XY})\geqslant 0$，即 $-1\leqslant \rho_{XY}\leqslant 1$，所以 $|\rho_{XY}|\leqslant 1$.

(3) 证明略.

注 (1) 相关系数 ρ_{XY} 反映了 X 与 Y 之间的线性相关程度，当 $|\rho_{XY}|=1$ 时，X 与 Y 之间以概率 1 存在线性关系 $Y=aX+b$. 反之，$|\rho_{XY}|$ 越小，X 与 Y 的线性关系就越差，若 $\rho_{XY}=0$，则称 X 与 Y 是不相关的.

(2) 若 X 与 Y 相互独立，则有 $\mathrm{cov}(X,Y)=0$，从而 $\rho_{XY}=0$，即若 X 与 Y 相互独立，则 X 与 Y 不相关. 反之，若 $\rho_{XY}=0$，即 X 与 Y 不相关，只能说明 X 与 Y 不存在线性关系，并不能说明它们之间没有其他函数关系，也不能说明 X 与 Y 相互独立. 这说明"不相关"与"相互独立"是两个不同的概念，其含义是不同的，不相关只是就线性关系而言的.

(3) ρ_{XY} 是 X 与 Y 线性关系强弱的数字特征. 当 $\rho_{XY}>0$ 时，称 X 与 Y 正相关，此时表明 X 的取值越大，Y 的取值也越大；X 的取值越小，Y 的取值也越小. 当 $\rho_{XY}<0$ 时，称 X 与 Y 负相关，此时表明 X 的取值越大，Y 的取值越小；X 的取值越小，Y 的取值越大.

例 3 若 $X\sim N(0,1)$，且 $Y=X^2$，问 X 与 Y 是否相关?

解 因为 $X\sim N(0,1)$，密度函数 $f(x)=\dfrac{1}{\sqrt{2\pi}}\mathrm{e}^{-\frac{x^2}{2}}$ 为偶函数，所以

$$E(X)=E(X^3)=0.$$

于是由

$$\mathrm{cov}(X,Y)=E(XY)-E(X)E(Y)=E(X^3)-E(X)E(X^2)=0$$

得

$$\rho_{XY}=\dfrac{\mathrm{cov}(X,Y)}{\sqrt{D(X)}\sqrt{D(Y)}}=0.$$

这说明 X 与 Y 是不相关的.

例 4 设 (X,Y) 服从二维正态分布，即 $(X,Y)\sim N(\mu_1,\mu_2,\sigma_1^2,\sigma_2^2,\rho)$，求 ρ_{XY}.

解 由 $X \sim N(\mu_1, \sigma_1^2)$, $Y \sim N(\mu_2, \sigma_2^2)$, 知 $E(X) = \mu_1, D(X) = \sigma_1^2, E(Y) = \mu_2, D(Y) = \sigma_2^2$, 故

$$\operatorname{cov}(X,Y) = \int_{-\infty}^{+\infty}\int_{-\infty}^{+\infty} (x-\mu_1)(y-\mu_2)f(x,y)\mathrm{d}x\mathrm{d}y$$

$$= \frac{1}{2\pi\sigma_1\sigma_2\sqrt{1-\rho^2}}\int_{-\infty}^{+\infty}\int_{-\infty}^{+\infty} (x-\mu_1)(y-\mu_2)\mathrm{e}^{-\frac{1}{2(1-\rho^2)}\left[\frac{(x-\mu_1)^2}{\sigma_1^2}-2\rho\frac{(x-\mu_1)(y-\mu_2)}{\sigma_1\sigma_2}+\frac{(y-\mu_2)^2}{\sigma_2^2}\right]}\mathrm{d}x\mathrm{d}y$$

$$= \frac{1}{2\pi\sigma_1\sigma_2\sqrt{1-\rho^2}}\int_{-\infty}^{+\infty}\int_{-\infty}^{+\infty} (x-\mu_1)(y-\mu_2)\mathrm{e}^{-\frac{1}{2(1-\rho^2)}\left(\frac{y-\mu_2}{\sigma_2}-\rho\frac{x-\mu_1}{\sigma_1}\right)^2-\frac{(x-\mu_1)^2}{2\sigma_1^2}}\mathrm{d}x\mathrm{d}y.$$

令 $\begin{cases} t = \dfrac{1}{\sqrt{1-\rho^2}}\left(\dfrac{y-\mu_2}{\sigma_2}-\rho\dfrac{x-\mu_1}{\sigma_1}\right), \\ s = \dfrac{x-\mu_1}{\sigma_1}, \end{cases}$ 则有

$$\operatorname{cov}(X,Y) = \frac{1}{2\pi}\int_{-\infty}^{+\infty}\int_{-\infty}^{+\infty}\left(\sigma_1\sigma_2\sqrt{1-\rho^2}\,ts + \rho\sigma_1\sigma_2 s^2\right)\mathrm{e}^{-\frac{s^2}{2}-\frac{t^2}{2}}\mathrm{d}t\mathrm{d}s$$

$$= \frac{\rho\sigma_1\sigma_2}{2\pi}\left(\int_{-\infty}^{+\infty} s^2\mathrm{e}^{-\frac{s^2}{2}}\mathrm{d}s\right)\left(\int_{-\infty}^{+\infty}\mathrm{e}^{-\frac{t^2}{2}}\mathrm{d}t\right) + \frac{\sigma_1\sigma_2\sqrt{1-\rho^2}}{2\pi}\left(\int_{-\infty}^{+\infty} s\mathrm{e}^{-\frac{s^2}{2}}\mathrm{d}s\right)\left(\int_{-\infty}^{+\infty} t\mathrm{e}^{-\frac{t^2}{2}}\mathrm{d}t\right)$$

$$= \frac{\rho\sigma_1\sigma_2}{2\pi}\sqrt{2\pi}\cdot\sqrt{2\pi} = \rho\sigma_1\sigma_2.$$

于是 $\rho_{XY} = \dfrac{\operatorname{cov}(X,Y)}{\sqrt{D(X)}\sqrt{D(Y)}} = \rho$.

可见二维正态随机变量 (X,Y) 的密度函数中的参数 ρ 就是 X 与 Y 的相关系数, 因此, 二维正态随机变量的分布完全可由每个变量的数学期望 μ_1, μ_2 和方差 σ_1^2, σ_2^2 及相关系数 ρ 确定.

对于二维正态随机变量 (X,Y) 来说, 相互独立的充分必要条件为 $\rho = 0$, 现在又知 $\rho_{XY} = \rho$, 故对二维正态随机变量 (X,Y) 来说, X 与 Y 不相关和 X 与 Y 相互独立是等价的.

习题 4-3

(A) 基础题

1. 设 X, Y 为随机变量, 且 $E(X) = E(Y) = 0, E(X^2) = E(Y^2) = 2$, 以及 $\rho_{XY} = \dfrac{1}{2}$, 求 $E[(X+Y)^2]$.

2. 已知随机变量 X 的分布列为

X	-1	0	1
P	0.25	0.5	0.25

(1) 求 $Y = X^2$ 的分布列; (2) 求 (X,Y) 的联合分布列; (3) 求 X,Y 的相关系数 ρ_{XY};
(4) 讨论 X,Y 的相关性及独立性.

3. 设二维离散型随机变量 (X,Y) 的联合分布列为

X \ Y	-1	0	1
0	$\frac{1}{6}$	0	$\frac{1}{6}$
1	0	$\frac{1}{3}$	$\frac{1}{3}$

求 $\rho_{XY}, \text{cov}(X^2, Y^2)$.

4. 设随机变量 X 的密度函数为 $f(x) = \begin{cases} \frac{1}{2}, & -1 < x < 0, \\ \frac{1}{4}, & 0 \leqslant x < 2, \\ 0, & \text{其他}, \end{cases}$ 令 $Y = X^2$. 求 $\text{cov}(X,Y)$.

5. 设二维随机变量 (X,Y) 的联合密度函数为

$$f(x,y) = \begin{cases} 2, & 0 \leqslant x \leqslant 1, 1-x \leqslant y \leqslant 1, \\ 0, & \text{其他}, \end{cases}$$

试求 $\text{cov}(X,Y), \rho_{XY}, D(3X+2Y)$.

(B) 提高题

1. 抽奖箱中有6张奖券,其中一等奖1张,二等奖2张,三等奖3张. 现从箱中随机地取出 2 张奖券,记 X 为取出的一等奖奖券张数, Y 为取出的二等奖奖券张数,求 $\text{cov}(X,Y)$.

2. 设随机变量 $X_1, X_2, \cdots, X_n (n>1)$ 独立同分布,且方差 $D(X_i) = \sigma^2 > 0, i = 1, 2, \cdots, n$,令 $Y = \frac{1}{n}\sum_{i=1}^{n} X_i$,求 $\text{cov}(X_1, Y), D(X_1 - Y)$.

3. 已知随机变量 X, Y 分别服从 $N(1, 3^2), N(0, 4^2)$,且 $\rho_{XY} = -\frac{1}{2}$,设 $Z = \frac{X}{3} + \frac{Y}{2}$.
(1) 求 $E(Z), D(Z)$; (2) 求 X, Z 的相关系数 ρ_{XZ},并判断 X 与 Z 是否不相关.

4. 设随机变量 $X \sim U(0,1)$, $Y = |X - a|(0 < a < 1)$,问 a 取何值时 X 与 Y 不相关.

5. 将长度为 1m 的木棒随机地截成两段,求两段长度的相关系数.

第四节 矩与协方差矩阵

前面我们讨论了一些随机变量的数字特征,本节要介绍一类更广泛的表示随机变量分布的数字特征——矩.数学期望、方差、协方差都是矩的特例.这一节主要介绍随机变量的矩和协方差矩阵.它们在概率论与数理统计中有重要的应用.

一、矩

定义 1 设 X 和 Y 为随机变量,若 $E(X^k)$, $k=1,2,\cdots$ 存在,则称它为随机变量 X 的 k 阶**原点矩**;

若 $E[X-E(X)]^k$, $k=1,2,\cdots$ 存在,则称它为随机变量 X 的 k 阶**中心矩**;

若 $E(X^k Y^l)$, $k,l=1,2,\cdots$ 存在,则称它为随机变量 X 和 Y 的 $k+l$ 阶**混合原点矩**;

若 $E\{[X-E(X)]^k[Y-E(Y)]^l\}$, $k,l=1,2,\cdots$ 存在,则称它为随机变量 X 和 Y 的 $k+l$ 阶**混合中心矩**.

显然,随机变量 X 的数学期望 $E(X)$ 是 X 的一阶原点矩,方差 $D(X)$ 是 X 的二阶中心矩,协方差 $\mathrm{cov}(X,Y)$ 是 X 和 Y 的 $1+1$ 阶混合中心矩.

二、协方差矩阵

定义 2 设二维随机变量 (X_1,X_2) 的四个二阶中心矩都存在,分别记为

$$c_{11}=E[X_1-E(X_1)]^2=D(X_1), \quad c_{12}=E\{[X_1-E(X_1)][X_2-E(X_2)]\}=\mathrm{cov}(X_1,X_2),$$

$$c_{21}=E\{[X_2-E(X_2)][X_1-E(X_1)]\}=\mathrm{cov}(X_2,X_1), \quad c_{22}=E[X_2-E(X_2)]^2=D(X_2),$$

则称矩阵 $C = \begin{pmatrix} c_{11} & c_{12} \\ c_{21} & c_{22} \end{pmatrix}$ 为二维随机变量 (X_1,X_2) 的**协方差矩阵**.

类似地,可以定义 n 维随机变量 $(X_1,X_2,\cdots,X_n)$ 的协方差矩阵.

如果 n 维随机变量 $(X_1,X_2,\cdots,X_n)$ 的二阶中心矩

$$c_{ij}=\mathrm{cov}(X_i,X_j)=E\{[X_i-E(X_i)][X_j-E(X_j)]\} \quad (i,j=1,2,\cdots,n)$$

都存在,则称矩阵

$$C = \begin{pmatrix} c_{11} & c_{12} & \cdots & c_{1n} \\ c_{21} & c_{22} & \cdots & c_{2n} \\ \vdots & \vdots & & \vdots \\ c_{n1} & c_{n2} & \cdots & c_{nn} \end{pmatrix}$$

为 n 维随机变量 $(X_1,X_2,\cdots,X_n)$ 的协方差矩阵.

不难看出,协方差矩阵是一个对称矩阵.另外,协方差矩阵中的主对角线元素 $c_{ii}(i=1,2,\cdots,n)$ 就是随机变量 X_i 的方差,即 $c_{ii}=D(X_i)(i=1,2,\cdots,n)$,而主对角线以外

的元素 $c_{ij}(i \neq j)(i,j=1,2,\cdots,n)$ 就是 X_i 和 X_j 的协方差.

例 分别求本章第三节中例1、例2的协方差矩阵 C.

解 例1中, 我们已求得 $D(X)=\dfrac{1}{4}, D(Y)=\dfrac{3}{4}, \mathrm{cov}(X,Y)=-\dfrac{1}{8}$, 于是得协方差矩阵

$$C = \begin{pmatrix} \dfrac{1}{4} & -\dfrac{1}{8} \\ -\dfrac{1}{8} & \dfrac{3}{4} \end{pmatrix}.$$

例2中, 我们已求得 $D(X)=D(Y)=\dfrac{11}{144}, \mathrm{cov}(X,Y)=-\dfrac{1}{144}$, 于是得协方差矩阵

$$C = \begin{pmatrix} \dfrac{11}{144} & -\dfrac{1}{144} \\ -\dfrac{1}{144} & \dfrac{11}{144} \end{pmatrix}.$$

习题 4-4

(A) 基础题

1. 设随机变量 X 的分布列为

X	-1	1	3
P	$\dfrac{1}{3}$	$\dfrac{1}{3}$	$\dfrac{1}{3}$

求 X 的二阶原点矩及三阶中心矩.

2. 设随机变量 X 的密度函数为 $f(x)=\begin{cases} 2x, & 0<x<1, \\ 0, & \text{其他}, \end{cases}$ 求 X 的三阶原点矩及二阶中心矩.

3. 已知随机变量 $X \sim U(0,1)$, 设 $Y_1 = X^2, Y_2 = 2X+1$. 求 (Y_1, Y_2) 的协方差矩阵 C.

(B) 提高题

1. 设随机变量 X 的概率密度为 $f(x)=\begin{cases} 6x(1-x), & 0<x<1, \\ 0, & \text{其他}, \end{cases}$ 求 X 的三阶中心距 $E[X-E(X)]^3$.

2. 设随机变量 $X \sim P(\lambda)$, 求 X 的三阶原点矩.

3. 设随机变量 X 的概率密度为 $f(x)=\dfrac{1}{2\lambda}\mathrm{e}^{-\frac{|x|}{\lambda}}, -\infty<x<+\infty$, 其中 $\lambda>0$ 为常数, 求 X 的 k 阶中心矩.

思 维 导 图

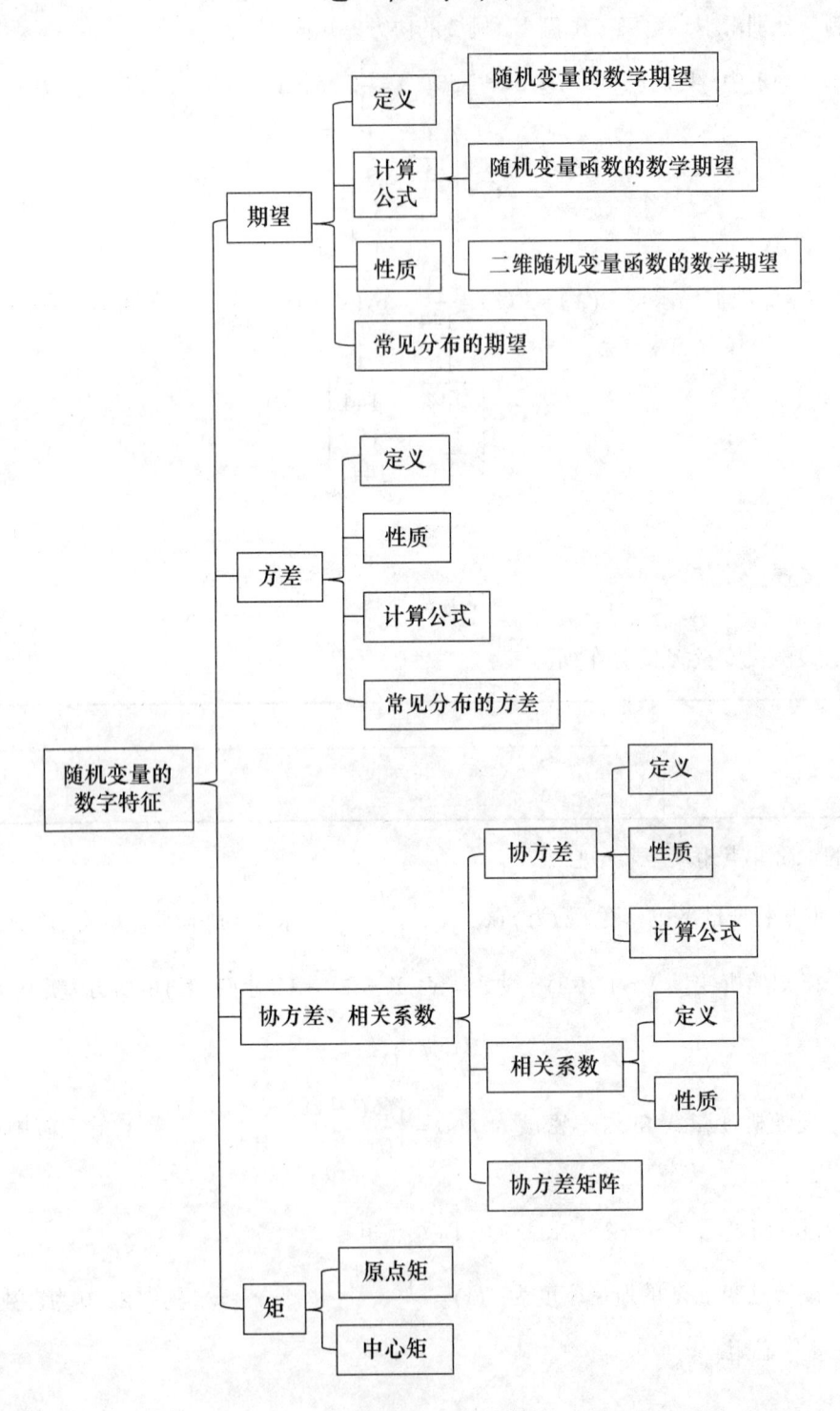

- 随机变量的数字特征
  - 期望
    - 定义
    - 计算公式
      - 随机变量的数学期望
      - 随机变量函数的数学期望
      - 二维随机变量函数的数学期望
    - 性质
    - 常见分布的期望
  - 方差
    - 定义
    - 性质
    - 计算公式
    - 常见分布的方差
  - 协方差、相关系数
    - 协方差
      - 定义
      - 性质
      - 计算公式
    - 相关系数
      - 定义
      - 性质
    - 协方差矩阵
  - 矩
    - 原点矩
    - 中心矩

自 测 题 四

1. 设随机变量 $X \sim B(n,p)$，且 $E(X)=2, D(X)=1$，则参数 n,p 的值为( )．
   A. $n=2, p=0.2$； B. $n=4, p=0.5$；
   C. $n=6, p=0.3$； D. $n=8, p=0.1$．

2. 设随机变量 X,Y 相互独立，且 $D(X)=2, D(Y)=4$，则 $D(2X-3Y)=($)．
   A. 8； B. 16； C. 28； D. 44．

3. 设随机变量 X,Y 的协方差 $\mathrm{cov}(X,Y)=0$，则下列说法错误的是( )．
   A. X 与 Y 相互独立； B. $D(X+Y)=D(X)+D(Y)$；
   C. $E(XY)=E(X)E(Y)$； D. X 与 Y 不相关．

4. 设 X 的密度函数为 $f(x)=\begin{cases} \mathrm{e}^{-x}, & x>0, \\ 0, & x\leqslant 0, \end{cases}$ 则 $E(\mathrm{e}^{-X})=($)．
   A. -1； B. 1； C. $\dfrac{1}{2}$； D. 2．

5. 设随机变量 $X \sim N(1,2), Y \sim P(3)$，则下列等式不成立的是( )．
   A. $E(X+Y)=4$； B. $E(XY)=3$；
   C. $E(X^2)=3$； D. $E(Y^2)=12$．

6. 设随机变量 $X \sim U(a,b)$，且 $E(X)=2, D(X)=\dfrac{1}{3}$，则 $a=$ _____，$b=$ _____．

7. 设 X,Y,Z 为随机变量，且已知 $E(X)=6, E(Y)=13, E(Z)=8$，设 $U=X+2Y-3Z$，则 $E(U)=$ _____．

8. 设 X,Y,Z 为随机变量，且 $\mathrm{cov}(X,Z)=6, \mathrm{cov}(Y,Z)=2$，则 $\mathrm{cov}(5X+3Y,Z)=$ _____．

9. 设 X 表示 10 次独立重复射击赛中命中目标的次数，每次射中目标的概率是 0.4，则 $E(X^2)=$ _____．

10. 已知随机变量 $X \sim N(0,1)$，则 $Y=3X+2 \sim$ _____．

11. 设随机变量 $X \sim P(\lambda)$，且已知 $E[(X-1)(X-2)]=1$，则 $\lambda=$ _____．

12. 设随机变量 $X \sim N(\mu,\sigma^2)$，则 X 的二阶原点矩为 _____．

13. 已知甲、乙两箱中装有同种产品，其中甲箱中装有 3 件合格品和 3 件次品，乙箱中仅装有 3 件合格品．从甲箱中任取 3 件产品放入乙箱后，X 记为乙箱中次品件数．求：$E(X), D(X)$．

14. 设随机变量 X 的密度函数为 $f(x)=\begin{cases} ax, & 0<x<2, \\ bx+1, & 2\leqslant x\leqslant 4, \\ 0, & \text{其他}, \end{cases}$ 已知 $P\{1<X<3\}=\dfrac{3}{4}$．求：
(1) a,b 的值；(2) $E(X), D(X)$；(3) $E(\mathrm{e}^X)$．

15. 设二维离散型随机变量 (X,Y) 的联合分布列为

X \ Y	-1	0	1
1	0.2	0.1	0.1
2	0.1	0	0.1
3	0	0.3	0.1

设 $Z = 3X - Y$,求:

(1) $E(XY), E(Z)$;(2) $D(X), D(Y), D(Z)$;(3) (X,Y) 的协方差矩阵;

(4) Y 与 Z 的相关系数 ρ_{YZ},并判断 Y 与 Z 是否不相关.

16. 设二维随机变量 (X,Y) 的联合密度函数为

$$f(x,y) = \begin{cases} 4xy, & 0 \leq x \leq 1, 0 \leq y \leq 1, \\ 0, & \text{其他}, \end{cases}$$

试求: $E(X), E(Y), D(X), D(Y), \text{cov}(X,Y), \rho_{XY}$.

17. 已知二维随机变量 (X,Y) 服从区域 $D = \{(x,y) \mid 0 < x < 1, |y| < x\}$ 上的均匀分布,(1) 判断 X, Y 是否独立; (2) 判断 X, Y 是否不相关.

阅读材料: 数学神童——布莱士·帕斯卡

布莱士·帕斯卡(Blaise Pascal),1623 年 6 月 19 日诞生于法国多姆山省克莱蒙费朗城,是法国著名数学家、物理学家、哲学家.

1631 年,帕斯卡全家移居巴黎. 帕斯卡的父亲经常与巴黎一流的几何学家如马兰·梅森、伽桑狄、德萨尔格和笛卡儿等人交流,此时小帕斯卡也表现出对数学的很大的兴趣. 帕斯卡热衷阅读几何学方面的书籍,但是由于帕斯卡自幼身体瘦弱,他的父亲不让儿子过早地钻研数学,并且很快把数学书收藏起来,怕帕斯卡去翻阅. 父亲对他接触数学的"禁令",更激起了帕斯卡对数学的好奇心. 在帕斯卡 12 岁的那年,他竟独自琢磨几何学,用一块煤在墙上独立证明了"三角形的内角和等于两个直角之和"的定理. 他的父亲知道后,惊喜不已,也改变主意提早让帕斯卡学习《几何原本》等经典数学名著,这样使他精通了欧几里得几何. 那时在巴黎,神父出身的数学家梅森每星期举办一次科学沙龙,帕斯卡父子是常客.

16 岁时,帕斯卡发现了著名的帕斯卡六边形定理,即内接于圆锥曲线的六边形的三组对边的三个交点共线. 这一定理对于圆锥曲线论的发展有着重要的意义,它是射影几何学的基本定理. 帕斯卡的发现,轰动了数学界,当解析几何的创立人笛卡儿看到后,竟不敢相信这个奇妙的定理出自这位少年之手. 在他 17 岁时,他写成了《圆锥曲线论》,这篇论文使帕斯卡在数学界声名鹊起.

然而,正当帕斯卡的才华开始得到认可和赞誉时,外界的战乱却悄然逼近. 帕斯

卡的家庭也未能幸免于战争的阴影. 此时他的父亲面临着日益严峻的经济和政治压力, 为了将父亲从繁重的税务计算中解放出来, 帕斯卡尝试发明计算机器. 1642 年, 刚满 19 岁的帕斯卡设计制造了世界上第一架机械式计算装置——使用齿轮进行加减运算的计算机. 这也是人类历史上第一台机械计算器, 它成为后来的计算机的雏形. 只不过因为太过昂贵, 在当时并没有取得很大的商业成功, 现陈列于法国博物馆中.

同时期帕斯卡还研究了其他几个方面的数学问题, 他在无穷小分析上深入探讨, 得出求不同曲线所围面积和重心的一般方法, 并以积分学的原理解决了摆线问题, 他的论文手稿对德国数学家莱布尼茨建立微积分学有重要启发. 1653 年, 帕斯卡在他的著作《论算术三角》中, 向世界展示了一种独特的数学模式—— 一个三角形的图形, 每一个数字都巧妙地位于两个较小数字的正上方, 而这个数字的值正是这两个较小数字的和. 这个图形, 后来被命名为帕斯卡三角.

第五章 大数定律与中心极限定理

本章将介绍概率论中最基本也是最重要的两类定理：大数定律和中心极限定理．概括来讲，大数定律是阐明大量重复试验的平均结果具有稳定性的定律，而中心极限定理则是表明随机变量之和渐近服从正态分布的定理．

第一节 切比雪夫不等式

我们知道方差 $D(X)$ 是用来描述随机变量 X 的取值在其数学期望 $E(X)$ 附近的离散程度的，因此对任意的 $\varepsilon > 0$，事件 $|X - E(X)| \geq \varepsilon$ 发生的概率应该与 $D(X)$ 有关，而这种关系用数学形式表示出来，就是我们下面要学习的切比雪夫(Chebyshev)不等式．

定理(切比雪夫不等式) 设随机变量 X 的数学期望 $E(X)$ 和方差 $D(X)$ 都存在，则对任意的 $\varepsilon > 0$，有

$$P\{|X - E(X)| \geq \varepsilon\} \leq \frac{D(X)}{\varepsilon^2}.$$

证明(仅对连续型随机变量进行证明) 设 $f(x)$ 为 X 的概率密度函数，记 $E(X) = \mu$，$D(X) = \sigma^2$，则

$$P\{|X - E(X)| \geq \varepsilon\} = \int_{|x-\mu| \geq \varepsilon} f(x)dx \leq \int_{|x-\mu| \geq \varepsilon} \frac{(x-\mu)^2}{\varepsilon^2} f(x)dx$$

$$\leq \frac{1}{\varepsilon^2} \int_{-\infty}^{+\infty} (x-\mu)^2 f(x)dx = \frac{1}{\varepsilon^2} \cdot \sigma^2 = \frac{D(X)}{\varepsilon^2}.$$

切比雪夫不等式说明，仅知道随机变量的期望 $E(X)$ 和方差 $D(X)$ 就可以对 X 的概率分布进行估计，进而给出了随机变量 X 落在以期望 $E(X)$ 为中心的对称区间 $(E(X)-\varepsilon, E(X)+\varepsilon)$ 之外(以内)的概率估计．同时也表明，当 $D(X)$ 越小时，X 的取值越集中在 $E(X)$ 附近，这正是方差的意义所在．

切比雪夫不等式可以表示成如下的等价形式：

$$P\{|X - E(X)| < \varepsilon\} \geq 1 - \frac{D(X)}{\varepsilon^2}.$$

例1 已知 $E(X) = 2$，$D(X) = 0.25$，试估计概率 $P\{1 < X < 3\}$．

解 $P\{1 < X < 3\} = P\{-1 < X - 2 < 1\} = P\{|X - 2| < 1\} \geq 1 - \frac{0.25}{1^2} = 0.75$．

例2 在 200 个新生婴儿中，估计男孩多于 80 个且少于 120 个的概率(假定生男孩和女孩的概率均为 0.5)．

解 设 X 表示男孩个数，则 $X \sim B(200, 0.5)$，则

$$E(X) = np = 200 \times 0.5 = 100, \quad D(X) = np(1-p) = 200 \times 0.5 \times 0.5 = 50,$$

由切比雪夫不等式估计可得

$$P\{80 < X < 120\} = P\{|X - 100| < 20\} \geq 1 - \frac{50}{20^2} = 0.875.$$

习题 5-1

(A) 基础题

1. 伯努利试验中，事件 A 发生的概率为 0.5，利用切比雪夫不等式估计在 1000 次试验中，事件 A 发生的次数在 450～550 的概率.

2. 设随机变量 X 的方差 $D(X) = 2$，试用切比雪夫不等式估计 $P\{|X - E(X)| \geq 2\}$ 的值.

3. 已知 X 的分布列为

X	-1	2	3
P	0.4	0.3	0.3

利用切比雪夫不等式估计 $P\{|X - E(X)| \geq 2\}$.

4. 设随机变量 X 的期望 $E(X) = \mu$，方差 $D(X) = \sigma^2$，用切比雪夫不等式估计 $P\{|X - E(X)| < 3\sigma\} \geq$ _____.

(B) 提高题

1. 若 $D(X) = 0$，试证 $P\{X = E(X)\} = 1$.

2. 设 $X_1, X_2, \cdots, X_9$ 为独立同分布的随机变量序列，且 $E(X_i) = 1$，$D(X_i) = 1$ $(i = 1, 2, \cdots, 9)$，则对于任意给定的 $\varepsilon > 0$，有 $P\left\{\left|\sum_{i=1}^{9} X_i - 9\right| < \varepsilon\right\}$ _____.

3. 对于随机变量 X, Y，已知 $E(X) = 3$，$E(Y) = 3$，$D(X) = 1$，$D(Y) = 4$，$\rho_{XY} = 0.5$，则由切比雪夫不等式估计 $P\{|X + Y| \leq 5\}$.

4. 设随机变量 X 的概率密度为 $f(x) = \begin{cases} \dfrac{1}{2} x^2 e^{-x}, & x > 0, \\ 0, & x \leq 0, \end{cases}$ 利用切比雪夫不等式估计概率 $P\{0 < X < 6\} =$ _____.

第二节 大数定律

定义 1 在一个随机变量序列 $X_1, X_2, \cdots, X_n, \cdots$ 中，任意有限个随机变量都是相互

独立的，则称这个随机变量序列是相互独立的. 若所有 X_n 有相同的分布函数，则称 $X_1, X_2, \cdots, X_n, \cdots$ 是**独立同分布的随机变量序列**.

定义 2 设 $X_1, X_2, \cdots, X_n, \cdots$ 是一个相互独立的随机变量序列，若存在常数 a，使对于任意的 $\varepsilon > 0$，有 $\lim\limits_{n \to +\infty} P\{|X_n - a| < \varepsilon\} = 1$，则称随机变量序列 $X_1, X_2, \cdots, X_n, \cdots$ **依概率收敛于** a. 记为 $X_n \xrightarrow{P} a, \ n \to +\infty$.

$\{X_n\}$ 依概率收敛于 a 表示当 n 充分大时 X_n 与 a 非常接近，即 X_n 与 a 之差的绝对值小于任意给定的 ε 的概率随着 n 的增加而接近于 1.

定理 1（切比雪夫大数定律） 设 $X_1, X_2, \cdots, X_n, \cdots$ 为相互独立的随机变量序列，期望 $E(X_1), E(X_2), \cdots, E(X_n), \cdots$ 和方差 $D(X_1), D(X_2), \cdots, D(X_n), \cdots$ 都存在，若存在常数 C，使 $D(X_i) \leqslant C \ (i = 1, 2, \cdots)$，则对任意的 $\varepsilon > 0$，有

$$\lim_{n \to +\infty} P\left\{\left|\frac{1}{n}\sum_{i=1}^{n} X_i - \frac{1}{n}\sum_{i=1}^{n} E(X_i)\right| < \varepsilon\right\} = 1.$$

证明 因为 $X_1, X_2, \cdots$ 相互独立，所以

$$E\left(\frac{1}{n}\sum_{i=1}^{n} X_i\right) = \frac{1}{n}\sum_{i=1}^{n} E(X_i), \quad D\left(\frac{1}{n}\sum_{i=1}^{n} X_i\right) = \frac{1}{n^2}\sum_{i=1}^{n} D(X_i) < \frac{1}{n^2} nC = \frac{C}{n}.$$

由切比雪夫不等式，对于任意的 $\varepsilon > 0$，有

$$P\left\{\left|\frac{1}{n}\sum_{i=1}^{n} X_i - \frac{1}{n}\sum_{i=1}^{n} E(X_i)\right| < \varepsilon\right\} \geqslant 1 - \frac{D\left(\frac{1}{n}\sum_{i=1}^{n} X_i\right)}{\varepsilon^2} \geqslant 1 - \frac{C}{n\varepsilon^2}.$$

所以

$$1 - \frac{C}{n\varepsilon^2} \leqslant P\left\{\left|\frac{1}{n}\sum_{i=1}^{n} X_i - \frac{1}{n}\sum_{i=1}^{n} E(X_i)\right| < \varepsilon\right\} \leqslant 1.$$

由极限的夹逼定理得

$$\lim_{n \to +\infty} P\left\{\left|\frac{1}{n}\sum_{i=1}^{n} X_i - \frac{1}{n}\sum_{i=1}^{n} E(X_i)\right| < \varepsilon\right\} = 1.$$

切比雪夫大数定律说明：n 个相互独立的随机变量的算术平均值 $\frac{1}{n}\sum_{i=1}^{n} X_i$ 依概率收敛于 $\frac{1}{n}\sum_{i=1}^{n} E(X_i)$，当 $n \to +\infty$ 时，$\frac{1}{n}\sum_{i=1}^{n} X_i$ 将比较密集地聚集在它的数学期望 $\frac{1}{n}\sum_{i=1}^{n} E(X_i)$ 的附近，即

$$\frac{1}{n}\sum_{i=1}^{n} X_i \xrightarrow{P} \frac{1}{n}\sum_{i=1}^{n} E(X_i) \quad (n \to +\infty).$$

推论 设相互独立的随机变量序列 $X_1, X_2, \cdots, X_n, \cdots$ 具有相同的分布，且 $E(X_i) = \mu$，

$D(X_i) = \sigma^2$ $(i=1,2,\cdots)$,则对任意的 $\varepsilon > 0$,有

$$\lim_{n \to +\infty} P\left\{\left|\frac{1}{n}\sum_{i=1}^{n} X_i - \mu\right| < \varepsilon\right\} = 1.$$

切比雪夫大数定律是由俄国数学家切比雪夫于1866年证明的,其证明主要是利用切比雪夫不等式. 利用切比雪夫不等式的前提是方差存在,但这个条件有时是可以放宽的,对于独立同分布的随机变量序列,只要求数学期望存在即可. 下面不加证明地给出著名的辛钦(Khinchin)大数定律.

定理 2 (辛钦大数定律) 设 $X_1, X_2, \cdots, X_n, \cdots$ 是相互独立且服从同一分布的随机变量序列,数学期望存在且 $E(X_i) = \mu$ $(i=1,2,\cdots)$,则对任意的 $\varepsilon > 0$,有

$$\lim_{n \to +\infty} P\left\{\left|\frac{1}{n}\sum_{i=1}^{n} X_i - \mu\right| < \varepsilon\right\} = 1.$$

定理 3 (伯努利大数定律) 设在 n 次伯努利试验中事件 A 出现的次数为 n_A,而在每次试验中事件 A 出现的概率为 p,则对任意 $\varepsilon > 0$,有

$$\lim_{n \to +\infty} P\left\{\left|\frac{n_A}{n} - p\right| < \varepsilon\right\} = 1.$$

证明 令 $X_i = \begin{cases} 1, & \text{第 } i \text{ 次试验 } A \text{ 发生}, \\ 0, & \text{第 } i \text{ 次试验 } A \text{ 不发生} \end{cases}$ $(i=1,2,\cdots)$,$X_1, X_2, \cdots, X_n$ 是 n 个相互独立的随机变量,且都服从参数为 p 的0-1分布,$E(X_i) = p, D(X_i) = pq$ $(q=1-p, i=1,2,\cdots,n)$,又 $n_A = X_1 + X_2 + \cdots + X_n$,由辛钦大数定律知,对于任意的 $\varepsilon > 0$,有

$$\lim_{n \to +\infty} P\left\{\left|\frac{1}{n}\sum_{i=1}^{n} X_i - p\right| < \varepsilon\right\} = 1,$$

即

$$\lim_{n \to +\infty} P\left\{\left|\frac{n_A}{n} - p\right| < \varepsilon\right\} = 1.$$

伯努利大数定律是概率论中极限定理方面的第一个重要结论. 它从理论上证明了随机事件的频率具有稳定性,依概率收敛于事件的概率.

至此,我们对频率稳定于概率、独立观测值的算术平均值稳定于期望值等直观描述给出了严格的数学表达形式. 大数定律从理论上阐述了大量的、在一定条件下重复的随机现象呈现的规律性. 在大量随机现象中,无论个别随机现象的结果如何,在大数定律的作用下,大量随机因素的总体作用将不依赖于某一个随机现象的结果,而是具有一定的规律性.

习题 5-2

(A) 基础题

1. 设 $X_1, X_2, \cdots, X_n, \cdots$ 是独立同分布的随机变量序列,$E(X_i) = \mu, D(X_i) = \sigma^2$ ($i=$

$1,2,\cdots$),对于任意的 $\varepsilon>0$,则 $\lim\limits_{n\to+\infty}P\left\{\left|\dfrac{1}{n}\sum\limits_{i=1}^{n}X_i-\dfrac{1}{n}\sum\limits_{i=1}^{n}E(X_i)\right|\geqslant\varepsilon\right\}=$ _____.

2. 设 $X_1,X_2,\cdots,X_n,\cdots$ 是相互独立的随机变量序列,并且 $X_i\sim E(\lambda)(\lambda>0)$ ($i=1,2,\cdots$),对于任意的 $\varepsilon>0$,则 $\lim\limits_{n\to+\infty}P\left\{\left|\dfrac{1}{n}\sum\limits_{i=1}^{n}X_i-\dfrac{1}{\lambda}\right|<\varepsilon\right\}=$ _____.

3. 设在 n 重伯努利试验中事件 A 出现的次数为 n_A,而在每次试验中事件 A 发生的概率为 p,则对任意的 $\varepsilon>0$,$\lim\limits_{n\to+\infty}P\left\{\left|\dfrac{n_A}{n}-p\right|<\varepsilon\right\}=$ _____.

(B) 提高题

1. 设 $\{X_n\}$ 为相互独立的随机变量序列,$P\{X_n=\sqrt{n}\}=\dfrac{1}{n}$,$P\{X_n=-\sqrt{n}\}=\dfrac{1}{n}$,$P\{X_n=0\}=1-\dfrac{2}{n}$ ($n=2,3,\cdots$),证明 $\{X_n\}$ 服从大数定律.

2. 设随机变量 X_i ($i=1,2,\cdots$) 独立同正态分布,$E(X_i)=\mu$,$D(X_i)=\sigma^2$ ($i=1,2,\cdots$),则 $\dfrac{1}{n}\sum\limits_{i=1}^{n}X_i\sim$ _____,$\sum\limits_{i=1}^{n}X_i\sim$ _____,$\lim\limits_{n\to\infty}P\left\{\left|\dfrac{1}{n}\sum\limits_{i=1}^{n}X_i-\mu\right|<\varepsilon\right\}=$ _____.

第三节 中心极限定理

在许多实际问题中,有一些现象可以看成许多因素独立影响的结果,而每个因素对该现象的影响都是微小的. 描述这类随机现象的随机变量可以看成许多相互独立的起微小作用的因素的和,它们往往近似服从正态分布,这就是中心极限定理的客观背景. 概率论中,把研究大量独立随机变量和的分布趋向于正态分布的一类定理统称为中心极限定理.

定理 1 (独立同分布条件下的中心极限定理,又称林德伯格-莱维(Lindeberg-Levy)中心极限定理) 设随机变量序列 $X_1,X_2,\cdots,X_n,\cdots$ 相互独立,具有同一分布,且具有有限的数学期望 $E(X_i)=\mu$ 和方差 $D(X_i)=\sigma^2\neq 0$ ($i=1,2,\cdots$),则对任意的 x,有

$$\lim_{n\to+\infty}P\left\{\dfrac{\sum\limits_{i=1}^{n}X_i-n\mu}{\sqrt{n}\sigma}\leqslant x\right\}=\int_{-\infty}^{x}\dfrac{1}{\sqrt{2\pi}}e^{-\frac{t^2}{2}}dt=\Phi(x).$$

中心极限定理表明,对于随机变量序列 $X_1,X_2,\cdots,X_n,\cdots$,只要各随机变量独立同分布,期望和方差存在,则不管它们原来的分布如何,当 n 充分大时,随机变量

$\dfrac{\sum\limits_{i=1}^{n} X_i - n\mu}{\sqrt{n}\sigma}$ 近似服从 $N(0,1)$；n 个随机变量之和 $\sum\limits_{i=1}^{n} X_i$ 近似服从 $N(n\mu, n\sigma^2)$；它们的算术平均值 $\dfrac{1}{n}\sum\limits_{i=1}^{n} X_i$ 近似服从 $N\left(\mu, \dfrac{\sigma^2}{n}\right)$. 这从理论上说明了正态分布的常见性及重要性. 而在实际工作中，当 n 充分大时，我们把独立同分布的随机变量的和看成服从正态分布的随机变量.

例 1 袋装味精用机器装袋，每袋的净重为随机变量，其期望值为 100 克，标准差为 10 克，一大包内装 100 袋，求一大包味精净重大于 10.2 千克的概率.

解 设一大包味精重量为 X，一大包中第 i 袋味精的重量为 X_i $(i=1,2,\cdots,100)$. 由题意知，$X_1, X_2, \cdots, X_{100}$ 相互独立且服从同一分布，$E(X_i) = 100$ 克，$\sqrt{D(X_i)} = 10$ 克，且 $X = \sum\limits_{i=1}^{100} X_i$，则

$$E(X) = \sum_{i=1}^{100} E(X_i) = 100 \times 100 = 10000 \,(克) = 10 \,(千克),$$

$$D(X) = \sum_{i=1}^{100} D(X_i) = 100 \times 100 = 10000 \,(克^2),$$

$$\sqrt{D(X)} = 100 \,(克) = 0.1 \,(千克).$$

由中心极限定理，X 近似服从 $N(10, 0.1^2)$. 故

$$P\{X > 10.2\} = 1 - P\{X \leqslant 10.2\} = 1 - \Phi\left(\dfrac{10.2 - 10}{0.1}\right)$$

$$= 1 - \Phi(2) = 1 - 0.9772 = 0.0228.$$

将独立同分布条件下中心极限定理应用到伯努利试验的情形，可以得到下面的定理.

定理 2 (棣莫弗-拉普拉斯(De Moivre-Laplace)中心极限定理) 设随机变量 η_n 服从参数为 n，p 的二项分布，则对于任意实数 x，有

$$\lim_{n \to +\infty} P\left\{\dfrac{\eta_n - np}{\sqrt{np(1-p)}} \leqslant x\right\} = \int_{-\infty}^{x} \dfrac{1}{\sqrt{2\pi}} e^{-\frac{t^2}{2}} dt = \Phi(x).$$

这个定理说明正态分布是二项分布的极限分布，当 n 充分大时，服从二项分布的随机变量 η_n 的概率计算，可以转化为正态分布随机变量的概率计算. 为了方便计算，我们补充下面的推论：

(1) 设随机变量 $\eta_n \sim B(n, p)$，当 n 充分大时，η_n 近似地服从 $N(np, npq)$；

(2) 当 n 充分大时，

$$P\{a<\eta_n<b\} \approx F(b)-F(a) = \Phi\left(\frac{b-np}{\sqrt{npq}}\right)-\Phi\left(\frac{a-np}{\sqrt{npq}}\right).$$

例 2 现有一批种子,其中一级种子占 $\frac{1}{6}$. 今从其中任选 6000 粒,试问在这些种子中,一级种子所占的比例与 $\frac{1}{6}$ 之差小于 1% 的概率是多少.

解 把选一粒种子看成一次试验,选 6000 粒种子看成 6000 次重复独立试验,每次试验中,设 X 表示 6000 粒种子中一级种子的个数,则 $X \sim B\left(6000, \frac{1}{6}\right)$,由定理 2 得

$$P\left\{\left|\frac{X}{6000}-\frac{1}{6}\right|<0.01\right\} = P\left\{\frac{\left|X-6000\times\frac{1}{6}\right|}{\sqrt{6000\times\frac{1}{6}\times\frac{5}{6}}} < \frac{0.01\times 6000}{\sqrt{6000\times\frac{1}{6}\times\frac{5}{6}}}\right\}$$

$$\approx \Phi(2.08)-\Phi(-2.08) = 2\Phi(2.08)-1 = 0.9624.$$

例 3 据统计,某年龄段的人中一年内死亡的概率为 0.005,现有 10000 个该年龄段的人参加人寿保险,试求未来一年内在这些保险者里面,死亡人数不超过 70 个的概率.

解 设 X 表示 10000 个投保者在一年内死亡人数. 由题意知,

$$X \sim B(10000, 0.005).$$

由定理 2,则 X 近似服从 $N(50, 49.75)$. 由中心极限定理近似计算

$$P\{X \leqslant 70\} = F(70) \approx \Phi\left(\frac{70-50}{\sqrt{49.75}}\right) = \Phi(2.85) = 0.9978.$$

习题 5-3

(A) 基础题

1. 设随机变量序列 $X_1, X_2, \cdots, X_n, \cdots$ 相互独立,服从同一分布,且 $X_i \sim E(\lambda)$, $i=1,2,\cdots$, $\Phi(x)$ 为标准正态分布的分布函数,则 $\lim\limits_{n\to+\infty} P\left\{\dfrac{\lambda\sum_{i=1}^n X_i - n}{\sqrt{n}} \leqslant x\right\} = $ _____.

2. 设随机变量序列 $X_1, X_2, \cdots, X_n, \cdots$ 相互独立,且都服从 $X_i \sim P(2)$,则 $\lim\limits_{n\to+\infty} P\left\{\sum_{i=1}^n X_i \leqslant \sqrt{2n}+2n\right\} = $ _____.

3. 设随机变量序列 X_i $(i=1,2,\cdots)$ 相互独立都服从 $N(\mu, \sigma^2)$,则 $\dfrac{1}{n}\sum_{i=1}^n X_i \sim$ _____,

则 $\sum_{i=1}^{n} X_i \sim$ _____.

4. 假设有 400 名考生参加考试，根据以往资料统计显示，该考试的通过率为 0.8，试计算 400 名考生中至少有 300 名通过的概率.

(B) 提高题

1. 设 $X_1, X_2, \cdots, X_9$ 为独立同分布的随机变量序列，且有 $E(X_i) = 1$, $D(X_i) = 1$ ($i = 1, 2, \cdots, 9$)，求 $P\left\{\left|\dfrac{1}{9}\sum_{i=1}^{9} X_i - 1\right| < \dfrac{\varepsilon}{3}\right\}$ 的值.

2. 设随机变量 X_i ($i=1,2,\cdots$) 相互独立且同服从 $(-1,1)$ 上的均匀分布，则 $\lim\limits_{n\to\infty} P\left\{\sum_{i=1}^{n} X_i \leqslant \dfrac{\sqrt{n}}{2}\right\} =$ _____.

3. 某保险公司经多年的资料统计表明，在参加保险的人中出事故的人数占 20%，在随意抽查的 100 个参加保险的人中出事故的人数为随机变量 X，利用中心极限定理，求出事故的人数不少于 14 个且不多于 30 个的概率.

4. 某种器件的寿命(单位: h) 服从参数为 λ 的指数分布，其平均寿命为 20h，在使用中当一个器件损坏后立即更换另一个新器件，已知每个器件进价为 a 元，试求在年计划中对此器件做多少预算才能有 95%以上的把握保证一年够用(假定一年按 2000 个工作小时计算).

思 维 导 图

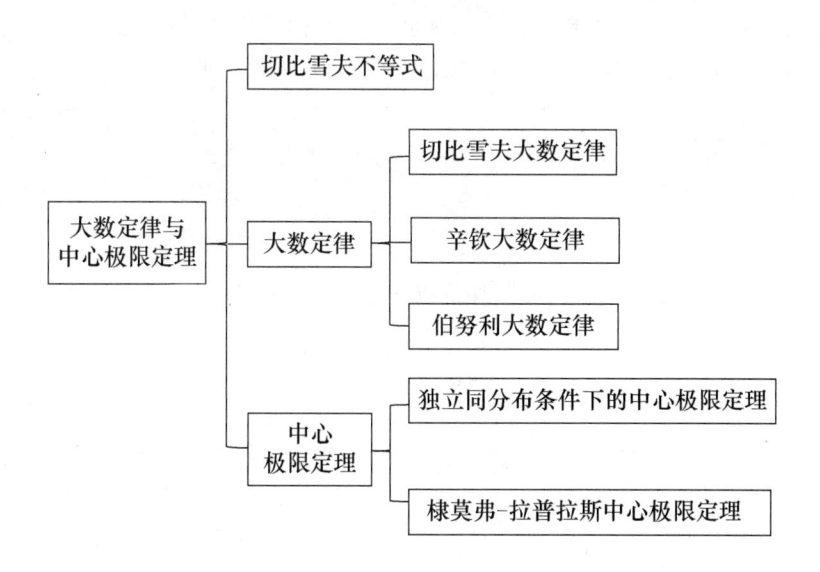

自 测 题 五

1. 设 $X_1, X_2, \cdots, X_n, \cdots$ 为相互独立的随机变量序列，$X = X_1 + X_2 + \cdots + X_n$，根据独立同分布的中心极限定理，当 n 充分大时，X 近似服从正态分布，只要随机变量序列满足(   )．

  A. 有相同的数学期望；   B. 有相同的方差；
  C. 服从同一指数分布；   D. 服从同一离散型分布．

2. 设 $X_1, X_2, \cdots, X_n, \cdots$ 为相互独立的随机变量序列，且 X_i $(i=1,2,\cdots)$ 均服从参数为 λ 的指数分布，$\Phi(x)$ 为标准正态分布函数，则(   )．

  A. $\lim\limits_{n\to +\infty}\left\{\dfrac{\lambda\sum\limits_{i=1}^{n}X_i - n}{\sqrt{n}} \leqslant x\right\} = \Phi(x)$； B. $\lim\limits_{n\to +\infty}\left\{\dfrac{\sum\limits_{i=1}^{n}X_i - n}{\sqrt{n}} \leqslant x\right\} = \Phi(x)$；

  C. $\lim\limits_{n\to +\infty}\left\{\dfrac{\sum\limits_{i=1}^{n}X_i - \lambda}{\sqrt{n\lambda}} \leqslant x\right\} = \Phi(x)$； D. $\lim\limits_{n\to +\infty}\left\{\dfrac{\sum\limits_{i=1}^{n}X_i - \lambda}{\sqrt{n\lambda}} \leqslant x\right\} = \Phi(x)$．

3. 设 $X_1, X_2, \cdots, X_n, \cdots$ 为相互独立的随机变量序列，a 为一常数，则 $\{X_n\}$ 依概率收敛于 a 是指 (   )．

  A. 对任意 $\varepsilon > 0$，有 $\lim\limits_{n\to +\infty} P\{|X_n - a| \geqslant \varepsilon\} = 0$； B. $\lim\limits_{n\to +\infty} X_n = a$；
  C. 对任意 $\varepsilon > 0$，有 $\lim\limits_{n\to +\infty} P\{|X_n - a| \geqslant \varepsilon\} = 1$； D. $\lim\limits_{n\to +\infty} P\{X_n = a\} = 1$．

4. 设 $X_1, X_2, \cdots, X_n, \cdots$ 为相互独立服从同一分布的随机变量序列，且 X_i $(i=1,2,\cdots)$ 服从参数为 $\lambda > 0$ 的泊松分布，$\Phi(x)$ 为标准正态分布函数，则(   )．

  A. $\lim\limits_{n\to +\infty} P\left(\dfrac{\sum\limits_{i=1}^{n}X_i - \lambda}{\sqrt{n\lambda}} \leqslant x\right) = \Phi(x)$；

  B. 当 n 充分大时，$\sum\limits_{i=1}^{n}X_i$ 近似服从标准正态分布 $N(0,1)$；

  C. 当 n 充分大时，$P\left(\sum\limits_{i=1}^{n}X_i \leqslant x\right) \approx \Phi(x)$；

  D. 当 n 充分大时，$\sum\limits_{i=1}^{n}X_i$ 近似服从正态分布 $N(n\lambda, n\lambda)$．

5. 设 $X_1, X_2, \cdots, X_n, \cdots$ 为独立同分布的随机变量序列，且 $E(X_i) = \mu$，$D(X_i) = \sigma^2$，

$i=1,2,\cdots$, 设 $Y_n = \dfrac{1}{n}\sum_{i=1}^{n} X_i$，则当 $n \to +\infty$ 时，Y_n 依概率收敛于_____．

6. 设 $X_1, X_2, \cdots, X_n, \cdots$ 为独立同分布随机变量序列，且 $E(X_i) = \mu$，$D(X_i) = \sigma^2$，$i=1,2,\cdots$，对任意的 $\varepsilon > 0$，有 $\lim\limits_{n\to+\infty} P\left\{\left|\dfrac{1}{n}\sum_{i=1}^{n} X_i - \mu\right| \geqslant \varepsilon\right\} = $_____．

7. 设 $X_1, X_2, \cdots, X_n, \cdots$ 为独立同分布的随机变量序列，且 $E(X_i) = \mu$，$D(X_i) = \sigma^2$，$i=1,2,\cdots$，对任意的 $\varepsilon > 0$，$\lim\limits_{n\to+\infty} P\left\{\dfrac{\sum_{i=1}^{n} X_i - n\mu}{\sqrt{n}\sigma} > 0\right\} = $_____．

8. 某工厂有 400 台同类型机器，各台机器发生故障的概率都是 0.02，假设各台机器工作是相互独立的，试求机器出故障的台数不小于 2 的概率．

9. 某灯泡厂生产的灯泡的平均寿命原为 2000 小时，标准差为 250 小时．经过技术改造使得平均寿命提高到 2250 小时，标准差不变．为了检验这一成果，进行如下试验：任意挑选若干个灯泡，如果这些灯泡的平均寿命超过 2200 小时，就正式承认技术改造有效，为了使得检验通过的概率超过 0.997，则至少应检查多少个灯泡？

10. 假设某种型号的螺丝钉的重量是随机变量，期望值为 50 克，标准差为 5 克，求每袋 100 个螺丝钉，重量超过 5.1 千克的概率．

阅读材料：切比雪夫简介

切比雪夫(1821—1894)，俄国数学家、力学家．切比雪夫的左脚生来有残疾，因而童年时代的他经常独坐家中，养成了在孤寂中思索的习惯．

1837 年，年方 16 岁的切比雪夫进入莫斯科大学，成为哲学系下属的物理数学专业的学生．在大学的最后一个学年，切比雪夫递交了一篇题为《方程根的计算》的论文，在其中提出了一种建立在反函数的级数展开式基础之上的方程近似解法，因此获得该年度系里颁发的银质奖章．大学毕业之后，切比雪夫一边在莫斯科大学当助教，一边攻读硕士学位．1845 年，他完成了硕士论文《试论概率论的基础分析》，于次年夏天通过了答辩．1849 年 5 月 27 日，他的博士论文《论同余式》在彼得堡大学通过了答辩，数天之后，他被告知荣获彼得堡科学院的最高数学荣誉奖．1882 年，切比雪夫在彼得堡大学执教 35 年之后光荣退休．

35 年间，切比雪夫教过数论、高等代数、积分运算、椭圆函数、有限差分、概率论、分析力学、傅里叶级数、函数逼近论、工程机械学等十余门课程．A. M. 李雅普诺夫评论道："他的课程是精练的，他不注重知识的数量，而是热衷于向学生阐明一些最重要的观念．他的讲解是生动的、富有吸引力的，总是充满了对问题和科学方法之重要意义的奇妙评论．"

19 世纪以前,俄国的数学是相当落后的,没有自己本土的数学家,到了 19 世纪上半叶,才出现了自己的优秀数学家. 切比雪夫以他自己的卓越才能和独特的魅力吸引了一批年轻的俄国数学家,形成了一个具有鲜明风格的数学学派——彼得堡数学学派,他是当之无愧的奠基人.

1894 年 12 月 8 日卒于彼得堡. 他一生发表了 70 多篇科学论文,内容涉及数论、概率论、函数逼近论、积分学等多个方面.

第六章　数理统计的基础知识

在前面的学习中，我们介绍了概率论的基本内容．概率论是在随机变量的分布已知的条件下，研究随机变量的性质及其规律，并在此基础上对统计资料进行分析和推断，达到发现随机现象内在规律的目的．但是，在实际问题中往往并非如此，一个随机现象所服从的分布可能不知道或者仅知道了它的概率模型，但其所含的参数是未知的，因此如何获取它们的具体分布或者分布中的参数就成了至关重要的问题．数理统计就是以概率论为基础，研究社会和自然界中大量随机现象数量变化的基本规律，并对随机现象做出合理的预测与判断的学科，其主要内容有参数估计、假设检验、相关分析等．

数理统计诞生于 19 世纪末 20 世纪初，是具有深刻理论基础的一个重要数学分支，它已经在自然科学、工程技术、经济管理等领域发挥了强大的作用，并且越来越受到广泛关注．本章将介绍数理统计中的总体、样本及统计量等基本概念，并重点讲述几个常用统计量的基本概念、性质以及分布，为以后学习统计推断打下坚实的基础．

第一节　数理统计的基本概念

一、总体与样本

数理统计中把被研究对象的全体组成的集合称为**总体**(或**母体**)，记为 X，它是一个随机变量．把构成总体的每个元素(或成员)称为**个体**．总体与个体之间的关系是集合与元素的关系．例如，我们考察一批某种型号手机的使用寿命，则这批手机的全体就构成了总体，而每一部手机就是一个个体．为了讨论方便，我们将每一部手机使用寿命作为个体，而将所有手机使用寿命的全体作为总体．又如，某农业院校要研究一批抗虫害玉米种子的发芽率，则这批种子的全体就是总体，其中每一粒种子就是一个个体．抛开所有问题的实际应用背景，每一个总体都是由一组数据组成的，这组数据可以用概率论中的一个概率分布进行描述．所以说，总体就是一个具有确定分布的随机变量，对总体的研究就归结为对随机变量的分布及其主要数字特征的研究．

对所研究对象进行全面的了解，从而对所获取的数据进行估计或推断，无疑是最理想的．但是限于各种客观实际情况，往往不能这样做也不需要这样做，例如我们不可能追踪所有的手机并统计其使用寿命，也不可能把所有的玉米种子用来做发芽试验．数理统计解决这类问题的方法不是对所研究对象进行全面试验，而是从研究对象的全体中随机抽取一小部分个体进行试验，从而对总体进行推断．

从总体 X 中随机抽取的一部分个体 $X_1, X_2, \cdots, X_n$ 构成的向量 $(X_1, X_2, \cdots, X_n)$ 称为**样本**或**子样**，样本中所含个体的数量 n 称为**样本容量**．

总体根据其所包含的个体数量可以分为有限总体和无限总体. 若总体中包含有限个个体, 则称这个总体为有限总体. 例如 2008 年在北京举行的奥运会的全体参赛运动员是有限总体. 若总体中包含的个体数量为无限个, 则称为无限总体. 若一个有限总体包含的个体相当多, 也可以看作无限总体. 如一麻袋小麦的麦粒数、空气中悬浮的颗粒数量等.

在实际中, 为了研究个体的各种数量指标及其在总体中的分布情况, 往往从总体中抽取一个样本进行研究, 相当于对总体做了一次观测, 就每一次观察结果来说, 它们是完全确定的一组数, 叫作**样本观测值**, 记作 $(x_1, x_2, \cdots, x_n)$.

抽样的目的是对总体的分布规律进行各种分析和推断, 所以要求抽取的样本能很好地反映总体的特征, 因此所抽取的样本必须满足以下两个条件:

(1) **随机性** 总体的每一个个体 $X_i(i=1,2,\cdots,n)$ 有同等机会被选入样本, 且与总体 X 具有相同的分布;

(2) **独立性** 样本的分量 $X_1, X_2, \cdots, X_n$ 是相互独立的随机变量, 即每一次抽取的个体不影响其他个体的抽取.

满足上述两个要求的抽样方法称为**简单随机抽样**, 经简单随机抽样获得的样本称为**简单随机样本**. 以后本书中所提到的样本, 均指简单随机样本, 简称**样本**.

由随机变量的独立性及简单随机样本的概念可得:

定理 设 $(X_1, X_2, \cdots, X_n)$ 是来自总体 X 的样本.

(1) 若总体 X 的分布函数为 $F(x)$, 则样本 $(X_1, X_2, \cdots, X_n)$ 的联合分布函数为

$$F(x_1, x_2, \cdots, x_n) = \prod_{i=1}^{n} F(x_i).$$

(2) 若总体 X 是离散型随机变量, 其概率分布为 $P\{X = x_i\} = p_i (i=1,2,\cdots)$, 则样本 $(X_1, X_2, \cdots, X_n)$ 的联合概率分布为

$$P\{X_1 = x_{n1}, X_2 = x_{n2}, \cdots, X_n = x_{nn}\} = \prod_{i=1}^{n} P\{X = x_{ni}\} = \prod_{i=1}^{n} p_{ni},$$

其中 x_{ni} $(i=1,2,\cdots,n)$ 为 x_i $(i=1,2,\cdots)$ 中任意一个.

(3) 若总体 X 是连续型随机变量, 其概率密度函数为 $f(x)$, 则样本 $(X_1, X_2, \cdots, X_n)$ 的联合概率密度函数为

$$f(x_1, x_2, \cdots, x_n) = \prod_{i=1}^{n} f(x_i).$$

需要注意的是, 当总体为有限总体时, 抽样应采取放回式抽样, 这样才能使总体的成分保持不变. 但在实际应用中, 若总体包含的个体数量很大, 而样本容量又相对较小, 可以把不放回抽样所获得的样本近似地看成简单随机样本.

例 1 设 $(X_1, X_2, \cdots, X_{10})$ 为取自总体 $X \sim P(\lambda)$ 的一个样本, 求样本 $(X_1, X_2, \cdots, X_{10})$ 的联合分布律 $f(x_1, x_2, \cdots, x_{10}; \lambda)$.

解 总体 X 的分布律为 $P\{X = x\} = \dfrac{\lambda^x e^{-\lambda}}{x!}, x = 0, 1, 2, \cdots$, 则

$$f(x_1,x_2,\cdots,x_{10};\lambda)=\mathrm{e}^{-\lambda}\frac{\lambda^{x_1}}{x_1!}\cdot\mathrm{e}^{-\lambda}\frac{\lambda^{x_2}}{x_2!}\cdots\cdots\mathrm{e}^{-\lambda}\frac{\lambda^{x_{10}}}{x_{10}!}=\mathrm{e}^{-10\lambda}\frac{\lambda^{\sum_{i=1}^{10}x_i}}{\prod_{i=1}^{10}x_i!}.$$

例 2 设总体 X 服从参数为 $p\,(0<p<1)$ 的 0-1 分布，$(X_1,X_2,\cdots,X_n)$ 为取自总体 X 的一个样本，求样本 $(X_1,X_2,\cdots,X_n)$ 的联合分布律 $f(x_1,x_2,\cdots,x_n;p)$.

解 总体 X 的分布律为 $P\{X=x\}=p^x(1-p)^{1-x},x=0,1$，则

$$f(x_1,x_2,\cdots,x_n;p)=P\{X_1=x_1,X_2=x_2,\cdots,X_n=x_n\}=\prod_{i=1}^{n}P\{X_i=x_i\}$$

$$=\prod_{i=1}^{n}p^{x_i}\cdot(1-p)^{1-x_i}=p^{\sum_{i=1}^{n}x_i}(1-p)^{n-\sum_{i=1}^{n}x_i}.$$

例 3 设总体 X 服从参数为 $\lambda\,(\lambda>0)$ 的指数分布，$(X_1,X_2,\cdots,X_n)$ 为取自总体 X 的一个样本，求样本 $(X_1,X_2,\cdots,X_n)$ 的联合概率密度函数 $f(x_1,x_2,\cdots,x_n;\lambda)$.

解 总体 X 的概率密度函数为 $f(x)=\begin{cases}\lambda\mathrm{e}^{-\lambda x},&x>0,\\0,&x\leqslant 0,\end{cases}$ 则

$$f(x_1,x_2,\cdots,x_n;\lambda)=f(x_1)\cdot f(x_2)\cdots\cdots f(x_n)$$

$$=\begin{cases}\lambda\mathrm{e}^{-\lambda x_1}\cdot\lambda\mathrm{e}^{-\lambda x_2}\cdots\cdots\lambda\mathrm{e}^{-\lambda x_n},&x_i>0,i=1,2,\cdots,n,\\0,&\text{其他}\end{cases}$$

$$=\begin{cases}\lambda^n\mathrm{e}^{-\lambda\sum_{i=1}^{n}x_i},&x_i>0,i=1,2,\cdots,n,\\0,&\text{其他}.\end{cases}$$

二、经验分布函数*

许多样本的观测数据如果未经加工整理，基本上没有什么利用价值，很难从中得到总体的信息. 因此，为了从大量的样本数据中获得有用的信息，在利用这些数据之前，必须对数据进行整理. 这里介绍一种总体分布的近似求法.

设 $(X_1,X_2,\cdots,X_n)$ 是来自总体 X 的一个样本，$(x_1,x_2,\cdots,x_n)$ 是样本观测值，把 $x_1,x_2,\cdots,x_n$ 按从小到大的次序重新排列成 $x_{(1)}\leqslant x_{(2)}\leqslant\cdots\leqslant x_{(n)}$. 若 $x_{(k)}\leqslant x<x_{(k+1)}\,(k=1,2,\cdots,n-1)$，则不大于 x 的观测值的频率为 k/n. 因此，在 n 次重复独立试验中，事件 $\{X\leqslant x\}$ 的频率可用函数 $F_n(x)=\begin{cases}0,&x<x_{(1)},\\ \dfrac{k}{n},&x_{(k)}\leqslant x<x_{(k+1)},\\1,&x\geqslant x_{(n)}\end{cases}$ 表示.

我们称 $F_n(x)$ 为**经验分布函数**. 函数 $F_n(x)$ 具有分布函数的性质，是一个非减的右连续函数，且 $0\leqslant F_n(x)\leqslant 1$.

对于每一个固定的 x，$F_n(x)$ 是事件 $\{X \leq x\}$ 发生的频率，由大数定律知，只要 n 相当大时，就有 $F_n(x)$ 依概率收敛于 $F(x)$。即对任意 $\varepsilon > 0$，有

$$\lim_{n \to +\infty} P\{|F_n(x) - F(x)| > \varepsilon\} = 0.$$

这说明，经验分布函数是总体分布函数的一个很好的近似，n 越大，近似程度越好，这也是我们用样本推断总体的一个重要依据.

例 4 某食品厂生产听装饮料，现从生产线上随机抽取五听饮料，称得其净重(单位: g)为 351, 347, 355, 344, 351. 这是一个容量为 5 的样本，经排序可得有序样本:

$$x_{(1)} = 344, \quad x_{(2)} = 347, \quad x_{(3)} = 351, \quad x_{(4)} = 351, \quad x_{(5)} = 355.$$

其经验分布函数为 $F_n(x) = \begin{cases} 0, & x < 344, \\ 0.2, & 344 \leq x < 347, \\ 0.4, & 347 \leq x < 351, \\ 0.6, & 351 \leq x < 355, \\ 1, & x \geq 355. \end{cases}$

习题 6-1

(A) 基础题

1. 某高校为了关注全校大学生的身体健康情况，现从全校学生中抽取了 200 名学生进行体检. 请问这项调查的总体和样本分别是什么？

2. 从某款汽车螺丝钉中随机抽取 5 只，测得其直径(单位: mm)分别为:

$$13.12, \quad 13.08, \quad 13.10, \quad 13.11, \quad 13.09.$$

写出总体、样本、样本值、样本容量.

3. 设 $X_i \sim N(\mu_i, \sigma^2)(i = 1, 2, \cdots, 10)$，$\mu_i$ 不全等，试问 $(X_1, X_2, \cdots, X_{10})$ 是简单随机样本吗？

4. 设 $(X_1, X_2, \cdots, X_n)$ 是取自总体 X 的一个样本. 在下列两种情况下分别写出样本 $(X_1, X_2, \cdots, X_n)$ 的分布律或概率密度函数:

(1) 总体 X 服从几何分布，其分布律为 $P\{X = x\} = p(1-p)^{x-1}, 0 < p < 1, x = 1, 2, \cdots$；

(2) $X \sim U(0, \theta), \theta > 0$.

(B) 提高题

1. 设 2, 1, 5, 2, 1, 3, 1 是来自总体 X 的样本的观测值，求该样本的经验分布函数.

2. 以下是某工厂通过抽样调查得到的十名工人一周内生产的产品数:

149, 156, 160, 138, 149, 153, 153, 169, 156, 156.

试由这一些样本数据构造经验分布函数.

3. 设 $(X_1, X_2, \cdots, X_n)$ 是取自总体 X 的一个样本. 在下列两种情况下分别写出样本 $(X_1, X_2, \cdots, X_n)$ 的联合概率密度函数:

(1) 总体 $X \sim E(\lambda)$；

(2) 总体 X 的密度函数为 $f(x) = \dfrac{\lambda}{2} \mathrm{e}^{-\lambda|x|}, -\infty < x < +\infty$.

第二节 统 计 量

数理统计最重要的任务之一是利用样本所提供的信息来对总体的分布或分布中的参数进行推断，简单地说就是用样本来推断总体. 而样本又常常以一组数据的形式表现出来，但这些数据一般是不能直接用于问题研究的. 人们常常要把数据加工成简单的数字特征，把样本所含的信息进行整理，提取需要的信息，以利于问题的解决.

定义 1 设 $(X_1, X_2, \cdots, X_n)$ 为来自总体 X 的一个样本，$g(X_1, X_2, \cdots, X_n)$ 为样本的一个函数，若 $g(X_1, X_2, \cdots, X_n)$ 中不包含任何未知参数，则称 $g(X_1, X_2, \cdots, X_n)$ 为一个**统计量**. 统计量的分布称为**抽样分布**.

因为 $X_1, X_2, \cdots, X_n$ 都是随机变量，而统计量 $g(X_1, X_2, \cdots, X_n)$ 又是 $X_1, X_2, \cdots, X_n$ 的函数，所以统计量是随机变量. 如果 $(x_1, x_2, \cdots, x_n)$ 是相应于 $(X_1, X_2, \cdots, X_n)$ 的观测值，则称 $g(x_1, x_2, \cdots, x_n)$ 为统计量 $g(X_1, X_2, \cdots, X_n)$ 的观测值.

例如，总体 $X \sim N(\mu, \sigma^2)$，μ, σ^2 分别表示总体的均值和方差. 若 μ 已知，σ^2 未知，$(X_1, X_2, \cdots, X_n)$ 为来自总体 X 的一个样本，则 $\sum_{i=1}^{n}(X_i - \mu)^2$ 是统计量，而 $\dfrac{1}{\sigma^2}\sum_{i=1}^{n}(X_i - \mu)^2$ 不是统计量.

下面我们介绍一些常用的统计量.

定义 2 设 $(X_1, X_2, \cdots, X_n)$ 是来自总体 X 的容量为 n 的样本，定义

样本均值　　　　$\bar{X} = \dfrac{1}{n}\sum_{i=1}^{n} X_i$；

样本方差　　　　$S^2 = \dfrac{1}{n-1}\sum_{i=1}^{n}(X_i - \bar{X})^2 = \dfrac{1}{n-1}\sum_{i=1}^{n} X_i^2 - \dfrac{n}{n-1}\bar{X}^2$；

样本标准差　　　$S = \sqrt{\dfrac{1}{n-1}\sum_{i=1}^{n}(X_i - \bar{X})^2}$；

样本 k 阶原点矩　$M_k = \dfrac{1}{n}\sum_{i=1}^{n} X_i^k, \ k = 1, 2, \cdots$；

样本 k 阶中心矩　$M'_k = \dfrac{1}{n}\sum_{i=1}^{n}(X_i - \bar{X})^k, \ k = 1, 2, \cdots$.

注 样本均值刻画了样本数据取值的平均情况，样本方差刻画了样本数据的分散程度.

在数理统计中,我们常把 2 阶中心矩 $S_n^2 = \frac{1}{n}\sum_{i=1}^{n}(X_i - \bar{X})^2$ 称为**未修正的样本方差**. 若样本 $(X_1, X_2, \cdots, X_n)$ 的观测值为 $(x_1, x_2, \cdots, x_n)$,则

$$\bar{x} = \frac{1}{n}\sum_{i=1}^{n}x_i, \quad s^2 = \frac{1}{n-1}\sum_{i=1}^{n}(x_i - \bar{x})^2,$$

$$m_k = \frac{1}{n}\sum_{i=1}^{n}x_i^k, \quad k = 1, 2, \cdots,$$

$$m_k' = \frac{1}{n}\sum_{i=1}^{n}(x_i - \bar{x})^k, \quad k = 1, 2, \cdots$$

分别称为 $\bar{X}$, S^2, M_k, M_k' 的样本观测值.

关于样本的函数 $\bar{X}$, S^2, M_k, M_k' 都刻画了样本的性质,我们称之为样本的数字特征,而且它们都是统计量,其中 $\bar{X}$ 和 S^2 是统计学中两个特别重要的统计量.

定理 若总体 X 的均值与方差都存在,且 $E(X) = \mu, D(X) = \sigma^2$,$(X_1, X_2, \cdots, X_n)$ 为来自总体 X 的样本,则

(1) $E(\bar{X}) = \mu$, $D(\bar{X}) = \dfrac{\sigma^2}{n}$;

(2) $E(S^2) = D(X) = \sigma^2$,$E(S_n^2) = \dfrac{n-1}{n}\sigma^2$.

证明 (1) $$E(\bar{X}) = \frac{1}{n}\sum_{i=1}^{n}E(X_i) = \frac{1}{n}\sum_{i=1}^{n}\mu = \mu,$$

$$D(\bar{X}) = \frac{1}{n^2}\sum_{i=1}^{n}D(X_i) = \frac{1}{n^2}\sum_{i=1}^{n}\sigma^2 = \frac{\sigma^2}{n}.$$

(2) $$E(S^2) = E\left(\frac{1}{n-1}\sum_{i=1}^{n}(X_i - \bar{X})^2\right) = \frac{1}{n-1}E\left(\sum_{i=1}^{n}X_i^2 - n\bar{X}^2\right)$$

$$= \frac{1}{n-1}\left(\sum_{i=1}^{n}E(X_i^2) - nE(\bar{X}^2)\right).$$

注意到 $E(X_i^2) = D(X_i) + E^2(X_i), E(\bar{X}^2) = D(\bar{X}) + E^2(\bar{X})$,代入上式得

$$E(S^2) = \frac{1}{n-1}\left(\sum_{i=1}^{n}(D(X_i) + E^2(X_i)) - n(D(\bar{X}) + E^2(\bar{X}))\right)$$

$$= \frac{1}{n-1}\left[n(\sigma^2 + \mu^2) - n\left(\frac{\sigma^2}{n} + \mu^2\right)\right] = \sigma^2.$$

又因为 $S_n^2 = \dfrac{1}{n}\sum_{i=1}^{n}(X_i - \bar{X})^2 = \dfrac{n-1}{n}S^2$,所以

$$E(S_n^2) = \frac{n-1}{n}E(S^2) = \frac{n-1}{n}\sigma^2.$$

习题 6-2

(A) 基础题

1. 从某高校一年级学生中随机抽取 10 名男生,测得各同学身高(单位:cm)的值如下:

   178, 182, 172, 185, 168, 190, 177, 180, 176, 178.

   试求样本均值与样本方差的观测值.

2. 设 $X \sim N(\mu, \sigma^2)$,μ 未知,且 σ^2 已知,$(X_1, X_2, \cdots, X_n)$ 是来自总体 X 的一个样本,指出下列各式中哪些是统计量,哪些不是,为什么?

   (1) $X_1 + X_2 + X_n - \mu$; (2) $X_n - X_{n-1}$; (3) $\dfrac{\overline{X} - \mu}{\sigma}$; (4) $\sum_{i=1}^{n} \dfrac{(X_i - \mu)^2}{\sigma^2}$.

3. 设总体 $X \sim B(1, p)$,已知样本观测值为 0, 1, 0, 1, 1,求样本均值、样本方差以及样本的二阶原点矩的观测值.

4. 设 $(X_1, X_2, \cdots, X_n)$ 是来自泊松分布 $P(\lambda)$ 的一个样本,$\overline{X}$,S^2 分别为样本均值和样本方差,求 $E(\overline{X}), D(\overline{X}), E(S^2)$.

5. 在总体 $N(52, 6.3^2)$ 中随机抽取一个容量为 36 的样本,求样本均值 $\overline{X}$ 落在 50.8 与 53.8 之间的概率.

(B) 提高题

1. 设 $(X_1, X_2, \cdots, X_n)$ 是来自正态总体 $N(\mu, \sigma^2)$ 的一个样本,试求统计量 $U = \sum_{i=1}^{n} c_i X_i$ 的分布,其中 $c_1, c_2, \cdots, c_n$ 为不全为零的常数.

2. 设 $(X_1, X_2, \cdots, X_n)$ 是来自总体 X 的一个样本,在下列三种情况下,分别求出 $E(\overline{X}), D(\overline{X}), E(S^2)$.

   (1) $X \sim B(1, p)$; (2) $X \sim E(\lambda)$; (3) $X \sim U(0, \theta), \theta > 0$.

3. 设总体 $X \sim N(\mu, \sigma^2)$,$(X_1, X_2, \cdots, X_{10})$ 是来自总体 X 的样本.

   (1) 求 $(X_1, X_2, \cdots, X_{10})$ 的联合概率密度函数; (2) 求 $\overline{X}$ 的概率密度函数.

4. 设总体 X 的期望为 μ,方差为 σ^2,如果要求至少以 95% 的概率保证 $|\overline{X} - \mu| \leqslant 0.1\sigma$,试求样本容量至少是多少?

第三节 三大重要分布

在取得样本以后,常常借助统计量对总体的分布和数字特征进行推断.为此,需要进一步确定统计量所服从的分布.下面介绍几个常用的来自正态总体的样本所构成的统计量的分布,即 χ^2 分布、t 分布和 F 分布.

一、χ^2分布

1. χ^2分布的定义

定义 1 设 $X_1, X_2, \cdots, X_n$ 是相互独立且服从标准正态分布的随机变量，则随机变量

$$\chi^2 = X_1^2 + X_2^2 + \cdots + X_n^2 = \sum_{i=1}^n X_i^2$$

称为服从自由度为 n 的 χ^2 分布，记为 $\chi^2 \sim \chi^2(n)$．

χ^2 分布的概率密度函数为

$$f(x) = \begin{cases} \dfrac{1}{2^{\frac{n}{2}} \Gamma\left(\dfrac{n}{2}\right)} x^{\frac{n}{2}-1} e^{-\frac{x}{2}}, & x > 0, \\ 0, & x \leqslant 0. \end{cases}$$

其中 $\Gamma(\cdot)$ 为伽马函数，

$$\Gamma(t) = \int_0^{+\infty} x^{t-1} e^{-x} dx \quad (t>0).$$

χ^2 分布的概率密度函数的图形，如图 6-1 所示．

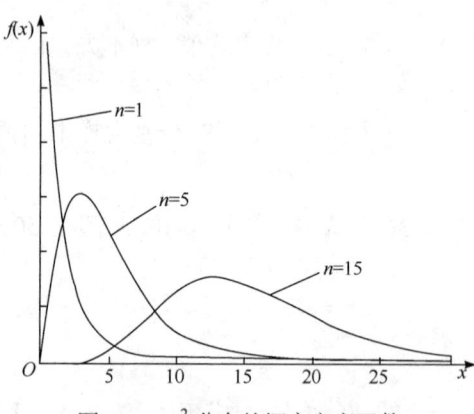

图 6-1 χ^2 分布的概率密度函数

由图 6-1 可以看出，χ^2 分布的密度函数曲线是不对称的，其形状与自由度 n 有关，随自由度 n 的增大图形逐渐接近正态分布．

若 $X_1, X_2, \cdots, X_n$ 相互独立，且均服从 $N(\mu, \sigma^2)$，则 $\dfrac{X_i - \mu}{\sigma} \sim N(0,1)$．从而统计量 $\chi^2 = \dfrac{1}{\sigma^2} \sum_{i=1}^n (X_i - \mu)^2$ 服从自由度为 n 的 χ^2 分布．

2. χ^2分布的性质

(1) χ^2 分布的数学期望和方差．

若 $\chi^2 \sim \chi^2(n)$，则 $E(\chi^2) = n$, $D(\chi^2) = 2n$．

证明 因为 $X_i \sim N(0,1), i = 1, 2, \cdots, n$，所以

$$E(\chi^2) = E\left(\sum_{i=1}^n X_i^2\right) = \sum_{i=1}^n E(X_i^2) = \sum_{i=1}^n [D(X_i) + (E(X_i))^2] = \sum_{i=1}^n D(X_i) = \sum_{i=1}^n 1 = n.$$

因为

$$D(X_i^2) = E(X_i^4) - (E(X_i^2))^2 = E(X_i^4) - 1 = \frac{1}{\sqrt{2\pi}} \int_{-\infty}^{+\infty} x^4 e^{-\frac{x^2}{2}} dx - 1 = 3 - 1 = 2,$$

所以
$$D(\chi^2) = D\left(\sum_{i=1}^{n} X_i^2\right) = \sum_{i=1}^{n} D(X_i^2) = \sum_{i=1}^{n} 2 = 2n.$$

(2) χ^2 分布的可加性.

设 $X \sim \chi^2(n_1)$, $Y \sim \chi^2(n_2)$, 且 X, Y 相互独立, 则 $X + Y \sim \chi^2(n_1 + n_2)$.

例 1 设 $(X_1, X_2, \cdots, X_6)$ 是来自总体 $N(0,1)$ 的样本, 又设
$$Y = (X_1 + X_2 + X_3)^2 + (X_4 + X_5 + X_6)^2.$$

试求常数 C, 使 CY 服从 χ^2 分布.

解 因为 $X_1 + X_2 + X_3 \sim N(0,3)$, $X_4 + X_5 + X_6 \sim N(0,3)$, 所以
$$\frac{X_1 + X_2 + X_3}{\sqrt{3}} \sim N(0,1), \quad \frac{X_4 + X_5 + X_6}{\sqrt{3}} \sim N(0,1)$$

且它们相互独立. 于是
$$\left(\frac{X_1 + X_2 + X_3}{\sqrt{3}}\right)^2 + \left(\frac{X_4 + X_5 + X_6}{\sqrt{3}}\right)^2 \sim \chi^2(2).$$

故 $C = \dfrac{1}{3}$ 时, $\dfrac{1}{3}Y$ 服从 χ^2 分布.

3. χ^2 分布的 α 分位数

设 $\chi^2 \sim \chi^2(n)$, 对于给定的正数 $\alpha (0 < \alpha < 1)$, 称满足
$$P\{\chi^2 > \chi_\alpha^2(n)\} = \int_{\chi_\alpha^2(n)}^{+\infty} f(x) \mathrm{d}x = \alpha$$

的数 $\chi_\alpha^2(n)$ 为 χ^2 分布的上侧 α 分位数, 如图 6-2 所示.

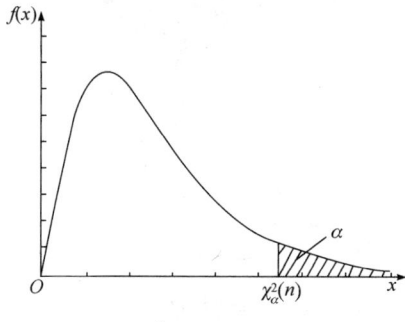

图 6-2 χ^2 分布的上侧分位数

对于 $\chi_\alpha^2(n)$, 我们按 $P\{\chi^2 > \chi_\alpha^2(n)\} = \alpha\ (0 < \alpha < 1)$ 制成了 χ^2 的分位数表, 对于不同的 α 和 n, 可以通过查附表 4 得到所需要的上侧 α 分位数. 例如, 查表可得

$$\chi^2_{0.1}(15) = 22.3071, \quad \chi^2_{0.05}(10) = 18.307.$$

例 2 设 $(X_1, X_2, \cdots, X_8)$ 是取自正态总体 $N(\mu, 0.1^2)$ 的一个样本, 其中 μ 未知, 求 $P\left\{\sum_{i=1}^{8}(X_i-\mu)^2 \geqslant 0.1\right\}$.

解 因为 $X_i \sim N(\mu, 0.1^2)$, 所以 $\dfrac{X_i-\mu}{0.1} \sim N(0,1)$, $i=1,2,\cdots,8$, 从而

$$\sum_{i=1}^{8}\left(\frac{X_i-\mu}{0.1}\right)^2 \sim \chi^2(8).$$

故 $P\left\{\sum_{i=1}^{8}(X_i-\mu)^2 \geqslant 0.1\right\} = P\left\{\sum_{i=1}^{8}\left(\dfrac{X_i-\mu}{0.1}\right)^2 \geqslant \dfrac{0.1}{0.1^2}\right\} = P\left\{\sum_{i=1}^{8}\left(\dfrac{X_i-\mu}{0.1}\right)^2 \geqslant 10\right\}$. 查 χ^2 分布表得 $P\left\{\sum_{i=1}^{8}(X_i-\mu)^2 \geqslant 0.1\right\} = 0.25$.

二、t 分布

1. t 分布的定义

定义 2 设 $X \sim N(0,1)$, $Y \sim \chi^2(n)$, 且 X 与 Y 相互独立, 则称随机变量 $T = \dfrac{X}{\sqrt{\dfrac{Y}{n}}}$ 服从自由度为 n 的 t 分布, 记为 $T \sim t(n)$.

t 分布的概率密度函数为

$$f(x) = \frac{\Gamma((n+1)/2)}{\sqrt{n\pi}\cdot\Gamma(n/2)}\left(1+\frac{x^2}{n}\right)^{-(n+2)/2}, \quad x \in \mathbb{R}.$$

t 分布的概率密度函数的图形如图 6-3 所示.

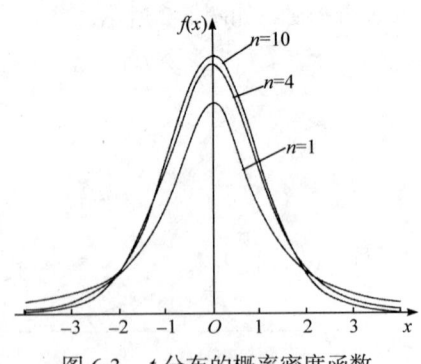

图 6-3 t 分布的概率密度函数

2. t 分布的性质

(1) $f(x)$ 的图形是关于 y 轴对称的, 且 $\lim\limits_{x \to \infty} f(x) = 0$;

(2) 当 n 充分大时，t 分布近似于标准正态分布，即

$$\lim_{n\to+\infty} f(x) = \frac{1}{\sqrt{2\pi}} e^{-\frac{x^2}{2}}, \quad -\infty < x < +\infty.$$

3. t 分布的 α 分位数

设 $T \sim t(n)$，对于给定的正数 α ($0 < \alpha < 1$)，称满足 $P\{T > t_\alpha(n)\} = \int_{t_\alpha(n)}^{+\infty} f(x)\mathrm{d}x = \alpha$ 的数 $t_\alpha(n)$ 为 t 分布的**上侧 α 分位数**，如图 6-4 所示.

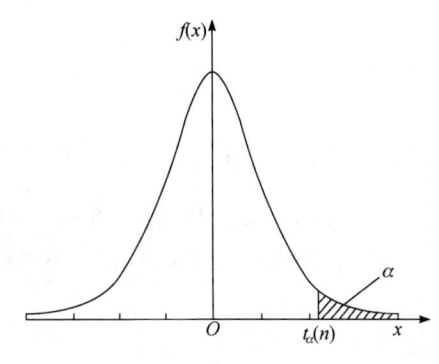

图 6-4 t 分布的上侧 α 分位数

由 t 分布的上侧 α 分位数的定义及 $f(x)$ 图形的对称性知

$$\int_{-t_\alpha(n)}^{+\infty} f(x)\mathrm{d}x = 1-\alpha,$$

所以

$$t_{1-\alpha}(n) = -t_\alpha(n).$$

t 分布的上侧 α 分位数可以从附表 5 中查到. 在实际应用中，当 $n > 45$ 时，就用标准正态分布的分位数近似代替 t 分布的分位数，即

$$t_\alpha(n) \approx u_\alpha,$$

其中 u_α 是 $N(0,1)$ 的上侧 α 分位数.

例如，当 $n = 50$，$\alpha = 0.01$ 时，$t_{0.01}(50) \approx u_{0.01} = 2.4033$.

注 t 分布是统计学中的一个非常重要的分布，它与标准正态分布的微小差别是英国的一家酿酒厂的化学技师——戈塞特发现的. 他在长期从事试验数据的分析中发现了 t 分布，并在 1908 年以笔名"Student"发表此项结果，故后人又称 t 分布为"学生分布".

例 3 设随机变量 $X \sim N(1,1)$，随机变量 Y_1, Y_2, Y_3, Y_4 均服从 $N(0,1)$，且 X, Y_1, Y_2, Y_3, Y_4 相互独立，令 $T = \dfrac{X-1}{\sqrt{\sum_{i=1}^{4} Y_i^2 \Big/ 4}}$. 试求 T 的分布，并求 t_0 的值，使 $P\{|T| > t_0\} = 0.2$.

解 由于 $X-1 \sim N(0,1), Y_i \sim N(0,1), i=1,2,3,4, \sum_{i=1}^{4} Y_i^2 \sim \chi^2(4)$，故由 t 分布定义可知，

$$T = \frac{X-1}{\sqrt{\sum_{i=1}^{4} Y_i^2 / 4}} \sim t(4),$$

即 T 服从自由度为 4 的 t 分布. 由于 $P\{T > t_0\} = 0.1$，对于 $n=4, \alpha=0.1$，查表得 $t_0 = t_{\alpha/2}(4) = 1.5332$.

三、F 分布

1. F 分布的定义

定义3 设 $X \sim \chi^2(m)$，$Y \sim \chi^2(n)$，且 X 与 Y 相互独立，则称随机变量 $F = \dfrac{X/m}{Y/n}$ 服从自由度为 (m,n) 的 F 分布，记为 $F \sim F(m,n)$，其中 m 称为**第一自由度**，n 称为**第二自由度**.

注 F 分布是以统计学家费希尔(R. A. Fisher)的姓氏命名的，主要用于方差分析、回归分析、协方差分析等.

F 分布的概率密度函数为

$$f(x) = \begin{cases} \dfrac{\Gamma\left(\dfrac{n+m}{2}\right)}{\Gamma\left(\dfrac{n}{2}\right) \cdot \Gamma\left(\dfrac{m}{2}\right)} \left(\dfrac{m}{n}\right)^{\frac{m}{2}} x^{\frac{m}{2}-1} \left(1 + \dfrac{m}{n} x\right)^{-\frac{n+m}{2}}, & x > 0, \\ 0, & x \leqslant 0. \end{cases}$$

F 分布的概率密度函数的图形，如图 6-5 所示.

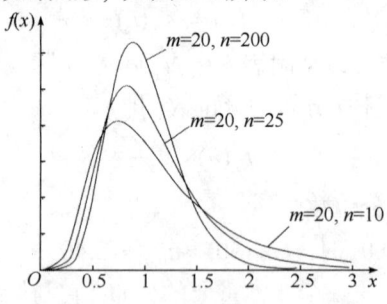

图 6-5 F 分布的概率密度函数

2. F 分布的分位数

设 $F \sim F(m,n)$，对于给定的正数 $\alpha (0 < \alpha < 1)$，称满足

$$P\{F > F_\alpha(m,n)\} = \int_{F_\alpha(m,n)}^{+\infty} f(x) \mathrm{d}x = \alpha$$

的数 $F_\alpha(m,n)$ 为 F 分布的**上侧 α 分位数**，如图 6-6 所示. 上侧 α 分位数可查表得到 (见本书附表6).

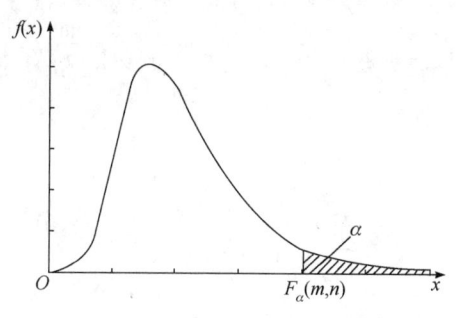

图 6-6　F 分布的上侧 α 分位数

3. F 分布的性质

(1) 如果 $F \sim F(m,n)$，则 $\dfrac{1}{F} \sim F(n,m)$；

(2) 如果 $F \sim F(m,n)$，则 $F_{1-\alpha}(n,m) = \dfrac{1}{F_\alpha(m,n)}$.

证明　(1) 略.

(2) 由于
$$P\{F > F_\alpha(m,n)\} = \alpha,$$

所以
$$P\{F \leqslant F_\alpha(m,n)\} = 1 - P\{F > F_\alpha(m,n)\} = 1 - \alpha.$$

于是
$$P\left\{\frac{1}{F} > \frac{1}{F_\alpha(m,n)}\right\} = 1 - \alpha,$$

再由
$$P\left\{\frac{1}{F} > F_{1-\alpha}(n,m)\right\} = 1 - \alpha,$$

故有
$$F_{1-\alpha}(n,m) = \frac{1}{F_\alpha(m,n)} \quad \text{或} \quad F_\alpha(m,n) = \frac{1}{F_{1-\alpha}(n,m)}.$$

这个性质常用于求 F 分位数表中没有列出的某些值，例如，设 $F \sim F(15,12)$，$\alpha = 0.05$，则由附表查得 $F_{0.05}(15,12) = 2.62$，从而
$$F_{0.95}(12,15) = 1/F_{0.05}(15,12) = 1/2.62 \approx 0.382.$$

例 4　设总体 $X \sim N(0,1)$，$(X_1, X_2, \cdots, X_{10})$ 是来自总体 X 的样本，试问统计量
$$Y = \frac{3}{2} \cdot \frac{\sum\limits_{i=1}^{4} X_i^2}{\sum\limits_{i=5}^{10} X_i^2}$$
服从何种分布？

解 因为 $X_i \sim N(0,1), i=1,2,\cdots,10$，故 $\sum_{i=1}^{4} X_i^2 \sim \chi^2(4)$，$\sum_{i=5}^{10} X_i^2 \sim \chi^2(6)$，且 $\sum_{i=1}^{4} X_i^2, \sum_{i=5}^{10} X_i^2$ 相互独立，故

$$Y = \frac{3}{2} \cdot \frac{\sum_{i=1}^{4} X_i^2}{\sum_{i=5}^{10} X_i^2} = \frac{\sum_{i=1}^{4} X_i^2 / 4}{\sum_{i=5}^{10} X_i^2 / 6} \sim F(4,6).$$

习题 6-3

(A) 基础题

1. 查表分别写出如下分位数的值：

$$\chi_{0.75}^2(8), \quad \chi_{0.9}^2(10), \quad t_{0.10}(10), \quad t_{0.025}(5), \quad F_{0.1}(4,5), \quad F_{0.95}(3,7).$$

2. (1) 设 $X \sim \chi^2(8)$，求常数 a, c，使 $P\{X \leqslant a\} = 0.05, P\{X > c\} = 0.05$；

(2) 设 $T \sim t(5)$，求常数 c，使 $P\{|T| \leqslant c\} = 0.9$；

(3) 设 $F \sim F(6,9)$，求常数 a, c，使 $P\{X \leqslant a\} = 0.05, P\{X > c\} = 0.05$.

3. 设 $(X_1, X_2, \cdots, X_{10})$ 为 $X \sim N(0, 0.1^2)$ 的一个样本，求 $P\left\{\sum_{i=1}^{10} X_i^2 > 0.12\right\}$.

4. 设 $(X_1, X_2, \cdots, X_n)$ 是来自正态总体 $X \sim N(0,1)$ 的样本，试求下列统计量的分布：

(1) $\dfrac{\sqrt{n-1} X_1}{\sqrt{\sum_{i=2}^{n} X_i^2}}$； (2) $\dfrac{(n-3) \sum_{i=1}^{3} X_i^2}{3 \sum_{i=4}^{n} X_i^2}$.

(B) 提高题

1. 设 $(X_1, X_2, \cdots, X_8)$ 是来自总体 $N(0, 2^2)$ 的样本，试求统计量 $\eta = \sum_{i=1}^{8} X_i^2$ 不少于 40 的概率.（已知：自由度 $n=8$ 时，$P\{\chi^2 \geqslant 40\} = 0$，$P\{\chi^2 \geqslant 20\} = 0.005, P\{\chi^2 \geqslant 10\} = 0.27$）

2. 设 $(X_1, X_2, X_3, X_4, X_5)$ 是来自总体 $N(0,1)$ 的样本，令 $Y = \dfrac{c(X_1 + X_2)}{\sqrt{\sum_{i=3}^{5} X_i^2}}$，求常数 c，使统计量 Y 服从 t 分布.

3. 设随机变量 X 服从自由度为 k 的 t 分布，证明：随机变量 $Y = X^2$ 服从自由度为 $(1, k)$ 的 F 分布.

第四节　常用统计量的分布

统计推断是在统计量的基础上做出的，所以如何获得统计量所服从的分布就是十分重要的事情，而要想确定统计量的分布却是非常困难的. 但在概率论与数理统计中，正态总体的统计量却有着非常理想的结论，下面我们介绍正态总体的几个重要的抽样分布.

一、一个正态总体的抽样分布

定理 1　设 $(X_1, X_2, \cdots, X_n)$ 是来自正态总体 $N(\mu, \sigma^2)$ 的样本，$\bar{X} = \dfrac{1}{n}\sum\limits_{i=1}^{n} X_i$ 和 $S^2 = \dfrac{1}{n-1}\sum\limits_{i=1}^{n}(X_i - \bar{X})^2$ 分别为样本均值和样本方差，则

(1) $\bar{X} \sim N\left(\mu, \dfrac{1}{n}\sigma^2\right)$, $\dfrac{\bar{X} - \mu}{\sigma/\sqrt{n}} \sim N(0, 1)$;

(2) $\dfrac{\sum\limits_{i=1}^{n}(X_i - \mu)^2}{\sigma^2} \sim \chi^2(n)$;

(3) $\dfrac{(n-1)S^2}{\sigma^2} \sim \chi^2(n-1)$ 或 $\dfrac{1}{\sigma^2}\sum\limits_{i=1}^{n}(X_i - \bar{X})^2 \sim \chi^2(n-1)$;

(4) $\bar{X}$ 与 S^2 相互独立.

注　这里我们略去定理的证明. 这是最基本的结论，后面三个定理的证明都要用到它们.

定理 2　设 $(X_1, X_2, \cdots, X_n)$ 是来自正态总体 $N(\mu, \sigma^2)$ 的样本，$\bar{X}$ 和 S^2 分别为样本均值和样本方差，则

$$T = \dfrac{\bar{X} - \mu}{S/\sqrt{n}} \sim t(n-1).$$

证明　由于 $\bar{X}$ 与 S^2 相互独立，且 $\dfrac{\bar{X} - \mu}{\sigma/\sqrt{n}} \sim N(0,1)$, $\dfrac{(n-1)S^2}{\sigma^2} \sim \chi^2(n-1)$. 故

$$\dfrac{\dfrac{\bar{X} - \mu}{\sigma/\sqrt{n}}}{\sqrt{\dfrac{(n-1)S^2}{\sigma^2} \Big/ (n-1)}} = \dfrac{\bar{X} - \mu}{S/\sqrt{n}} \sim t(n-1).$$

二、两个正态总体的抽样分布

定理 3　设 $(X_1, X_2, \cdots, X_m)$ 和 $(Y_1, Y_2, \cdots, Y_n)$ 分别是来自正态总体 $N(\mu_1, \sigma_1^2)$ 和

$N(\mu_2, \sigma_2^2)$ 的样本，且它们相互独立，设 S_1^2 和 S_2^2 分别为两个样本的样本方差，则

(1) $\dfrac{(\overline{X}-\overline{Y})-(\mu_1-\mu_2)}{\sqrt{\dfrac{\sigma_1^2}{m}+\dfrac{\sigma_2^2}{n}}} \sim N(0,1)$；

(2) $\dfrac{\sum\limits_{i=1}^{m}(X_i-\mu_1)^2 \Big/ (m\sigma_1^2)}{\sum\limits_{i=1}^{n}(Y_i-\mu_2)^2 \Big/ (n\sigma_2^2)} \sim F(m,n)$；

(3) $\dfrac{S_1^2/\sigma_1^2}{S_2^2/\sigma_2^2} \sim F(m-1, n-1)$.

特别地，当 $\sigma_1^2 = \sigma_2^2$ 时，有 $\dfrac{S_1^2}{S_2^2} \sim F(m-1, n-1)$.

证明 (1) 因为 $\overline{X} \sim N\left(\mu_1, \dfrac{\sigma_1^2}{m}\right)$, $\overline{Y} \sim N\left(\mu_2, \dfrac{\sigma_2^2}{n}\right)$, $\overline{X}$ 与 $\overline{Y}$ 相互独立，根据独立的正态分布的线性性质知

$$\overline{X} - \overline{Y} \sim N\left(\mu_1 - \mu_2, \dfrac{\sigma_1^2}{m} + \dfrac{\sigma_2^2}{n}\right),$$

即 $\dfrac{\overline{X}-\overline{Y}-(\mu_1-\mu_2)}{\sqrt{\dfrac{\sigma_1^2}{m}+\dfrac{\sigma_2^2}{n}}} \sim N(0,1)$.

(2) 由于

$$\dfrac{X_i - \mu_1}{\sigma_1} \sim N(0,1), \quad i=1,2,\cdots,m,$$

$$\dfrac{Y_i - \mu_2}{\sigma_2} \sim N(0,1), \quad i=1,2,\cdots,n.$$

故由 χ^2 分布的定义知

$$\dfrac{1}{\sigma_1^2}\sum_{i=1}^{m}(X_i-\mu_1)^2 \sim \chi^2(m), \quad \dfrac{1}{\sigma_2^2}\sum_{i=1}^{n}(Y_i-\mu_2)^2 \sim \chi^2(n),$$

且两者相互独立. 于是，由 F 分布的定义可得

$$\dfrac{\sum\limits_{i=1}^{m}(X_i-\mu_1)^2 \Big/ (m\sigma_1^2)}{\sum\limits_{i=1}^{n}(Y_i-\mu_2)^2 \Big/ (n\sigma_2^2)} \sim F(m,n).$$

(3) 由定理 1 知
$$\frac{(m-1)S_1^2}{\sigma_1^2} = \frac{1}{\sigma_1^2}\sum_{i=1}^{m}(X_i - \overline{X})^2 \sim \chi^2(m-1),$$
$$\frac{(n-1)S_2^2}{\sigma_2^2} = \frac{1}{\sigma_2^2}\sum_{i=1}^{n}(Y_i - \overline{Y})^2 \sim \chi^2(n-1),$$

且两者相互独立,于是,由 F 分布的定义即得所要的结论.

定理 4 设 $(X_1, X_2, \cdots, X_m)$ 和 $(Y_1, Y_2, \cdots, Y_n)$ 分别是来自正态总体 $N(\mu_1, \sigma^2)$ 和 $N(\mu_2, \sigma^2)$ 的样本,且它们相互独立,则
$$T = \frac{(\overline{X} - \overline{Y}) - (\mu_1 - \mu_2)}{S_\omega\sqrt{\frac{1}{m} + \frac{1}{n}}} \sim t(m+n-2),$$

其中 $S_\omega^2 = \frac{1}{m+n-2}\left[\sum_{i=1}^{m}(X_i - \overline{X})^2 + \sum_{i=1}^{n}(Y_i - \overline{Y})^2\right] = \frac{(m-1)S_1^2 + (n-1)S_2^2}{m+n-2}$. $\overline{X}$ 和 $\overline{Y}$ 分别为两个总体的样本均值, S_1^2 和 S_2^2 分别为两个总体的样本方差.

证明 由定理 1 知
$$\frac{1}{\sigma^2}\sum_{i=1}^{m}(X_i - \overline{X})^2 \sim \chi^2(m-1),$$
$$\frac{1}{\sigma^2}\sum_{i=1}^{n}(Y_i - \overline{Y})^2 \sim \chi^2(n-1),$$

且两者相互独立. 因此,由 χ^2 的性质可得
$$\frac{1}{\sigma^2}\left[\sum_{i=1}^{m}(X_i - \overline{X})^2 + \sum_{i=1}^{n}(Y_i - \overline{Y})^2\right] \sim \chi^2(m+n-2),$$

而

$$\frac{\overline{X} - \overline{Y} - (\mu_1 - \mu_2)}{S_\omega\sqrt{\frac{1}{m} + \frac{1}{n}}} = \frac{\dfrac{\overline{X} - \overline{Y} - (\mu_1 - \mu_2)}{\sqrt{\dfrac{\sigma^2}{m} + \dfrac{\sigma^2}{n}}}}{\sqrt{\dfrac{\dfrac{1}{\sigma^2}\left[\sum_{i=1}^{m}(X_i - \overline{X})^2 + \sum_{i=1}^{n}(Y_i - \overline{Y})^2\right]}{m+n-2}}}$$

$$= \frac{\dfrac{\overline{X} - \overline{Y} - (\mu_1 - \mu_2)}{\sigma\sqrt{\dfrac{1}{m} + \dfrac{1}{n}}}}{\sqrt{\dfrac{\dfrac{1}{\sigma^2}\left[\sum_{i=1}^{m}(X_i - \overline{X})^2 + \sum_{i=1}^{n}(Y_i - \overline{Y})^2\right]}{m+n-2}}},$$

又因为

$$\frac{\bar{X}-\bar{Y}-(\mu_1-\mu_2)}{\sigma\sqrt{\frac{1}{m}+\frac{1}{n}}}\sim N(0,1),$$

且与分母相互独立，故由 t 分布的定义知定理的结论成立.

习题 6-4

(A) 基础题

1. 设总体 $X\sim N(1,4)$，$(X_1,X_2,\cdots,X_n)$ 是来自总体 X 的样本. $\bar{X}$ 是样本均值，则 $\bar{X}$ 服从何种分布，$\dfrac{\bar{X}-1}{2/\sqrt{n}}$ 服从何种分布.

2. 设总体 $X\sim N(\mu,\sigma^2)$，$(X_1,X_2,\cdots,X_{20})$ 是来自总体 X 的样本，$Y=3\sum\limits_{i=1}^{10}X_i-4\sum\limits_{i=11}^{20}X_i$，求 Y 的分布.

3. 设总体 X,Y 都服从正态分布 $N(0,3^2)$，且 X,Y 相互独立. $(X_1,X_2,\cdots,X_9)$ 和 $(Y_1,Y_2,\cdots,Y_9)$ 分别是来自 X 和 Y 的样本，求统计量 $W=\dfrac{X_1+X_2+\cdots+X_9}{\sqrt{Y_1^2+Y_2^2+\cdots+Y_9^2}}$ 的分布.

4. 总体 $X\sim N(100,25^2)$，现从中抽取 25 个样本，求 $P\{90\leqslant\bar{X}\leqslant 95\}$.

5. 设 $(X_1,X_2,\cdots,X_8)$ 是来自正态总体 $X\sim N(0,\sigma^2)$ 的样本，求下列随机变量的分布：

(1) $Y=\dfrac{1}{\sigma^2}\sum\limits_{i=1}^{8}X_i^2$； (2) $T=\dfrac{2X_5}{\sqrt{\sum\limits_{i=1}^{4}X_i^2}}$； (3) $F=\dfrac{\sum\limits_{i=1}^{4}X_i^2}{\sum\limits_{i=5}^{8}X_i^2}$.

(B) 提高题

1. 设总体 $X\sim N(\mu,\sigma^2)$，从总体中抽取容量为 16 的样本，

(1) 已知 $\sigma=2$，求 $P\{|\bar{X}-\mu|<0.5\}$；

(2) σ 未知，样本方差 $s^2=5.33$，求 $P\{|\bar{X}-\mu|<0.5\}$.

2. 在设计导弹发射装置时，重要事情之一是研究弹着点偏离目标中心距离的方差. 对于一类导弹发射装置，弹着点偏离目标中心的距离服从正态分布 $N(\mu,50)$，现在进行了 26 次发射试验，用 S^2 表示弹着点偏离目标中心距离的样本方差. 求 $P\{S^2\leqslant 74\}$.

3. 设两个总体 X 和 Y 都服从正态分布 $N(10,5)$. 现在从总体 X 和 Y 中分别抽取容量为 $n_1=20,n_2=10$ 的两个样本，求 $P\{|\bar{X}-\bar{Y}|>0.7\}$.

4. 设总体 $X\sim N(10,3^2)$，$Y\sim N(5,6^2)$，且 X,Y 相互独立. $(X_1,X_2,\cdots,X_{10})$ 和 $(Y_1,Y_2,\cdots,Y_8)$ 分别是来自 X 和 Y 的样本，求 $P\left\{\dfrac{S_1^2}{S_2^2}<0.68\right\}$.

思维导图

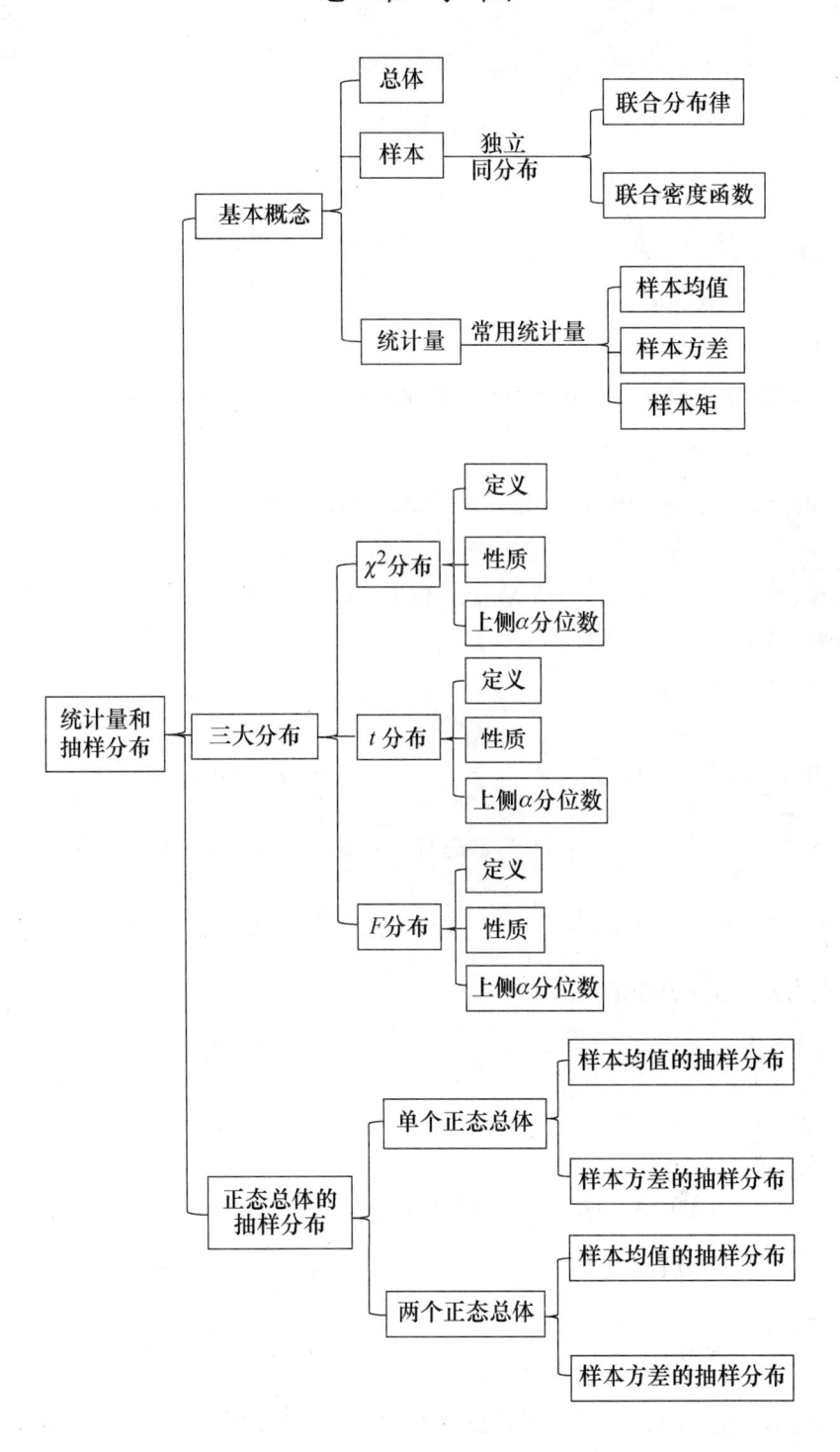

- 统计量和抽样分布
  - 基本概念
    - 总体
    - 样本 — 独立同分布
      - 联合分布律
      - 联合密度函数
    - 统计量 — 常用统计量
      - 样本均值
      - 样本方差
      - 样本矩
  - 三大分布
    - χ^2分布
      - 定义
      - 性质
      - 上侧α分位数
    - t分布
      - 定义
      - 性质
      - 上侧α分位数
    - F分布
      - 定义
      - 性质
      - 上侧α分位数
  - 正态总体的抽样分布
    - 单个正态总体
      - 样本均值的抽样分布
      - 样本方差的抽样分布
    - 两个正态总体
      - 样本均值的抽样分布
      - 样本方差的抽样分布

自 测 题 六

1. 简单随机样本的两个基本特点是_____、_____.

2. 设 $(X_1, X_2, \cdots, X_n)$ 是来自正态总体 $N(\mu, \sigma^2)$ 的样本，则 $\overline{X} \sim$ _____，$\dfrac{(n-1)S^2}{\sigma^2} \sim$ _____，$\dfrac{\sqrt{n}(\overline{X} - \mu)}{S} \sim$ _____.

3. 设 (X_1, X_2, X_3, X_4) 是来自正态总体 $N(0, 2^2)$ 的样本，$X = a(X_1 - 2X_2)^2 + b(3X_3 - 4X_4)^2$，则当 $a =$ _____，$b =$ _____ 时，统计量 X 服从 χ^2 分布，其自由度为_____.

4. 设随机变量 $X \sim N(0,1)$，随机变量 $Y \sim \chi^2(n)$，X, Y 相互独立，$Z = \dfrac{X}{\sqrt{Y/n}}$，则 $Z \sim$ _____，$Z^2 \sim$ _____.

5. 设随机变量 $X \sim N(0,1)$，u_α 表示标准正态分布的上侧 α 分位数，则 $P\{|X| \geqslant u_{0.25}\} =$ _____.

6. 设 (X_1, X_2, X_3) 是来自总体 $N(\mu, \sigma^2)$ 的一组样本，其中 μ 已知，σ 未知，则下列样本的函数中，不是统计量的是( ).

A. $\dfrac{1}{3}(X_1 + X_2 + X_3)$; B. $X_1 + X_2 + 2\mu$;

C. $\max(X_1, X_2, X_3)$; D. $\dfrac{1}{\sigma^2}(X_1^2 + X_2^2 + X_3^2)$.

7. 设 $(X_1, X_2, \cdots, X_n)$ 是来自正态总体 $N(\mu, \sigma^2)$ 的样本，$S_1^2 = \dfrac{1}{n-1}\sum_{i=1}^{n}(X_i - \overline{X})^2$，$S_2^2 = \dfrac{1}{n}\sum_{i=1}^{n}(X_i - \overline{X})^2$，$S_3^2 = \dfrac{1}{n-1}\sum_{i=1}^{n}(X_i - \mu)^2$，$S_4^2 = \dfrac{1}{n}\sum_{i=1}^{n}(X_i - \mu)^2$，则下列随机变量服从自由度为 $n-1$ 的 t 分布的是( ).

A. $\dfrac{\overline{X} - \mu}{S_1/\sqrt{n}}$; B. $\dfrac{\overline{X} - \mu}{S_2/\sqrt{n}}$;

C. $\dfrac{\overline{X} - \mu}{S_3/\sqrt{n}}$; D. $\dfrac{\overline{X} - \mu}{S_4/\sqrt{n}}$.

8. 设 $X \sim N(1, 3^2)$，$(X_1, X_2, \cdots, X_n)$ 为来自总体 X 的样本，则( ).

A. $\dfrac{\overline{X} - 1}{3} \sim N(0,1)$; B. $\dfrac{\overline{X} - 1}{3/\sqrt{n}} \sim N(0,1)$;

C. $\dfrac{\overline{X} - 1}{9} \sim N(0,1)$; D. $\dfrac{\overline{X} - 1}{\sqrt{3}/\sqrt{n}} \sim N(0,1)$.

9. 设 $(X_1, X_2, \cdots, X_n)$ 为来自正态总体 X 的样本，$\overline{X}$ 为样本均值，则下列结论不成立的是( ).

A. $\overline{X}$ 与 $\sum_{i=1}^{n}(X_i-\overline{X})^2$ 独立； B. 当 $i\neq j$ 时，X_i 与 X_j 独立；

C. $\sum_{i=1}^{n}X_i$ 与 $\sum_{i=1}^{n}X_i^2$ 独立； D. 当 $i\neq j$ 时，X_i 与 X_j^2 独立.

10. 取自总体 $X\sim N(30,4)$ 的容量为 16 的一组样本，计算 $P\{29<\overline{X}<31\}$.

11. 设 $(X_1,X_2,\cdots,X_n)$ 为来自总体 X 的样本，$E(X)=\mu$，$E[(X-\mu)^k]=\mu_k$，试证明 $E\left[\dfrac{1}{n}\sum_{i=1}^{n}(X_i-\mu)^k\right]=\mu_k$.

阅读材料：数理统计学的发展历史

数理统计学是收集和分析带随机性的数据的科学和艺术. 它是伴随着概率论的发展而发展起来的，在 17 世纪，数学家如帕斯卡、费马和伯努利等开始研究概率的理论和方法，为后来的统计学做出了重要贡献. 数理统计学的发展大致可分三个时期.

第一时期：20 世纪以前. 这是描述性统计学的形成和发展阶段，是数理统计的萌芽时期. 在这一时期里，英国数学家贝叶斯(Bayes)提出了贝叶斯方法，开创了数理统计的先河. 法国数学家棣莫弗首次发现了正态分布的密度函数，为整个大样本理论奠定了基础. 德国数学家高斯发现了最小二乘法，并应用于观测数据的误差分析.

第二时期：20 世纪初到 1945 年. 数理统计的进一步发展和成熟，包括费希尔给出了 F 统计量、最大似然估计、方差分析等方法和思想；奈曼和皮尔逊(Pearson)提出了置信区间估计和假设检验，亚伯拉罕·瓦尔德(Abraham Wald)提出了统计决策函数等，数理统计的一些重要分支如假设检验、回归分析、方差分析、正交设计等都有了决定其基本面貌的内容和理论框架.

第三时期：现代时期(1945 年至今). 自 20 世纪 50 年代以来，统计理论、方法和应用进入了一个全面发展的新阶段. 一方面，数理统计学受计算机科学、信息论、混沌理论、人工智能等现代科学技术的影响，新的研究领域层出不穷，产生了诸如蒙特卡罗方法、数据挖掘和机器学习等新的研究领域. 另一方面，数理统计方法的应用领域不断扩展，已渗透到许多科学领域，应用到国民经济各个部门，成为科学研究不可缺少的工具.

第七章 参 数 估 计

统计推断是利用样本提供的信息,对总体的分布以及分布的数字特征进行推断,是数理统计的重要内容.它包括两大核心内容:参数估计和假设检验.本章介绍参数估计的基本原理和方法.当总体的分布是已知的,对其所含未知参数的值(或取值范围)做出估计即为参数估计问题.参数估计又分为点估计和区间估计两种.

第一节 点 估 计

因为样本是来自总体的,所以在一定程度上能够反映总体的性质,因此我们借助于样本来完成参数的估计问题,常用样本的统计量来估计总体的未知参数.若对总体的未知参数做定值估计,则称为参数的点估计.

定义 1 设样本 $(X_1, X_2, \cdots, X_n)$ 来自分布函数为 $F(x; \theta_1, \theta_2, \cdots, \theta_k)$ 的总体,其中 $\theta_1, \theta_2, \cdots, \theta_k$ 是未知参数.构造样本 $(X_1, X_2, \cdots, X_n)$ 的 k 个函数 $\hat{\theta}_i = \hat{\theta}_i(X_1, X_2, \cdots, X_n)$, $i = 1, 2, \cdots, k$, 分别用 $\hat{\theta}_i$ 估计未知参数 θ_i, 称 $\hat{\theta}_i$ 是 θ_i 的**估计量**.

若将样本的观测值 $x_1, x_2, \cdots, x_n$ 代入 $\hat{\theta}_i$, 得到具体数值 $\hat{\theta}_i(x_1, x_2, \cdots, x_n)$, 称该数值为 θ_i ($i = 1, 2, \cdots, k$) 的**估计值**.

需要注意的是,由于估计量是样本的函数,因此对于不同的样本观测值, θ_i 的估计值一般是不相同的.

下面介绍两种常用的构造估计量的方法:矩估计法和最大似然估计法.

一、矩估计法

矩估计法是求估计量的最古老的方法之一,是由皮尔逊在 19 世纪初提出的一个替换原则,其基本思想是以样本矩来估计相应的总体矩.

定义 2 设总体 X 的分布函数 $F(x; \theta_1, \theta_2, \cdots, \theta_l)$ 中有 l 个未知参数 $\theta_1, \theta_2, \cdots, \theta_l$. 假设总体 X 的 k 阶原点矩 $E(X^k)$ 存在,一般情况下它们也是 $\theta_1, \theta_2, \cdots, \theta_l$ 的函数,记为

$$v_k(\theta_1, \theta_2, \cdots, \theta_l) = E(X^k), \quad k = 1, 2, \cdots, l.$$

样本 $(X_1, X_2, \cdots, X_n)$ 的 k 阶原点矩为 $M_k = \dfrac{1}{n}\sum_{i=1}^{n} X_i^k$, $k = 1, 2, \cdots, l$.

用样本矩作为同阶总体矩的估计,得到下面 l 个关于未知参数 $\theta_1, \theta_2, \cdots, \theta_l$ 的方程

$$M_k = v_k(\theta_1, \theta_2, \cdots, \theta_l), \quad k = 1, 2, \cdots, l. \tag{7.1.1}$$

联立上述方程,可得 $\theta_1, \theta_2, \cdots, \theta_l$ 的一组解

$$\hat{\theta}_k = \hat{\theta}_k(X_1, X_2, \cdots, X_n), \quad k = 1, 2, \cdots, l.$$

把 $\hat{\theta}_k$ 作为 θ_k 的估计量, 称 $\hat{\theta}_k$ 为未知参数 θ_k 的**矩估计量**. 矩估计量的观测值称为矩估计值. 这种方法称为**矩估计法**.

例 1 设总体 X 的数学期望 μ 和方差 σ^2 都存在且均未知, $(X_1, X_2, \cdots, X_n)$ 是来自总体 X 的样本, 试求 μ 和 σ^2 的矩估计量. 若总体 X 的一组样本观测值为

$$63.2, \quad 63.3, \quad 62.8, \quad 62.9, \quad 62.5,$$

计算 μ 和 σ^2 的矩估计值.

解 因为总体 X 有两个未知参数, 所以列两个方程.

总体 X 的一阶矩: $v_1 = E(X) = \mu$.

总体 X 的二阶矩: $v_2 = E(X^2) = D(X) + [E(X)]^2 = \sigma^2 + \mu^2$.

样本的一阶矩: $M_1 = \dfrac{1}{n}\sum\limits_{i=1}^{n} X_i = \overline{X}$.

样本的二阶矩: $M_2 = \dfrac{1}{n}\sum\limits_{i=1}^{n} X_i^2$.

根据矩估计法, 令

$$\begin{cases} v_1 = M_1, \\ v_2 = M_2. \end{cases}$$

解方程组可得 μ 和 σ^2 的矩估计量为

$$\begin{cases} \hat{\mu} = \overline{X}, \\ \hat{\sigma}^2 = \dfrac{1}{n}\sum\limits_{i=1}^{n} X_i^2 - \overline{X}^2 = \dfrac{1}{n}\sum\limits_{i=1}^{n}(X_i - \overline{X})^2 = S_n^2. \end{cases}$$

由题设条件, 得样本的均值为

$$\overline{x} = \frac{1}{5}(63.2 + 63.3 + 62.8 + 62.9 + 62.5) = 62.94,$$

样本的二阶中心矩为

$$s_n^2 = \frac{1}{5}\sum_{i=1}^{5}(x_i - 62.94)^2 = 0.0824,$$

故所求的估计值为

$$\hat{\mu} = 62.94, \quad \hat{\sigma}^2 = 0.0824.$$

注 例1的结果表明, 总体数学期望 μ 和方差 σ^2 的矩估计量分别是样本均值 $\overline{X}$ 和样本二阶中心矩 S_n^2.

例 2 设总体 X 服从 (θ_1, θ_2) 上的均匀分布, θ_1, θ_2 未知, $(X_1, X_2, \cdots, X_n)$ 是来自总体 X 的样本, 试求 θ_1, θ_2 的矩估计量.

解 因为 $X \sim U(\theta_1, \theta_2)$，$E(X) = \dfrac{\theta_1 + \theta_2}{2}$，$D(X) = \dfrac{(\theta_2 - \theta_1)^2}{12}$，可以直接使用例 1 的结论来求解本题. 令

$$\begin{cases} \dfrac{\theta_1 + \theta_2}{2} = E(X) = \overline{X}, \\ \dfrac{(\theta_2 - \theta_1)^2}{12} = D(X) = S_n^2. \end{cases}$$

解此方程组可得 θ_1, θ_2 的矩估计量为

$$\begin{cases} \hat{\theta}_1 = \overline{X} - \sqrt{3} S_n, \\ \hat{\theta}_2 = \overline{X} + \sqrt{3} S_n. \end{cases}$$

例 3 已知总体 $X \sim B(1, p)$，p 未知，$(X_1, X_2, \cdots, X_n)$ 是来自总体 X 的样本，试求：
(1) p 的矩估计量；
(2) $P\{X = 0\}$ 的矩估计量.

解 (1) 因为 $X \sim B(1, p)$，$E(X) = p$，根据矩估计法，令 $p = E(X) = \overline{X}$，解得 $\hat{p} = \overline{X}$.
(2) 因为 $P\{X = 0\} = 1 - p$，所以 $\hat{P}\{X = 0\} = 1 - \overline{X}$.

二、最大似然估计法

最大似然估计法是求点估计的另一种重要、有效而又被广泛应用的方法. 最早是由德国数学家高斯在 1821 年提出的. 然而，这个方法通常归功于英国统计学家费希尔，因为他在 1922 年重新提出该方法并为之命名，同时证明了相关的一些性质.

下面先用例子说明最大似然估计法的基本思想.

例 4 有甲、乙两袋球，各装 10 个球，甲中有 9 白 1 黑，乙中有 9 黑 1 白，今从某袋中有放回地抽取 4 次，结果如下：黑色、白色、黑色、黑色，试推测，它是由哪个袋中抽取的？

解 若用 X 表示每次抽取的结果，其中"$X = 1$"表示取得黑球，"$X = 0$"表示取得白球，则 X 服从 0-1 分布. 题中有放回地抽取 4 次所得结果，相当于从总体中抽取了一组样本，其观测值为 $(1, 0, 1, 1)$.

若由甲袋抽取，这组样本观测值出现的概率为 $P_1 = \left(\dfrac{1}{10}\right)^3 \cdot \dfrac{9}{10} = 0.0009$.

若由乙袋抽取，这组样本观测值出现的概率为 $P_2 = \left(\dfrac{9}{10}\right)^3 \cdot \dfrac{1}{10} = 0.0729$.

由于 $P_2 > P_1$，我们有理由认为是从乙袋中抽取的可能性更大，因为这个推断更有利于该组样本观测值的出现，更符合经验事实.

这就是最大似然估计的基本思想，即在已经得到试验结果的条件下，寻找使这个结果出现的可能性最大的参数值作为参数的估计值.

定义 3 设总体 X 是离散型随机变量，概率分布列为 $P\{X=x\}=p(x;\theta_1,\theta_2,\cdots,\theta_l)$，其中 $\theta_1,\theta_2,\cdots,\theta_l$ 是未知参数，$(X_1,X_2,\cdots,X_n)$ 是来自总体 X 的样本，则样本联合分布列为

$$\prod_{i=1}^{n}p(x_i;\theta_1,\theta_2,\cdots,\theta_l).$$

设 $(x_1,x_2,\cdots,x_n)$ 是相应于样本 $(X_1,X_2,\cdots,X_n)$ 的一个样本观测值，称函数

$$L=L(\theta_1,\theta_2,\cdots,\theta_l;x_1,x_2,\cdots,x_n)=\prod_{i=1}^{n}p(x_i;\theta_1,\theta_2,\cdots,\theta_l) \tag{7.1.2}$$

为**似然函数**. 若 L 在 $\hat{\theta}_1,\hat{\theta}_2,\cdots,\hat{\theta}_l$ 处取得极大值，分别称 $\hat{\theta}_i(x_1,x_2,\cdots,x_n)$ 为 $\theta_i(i=1,2,\cdots,l)$ 的**最大似然估计值**，$\hat{\theta}_i(X_1,X_2,\cdots,X_n)$ 为 $\theta_i(i=1,2,\cdots,l)$ 的**最大似然估计量**.

定义 4 设总体 X 是连续型随机变量，概率密度为 $f(x;\theta_1,\theta_2,\cdots,\theta_l)$，其中 $\theta_1,\theta_2,\cdots,\theta_l$ 是未知参数，$(X_1,X_2,\cdots,X_n)$ 是来自总体 X 的样本，样本联合概率密度为

$$f(x_1,x_2,\cdots,x_n;\theta_1,\theta_2,\cdots,\theta_l)=\prod_{i=1}^{n}f(x_i;\theta_1,\theta_2,\cdots,\theta_l). \tag{7.1.3}$$

设 $(x_1,x_2,\cdots,x_n)$ 是相应于样本 $(X_1,X_2,\cdots,X_n)$ 的一个样本值，称函数

$$L=L(\theta_1,\theta_2,\cdots,\theta_l;x_1,x_2,\cdots,x_n)=\prod_{i=1}^{n}f(x_i;\theta_1,\theta_2,\cdots,\theta_l) \tag{7.1.4}$$

为**似然函数**. 若 L 在 $\hat{\theta}_1,\hat{\theta}_2,\cdots,\hat{\theta}_l$ 处取得极大值，分别称 $\hat{\theta}_i(x_1,x_2,\cdots,x_n)$ 为 $\theta_i(i=1,2,\cdots,l)$ 的**最大似然估计值**，$\hat{\theta}_i(X_1,X_2,\cdots,X_n)$ 为 $\theta_i(i=1,2,\cdots,l)$ 的**最大似然估计量**.

事实上，求最大似然估计量，就是求似然函数 L 的极大值点. 故当 L 对 $\theta_1,\theta_2,\cdots,\theta_l$ 可微时，由方程组

$$\frac{\partial L}{\partial \theta_i}=0 \quad (i=1,2,\cdots,l)$$

求出 $\hat{\theta}_i$. 因为 L 与 $\ln L$ 有相同的极大值点，故 $\hat{\theta}_i$ 可由方程组

$$\frac{\partial \ln L}{\partial \theta_i}=0 \quad (i=1,2,\cdots,l) \tag{7.1.5}$$

求得，式(7.1.5)称为**似然方程组**.

例 5 设总体服从参数为 p 的 0-1 分布，p 未知，求 p 的最大似然估计.

解 0-1 分布的概率分布列为

$$P\{X=x\}=p^x(1-p)^{1-x}, \quad x=0,1.$$

则样本的似然函数为 $L=L(p;x_1,x_2,\cdots,x_n)=\prod_{i=1}^{n}p^{x_i}(1-p)^{1-x_i}=p^{\sum_{i=1}^{n}x_i}(1-p)^{n-\sum_{i=1}^{n}x_i}$，两边取

对数得 $\ln L = \sum_{i=1}^{n} x_i \ln p + \left(n - \sum_{i=1}^{n} x_i\right) \ln(1-p)$,方程两边求导数得似然方程为 $\dfrac{\mathrm{d}\ln L}{\mathrm{d}p} = \dfrac{1}{p}\sum_{i=1}^{n} x_i - \dfrac{1}{1-p}\left(n - \sum_{i=1}^{n} x_i\right) = 0$,解得 p 的最大似然估计值为 $\hat{p} = \dfrac{1}{n}\sum_{i=1}^{n} x_i = \bar{x}$. 从而 p 的最大似然估计量为 $\hat{p} = \dfrac{1}{n}\sum_{i=1}^{n} X_i = \bar{X}$.

例 6 设总体 $X \sim N(\mu, \sigma^2)$,μ, σ^2 未知,试求 μ, σ^2 的最大似然估计量.

解 设 $(x_1, x_2, \cdots, x_n)$ 为样本 $(X_1, X_2, \cdots, X_n)$ 的一组观测值,于是似然函数为

$$L = L(\mu, \sigma^2; x_1, x_2, \cdots, x_n) = \left(\dfrac{1}{2\pi\sigma^2}\right)^{\frac{n}{2}} \mathrm{e}^{-\frac{1}{2\sigma^2}\sum_{i=1}^{n}(x_i-\mu)^2},$$

两边取对数得

$$\ln L = -\dfrac{n}{2}\ln(2\pi) - \dfrac{n}{2}\ln(\sigma^2) - \dfrac{1}{2\sigma^2}\sum_{i=1}^{n}(x_i - \mu)^2,$$

求导数得似然方程组

$$\begin{cases} \dfrac{\partial \ln L}{\partial \mu} = \dfrac{1}{\sigma^2}\sum_{i=1}^{n}(x_i - \mu) = 0, \\ \dfrac{\partial \ln L}{\partial \sigma^2} = -\dfrac{n}{2}\dfrac{1}{\sigma^2} + \dfrac{1}{2\sigma^4}\sum_{i=1}^{n}(x_i - \mu)^2 = 0. \end{cases}$$

解得 μ, σ^2 的最大似然估计量为

$$\begin{cases} \hat{\mu} = \dfrac{1}{n}\sum_{i=1}^{n} X_i = \bar{X}, \\ \hat{\sigma}^2 = \dfrac{1}{n}\sum_{i=1}^{n}(X_i - \bar{X})^2 = S_n^2. \end{cases}$$

需要注意的是,未知参数的最大似然估计量常常是通过求解似然方程得到的,但是这种方法并不是总有效,请看下面的例子.

例 7 设总体 X 服从 (θ_1, θ_2) 上的均匀分布,θ_1, θ_2 未知,$(X_1, X_2, \cdots, X_n)$ 是来自总体 X 的样本,试求 θ_1, θ_2 的最大似然估计量.

解 设 $(x_1, x_2, \cdots, x_n)$ 为样本 $(X_1, X_2, \cdots, X_n)$ 的一组观测值,于是似然函数为

$$L = L(\theta_1, \theta_2; x_1, x_2, \cdots, x_n) = \dfrac{1}{(\theta_2 - \theta_1)^n}, \quad \theta_1 < x_i < \theta_2.$$

由于似然函数无驻点,因此不能用微分法来求最大似然估计量,而必须从最大似然估计量的定义出发,求 L 的最大值. 即要使 L 最大,$\theta_2 - \theta_1$ 必须尽可能小,由于 $\theta_1 < x_i < \theta_2$ $(i=1,2,\cdots,n)$,令 $x_{(1)} = \min\{x_1, x_2, \cdots, x_n\}$,$x_{(n)} = \max\{x_1, x_2, \cdots, x_n\}$,所以当 $\theta_1 = x_{(1)}, \theta_2 = x_{(n)}$ 时,L 取得最大值. 所以 θ_1, θ_2 的最大似然估计量为

$$\hat{\theta}_1 = X_{(1)} = \min\{X_1, X_2, \cdots, X_n\}, \quad \hat{\theta}_2 = X_{(n)} = \max\{X_1, X_2, \cdots, X_n\}.$$

习题 7-1

(A) 基础题

1. 设总体 X 服从均匀分布 $U(0,\theta)$，它的概率密度函数为 $f(x;\theta) = \begin{cases} \dfrac{1}{\theta}, & 0 < x < \theta, \\ 0, & \text{其他}. \end{cases}$

(1) 求未知参数 θ 的矩估计量；

(2) 当样本观测值为 0.3, 0.8, 0.27, 0.35, 0.62, 0.55 时，求 θ 的矩估计值.

2. 假设某铸件的砂眼数服从参数为 λ 的泊松分布，其中 λ（$\lambda > 0$）未知，今对某组铸件进行砂眼数检验，得到如下数据：

砂眼个数	0	1	2	3	4	5
频数	3	5	5	4	2	1

求 λ 的最大似然估计值.

3. 设总体 X 的概率分布列为

X	1	2	3
P	θ^2	$2\theta(1-\theta)$	$(1-\theta)^2$

其中 θ（$0 < \theta < 1$）为未知参数，假设取得的样本值为 1, 2, 1. 求：

(1) θ 的矩估计值；(2) θ 的最大似然估计值.

4. 设总体 X 服从参数为 λ（$\lambda > 0$）的指数分布，$(X_1, X_2, \cdots, X_n)$ 是来自总体 X 的样本，求：(1) λ 的矩估计量；(2) λ 的最大似然估计量.

5. 设总体 X 具有概率密度函数为 $f(x;\theta) = \begin{cases} \theta x^{\theta-1}, & 0 < x < 1, \\ 0, & \text{其他} \end{cases}$ （$\theta > 0$），求：

(1) θ 的矩估计值；(2) θ 的最大似然估计值.

6. 设 $(X_1, X_2, \cdots, X_n)$ 为总体 X 的样本，$(x_1, x_2, \cdots, x_n)$ 为一组相应的样本观测值，总体 X 具有概率密度

$$f(x;\theta) = \begin{cases} \theta c^{\theta} x^{-(\theta+1)}, & x > c, \\ 0, & \text{其他}, \end{cases}$$

其中 c（$c > 0$）为已知，θ（$\theta > 1$）为未知参数. 求：

(1) θ 的矩估计值；(2) θ 的最大似然估计值.

(B) 提高题

1. 设总体 X 的概率分布列为

X	-1	0	1
P	$\dfrac{\theta}{2}$	$1-\theta$	$\dfrac{\theta}{2}$

其中 $\theta\,(0<\theta<1)$ 为未知参数，$(X_1,\cdots,X_n)$ 为总体 X 的一个样本. 求:

(1) θ 的矩估计量; (2) θ 的最大似然估计量.

2. 设 $(X_1, X_2, \cdots, X_n)$ 为总体 X 的一个样本，总体 X 的密度函数为

$$f(x,\theta,\mu) = \begin{cases} \dfrac{1}{\theta}\mathrm{e}^{-\frac{x-\mu}{\theta}}, & x \geqslant \mu, \\ 0, & \text{其他,} \end{cases}$$

其中 $\theta>0$，求未知参数 θ 和 μ 的最大似然估计量.

3. 设总体 X 服从 $N(\alpha+\beta,\sigma^2)$，Y 服从 $N(\alpha-\beta,\sigma^2)$，α,β 未知，已知 $(X_1,\cdots,X_n)$ 和 $(Y_1,\cdots,Y_n)$ 分别是总体 X 和 Y 的样本，设两个样本独立，求 α,β 的最大似然估计量.

4. 一批产品有放回的抽取一个容量为 n 的样本，其中有 k 件次品，求这批产品中正品与次品之比 R 的最大似然估计.

第二节　估计量的评选标准

通过上一节的讨论可以发现，同一参数使用不同的估计方法可能获得不同的估计量. 那么这多个估计量孰优孰劣? 这就需要提出一些评判标准，以便对估计量的优劣进行衡量和比较. 下面介绍三种常用的标准.

1. 无偏性

估计量 $\hat{\theta}(X_1,X_2,\cdots,X_n)$ 是一个随机变量，对一次具体的观察或试验的结果，估计值较真实的参数值可能有一定的偏离，但一个好的估计量不应总是偏小或偏大，在多次试验中所得估计量的平均值应与参数的真值相吻合，这正是无偏性的要求.

定义 1　设 $(X_1,X_2,\cdots,X_n)$ 是来自总体 X 的样本，$\hat{\theta}=\hat{\theta}(X_1,X_2,\cdots,X_n)$ 是未知参数 θ 的估计量，如果 $E(\hat{\theta})=\theta$，则称 $\hat{\theta}$ 是 θ 的**无偏估计量**.

若 $\hat{\theta}$ 满足

$$\lim_{n\to+\infty} E(\hat{\theta}) = \theta,$$

则称 $\hat{\theta}$ 是 θ 的渐近无偏估计量.

例 1　验证样本均值 $\overline{X}$ 和样本方差 S^2 分别为总体均值 μ 和总体方差 σ^2 的无偏估计量，但二阶中心矩 S_n^2 不是 σ^2 的无偏估计量.

解 因为样本 $(X_1, X_2, \cdots, X_n)$ 是独立同分布的随机变量，所以有
$$E(X_i) = \mu \quad (i = 1, 2, \cdots, n),$$
$$E(\overline{X}) = E\left(\frac{1}{n}\sum_{i=1}^{n} X_i\right) = \frac{1}{n}\sum_{i=1}^{n} E(X_i) = \mu.$$

因此 $\overline{X}$ 是 μ 的无偏估计量.

因为 $E(X_i^2) = D(X_i) + (E(X_i))^2 = \sigma^2 + \mu^2$，$E(\overline{X}^2) = D(\overline{X}) + (E(\overline{X}))^2 = \frac{\sigma^2}{n} + \mu^2$，所以有
$$E(S^2) = E\left[\frac{1}{n-1}\sum_{i=1}^{n}(X_i - \overline{X})^2\right] = E\left[\frac{1}{n-1}\sum_{i=1}^{n} X_i^2 - \frac{n}{n-1}\overline{X}^2\right]$$
$$= \frac{1}{n-1}\sum_{i=1}^{n} E(X_i^2) - \frac{n}{n-1}E(\overline{X}^2)$$
$$= \sigma^2,$$

即 S^2 是 σ^2 的无偏估计量.

又因为 $E(S_n^2) = E\left(\frac{n-1}{n}S^2\right) = \frac{n-1}{n}E(S^2) = \frac{n-1}{n}\sigma^2$，所以二阶中心矩 S_n^2 不是 σ^2 的无偏估计量. 但我们发现 $\lim\limits_{n\to+\infty} E(S_n^2) = \sigma^2$，所以称 S_n^2 为 σ^2 的渐近无偏估计量.

例 2 假设 $(X_1, X_2, \cdots, X_n)$ 是来自总体 X 的样本，$X \sim P(\lambda)$，$\lambda > 0$ 未知，验证：$\overline{X}, S^2$ 均为 λ 的无偏估计量.

解 因为 $E(\overline{X}) = \lambda$，$E(S^2) = D(X) = \lambda$，所以 $\overline{X}, S^2$ 均为 λ 的无偏估计量.

注 由例 2 可见，同一个未知参数可以有不同的无偏估计量.

2. 有效性

如果同一参数的无偏估计量不是唯一的，需要设立新标准从中选择最好的. 参数的无偏估计量在其真值的附近波动，我们自然希望它与真值之间的偏差越小越好，也就是说无偏估计量的方差越小越好，这就是有效性.

定义 2 设 $\hat{\theta}_1 = \hat{\theta}_1(X_1, X_2, \cdots, X_n)$ 和 $\hat{\theta}_2 = \hat{\theta}_2(X_1, X_2, \cdots, X_n)$ 均是 θ 的无偏估计量，如果 $D(\hat{\theta}_2) < D(\hat{\theta}_1)$，则称 $\hat{\theta}_2$ 比 $\hat{\theta}_1$ 有效.

例 3 设总体 X 服从 $(0, \theta)$ 上的均匀分布（$\theta > 0$），$(X_1, X_2, \cdots, X_n)$ 是来自总体 X 的样本，试验证估计量 $\hat{\theta}_1 = 2X_1$，$\hat{\theta}_2 = 2\overline{X}$ 都是 θ 的无偏估计量，并说明哪一个有效.

解 由 $E(X) = \frac{\theta}{2}$ 可得
$$E(\hat{\theta}_1) = E(2X_1) = 2E(X_1) = \theta,$$
$$E(\hat{\theta}_2) = E\left(\frac{2}{n}\sum_{i=1}^{n} X_i\right) = \frac{2}{n}\sum_{i=1}^{n} E(X_i) = \theta.$$

所以 $\hat{\theta}_1, \hat{\theta}_2$ 都是 θ 的无偏估计量.

利用独立性，得到
$$D(\hat{\theta}_1) = D(2X_1) = 4D(X_1) = 4D(X),$$
$$D(\hat{\theta}_2) = D\left(\frac{2}{n}\sum_{i=1}^{n}X_i\right) = \frac{4}{n^2}\sum_{i=1}^{n}D(X_i) = \frac{4}{n^2}\sum_{i=1}^{n}D(X) = \frac{4}{n}D(X).$$

所以，当样本容量 $n>1$ 时，有 $D(\hat{\theta}_2) < D(\hat{\theta}_1)$，所以 $\hat{\theta}_2$ 比 $\hat{\theta}_1$ 有效.

3. 一致性

无偏性与有效性都是在样本容量 n 固定的前提下提出的. 对于一个好的估计量，随着样本容量的增大，其值应逐渐稳定于待估参数的真值，这就是一致性.

定义 3 设 $\hat{\theta} = \hat{\theta}(X_1, X_2, \cdots, X_n)$ 是未知参数 θ 的估计量，若 $\hat{\theta}$ 依概率收敛于 θ，即对任意 $\varepsilon > 0$，有
$$\lim_{n \to +\infty} P\{|\hat{\theta} - \theta| < \varepsilon\} = 1,$$
称 $\hat{\theta}$ 是 θ 的一致估计量.

一致性只有当 n 很大时成立.

习题 7-2

(A) 基础题

1. 假设新生儿体重(单位: g)服从 $N(\mu, \sigma^2)$，现测量 10 名新生儿的体重，得数据如下:

    3100, 3480, 2520, 3700, 2520,
    3200, 2800, 3800, 3020, 3260.

求参数 σ^2 的一个无偏估计.

2. 设 $(X_1, X_2, \cdots, X_n)$ 是来自参数为 λ 的泊松分布的简单随机样本，求 λ^2 的无偏估计量.

3. 设总体 X 的均值 $E(X)$ 和方差 $D(X)$ 都存在，(X_1, X_2) 是来自总体 X 的样本，证明
$$\hat{\mu}_1 = \frac{2}{3}X_1 + \frac{1}{3}X_2, \quad \hat{\mu}_2 = \frac{1}{4}X_1 + \frac{3}{4}X_2, \quad \hat{\mu}_3 = \frac{1}{2}X_1 + \frac{1}{2}X_2$$
都是 $E(X)$ 的无偏估计量，并判断哪一个最有效.

4. 设 $(X_1, X_2, \cdots, X_n)$ 是来总体 X 的样本，总体的均值 μ 已知，方差 σ^2 未知，那么 $\dfrac{1}{n-1}\sum_{i=1}^{n}(X_i - \mu)^2$ 是否为 σ^2 的无偏估计？应该将其如何修改才能成为 σ^2 的无偏估计.

5. 设总体 X 的概率分布列为

X	-1	0	1
P	$\dfrac{\theta}{2}$	$1-\theta$	$\dfrac{\theta}{2}$

其中 θ $(0<\theta<1)$ 为未知参数，$(X_1,\cdots,X_n)$ 为总体 X 的一个样本. 讨论 θ 的矩估计量 $\hat{\theta}_1$ 和最大似然估计量 $\hat{\theta}_2$ 的无偏性.

6. 假设总体 X 服从 $N(0,\sigma^2)$，其中 σ^2 未知，讨论 σ^2 的最大似然估计量的无偏性.

(B) 提高题

1. 从总体 X 中抽取样本 $(X_1,\cdots,X_n)$，设 $C_1,\cdots,C_n$ 为常数，且 $\sum_{i=1}^{n} C_i = 1$，证明：

(1) $\hat{\mu} = \sum_{i=1}^{n} C_i X_i$ 是总体均值 μ 的无偏估计量；

(2) 在所有这些无偏估计量 $\hat{\mu} = \sum_{i=1}^{n} C_i X_i$ 中，样本均值 $\bar{X} = \frac{1}{n}\sum_{i=1}^{n} X_i$ 是 μ 的最有效估计.

2. 设 $(X_1,\cdots,X_n)$ 是来自总体 $X \sim N(\mu,\sigma^2)$ 的样本，总体的均值 μ 已知，方差 σ^2 未知，验证 $S_1^2 = \frac{1}{n}\sum_{i=1}^{n}(X_i - \mu)^2$ 和 $S_2^2 = \frac{1}{n-1}\sum_{i=1}^{n}(X_i - \bar{X})^2$ 都是 σ^2 的无偏估计，并说明 S_1^2 和 S_2^2 中哪个更有效?

3. 为了估计总体 X 的方差，从总体 X 中抽取样本 $(X_1,\cdots,X_n)$，利用公式 $\hat{\sigma}^2 = k\sum_{i=1}^{n-1}(X_{i+1} - X_i)^2$，求常数 k 的值，使 $\hat{\sigma}^2$ 是总体方差 σ^2 的无偏估计量.

第三节 区间估计

点估计就是用一个数值去估计未知参数，其问题在于对所作估计的可靠程度无法进行量化. 而在许多实际问题中，不仅需要知道未知参数的近似值，还需要知道参数真值所在的范围，以及这个范围的可靠程度，这就是参数的区间估计. 这样的范围通常以区间的形式给出，称为**置信区间**.

一、双侧置信区间

定义 1 设总体 X 的分布含有一个未知参数 θ，如果有两个样本的统计量 $\hat{\theta}_1 = \hat{\theta}_1(X_1, X_2, \cdots, X_n)$ 和 $\hat{\theta}_2 = \hat{\theta}_2(X_1, X_2, \cdots, X_n)$，使对于给定的常数 $\alpha(0<\alpha<1)$，满足

$$P\{\hat{\theta}_1 \leqslant \theta \leqslant \hat{\theta}_2\} = 1-\alpha, \tag{7.3.1}$$

则称随机区间 $[\hat{\theta}_1, \hat{\theta}_2]$ 为参数 θ 的**置信水平**(或**置信度**、**可靠度**)为 $1-\alpha$ 的**双侧置信区间**. $\hat{\theta}_1$ 和 $\hat{\theta}_2$ 分别称为**双侧置信下限和置信上限**.

置信区间的意义可解释为: 若反复抽样 N 次, 每次抽得的样本容量均为 n, 其样本观测值为 $(x_{1k}, x_{2k}, \cdots, x_{nk})$, $k = 1, 2, \cdots, N$. 每组样本观测值确定一个区间 $[\hat{\theta}_{1k}, \hat{\theta}_{2k}]$, 每一个这样的区间, 要么包含 θ 的真值, 要么不包含 θ 的真值. 当式(7.3.1)成立时, 这些区间中包含 θ 的真值约占 $100(1-\alpha)\%$.

注 同一置信水平的情况下, 置信区间越短说明估计的精度就越高.

二、单侧置信区间

在许多实际问题中, 人们有时关心的仅是未知参数的上限或下限. 例如, 对于轮胎的使用寿命, 我们关心的是它的使用下限, 而对于轴的椭圆度问题, 显然平均椭圆度越小说明轴质量越高, 所以我们在意的是椭圆度的上限, 这就引出了单侧置信区间问题.

定义 2 设总体 X 的分布含有一个未知参数 θ, 如果有样本的统计量 $\hat{\theta}_1 = \hat{\theta}_1(X_1, X_2, \cdots, X_n)$, 使对于给定的常数 $\alpha(0 < \alpha < 1)$, 满足

$$P\{\theta \geq \hat{\theta}_1\} = 1 - \alpha,$$

则称随机区间 $[\hat{\theta}_1, +\infty)$ 为参数 θ 的置信水平(或置信度、可靠度)为 $1-\alpha$ 的**单侧置信区间**, $\hat{\theta}_1$ 称为**单侧置信下限**.

如果有样本的统计量 $\hat{\theta}_2 = \hat{\theta}_2(X_1, X_2, \cdots, X_n)$, 使对于给定的常数 $\alpha(0 < \alpha < 1)$, 满足

$$P\{\theta \leq \hat{\theta}_2\} = 1 - \alpha,$$

则称随机区间 $(-\infty, \hat{\theta}_2]$ 为参数 θ 的置信水平(或置信度、可靠度)为 $1-\alpha$ 的**单侧置信区间**, $\hat{\theta}_2$ 称为**单侧置信上限**.

三、求置信区间的一般步骤

以下记未知参数为 θ, 置信水平为 $1-\alpha$, 先给出双侧置信区间的一般步骤.

步骤 1: 构造一个样本 $(X_1, X_2, \cdots, X_n)$ 和 θ 的函数 $W = W(X_1, X_2, \cdots, X_n; \theta)$. 其中 W 满足两个条件:

(1) W 不包含除 θ 以外的其他未知参数;

(2) W 的分布是已知的.

称这样的函数 W 为**枢轴量**.

步骤 2: 对于给定的置信水平 $1-\alpha$, 适当选取常数 a 和 b 使得

$$P\{a \leq W \leq b\} = 1 - \alpha. \tag{7.3.2}$$

步骤 3: 把不等式 "$a \leq W \leq b$" 做等价变形, 使它变为

$$\hat{\theta}_1(X_1, X_2, \cdots, X_n) \leq \theta \leq \hat{\theta}_2(X_1, X_2, \cdots, X_n).$$

则 $[\hat{\theta}_1(X_1, X_2, \cdots, X_n), \hat{\theta}_2(X_1, X_2, \cdots, X_n)]$ 就是 θ 的一个置信水平为 $1-\alpha$ 的双侧置信区间.

注 式(7.3.2)中的 a 和 b 通常按照对称分位数的原则选取，即 a 选取为 W 的上 $1-\dfrac{\alpha}{2}$ 分位数，b 通常选取为 W 的上 $\dfrac{\alpha}{2}$ 分位数.

求单侧置信区间的方法与求双侧置信区间的一般步骤基本相同，不同的只是在步骤 2 中，选取 W 的上 $1-\alpha$ 分位数为 a (或选取 W 的上 α 分位数为 b)，使得

$$P\{a \leqslant W\} = 1-\alpha \quad (\text{或 } P\{W \leqslant b\} = 1-\alpha).$$

然后对式中的 "$a \leqslant W$" (或 "$W \leqslant b$") 做不等式的等价变形即可得到相应的单侧置信区间.

第四节 正态总体参数的区间估计

在工农业生产和科研实际中，很多指标都服从正态分布，所以我们重点讨论正态总体中参数的区间估计问题.

一、单个正态总体的区间估计

设总体 $X \sim N(\mu, \sigma^2)$，$(X_1, X_2, \cdots, X_n)$ 为总体 X 的容量为 n 的一组样本.

1. 当方差 σ^2 已知时，μ 的置信水平为 $1-\alpha$ 的置信区间

要找到一个区间 $[\hat{\theta}_1, \hat{\theta}_2]$，使得满足

$$P\{\hat{\theta}_1 \leqslant \mu \leqslant \hat{\theta}_2\} = 1-\alpha,$$

由于 $\overline{X}$ 是 μ 的无偏估计量，且 $\overline{X} \sim N\left(\mu, \dfrac{\sigma^2}{n}\right)$，则构造枢轴量 $U = \dfrac{\overline{X}-\mu}{\sigma/\sqrt{n}} \sim N(0,1)$. 对于给定的置信水平 $1-\alpha$，选取点 $u_{\alpha/2}$ (图 7-1)，即可满足 $P\{|U| \leqslant u_{\alpha/2}\} = 1-\alpha$. 将不等式 $|U| \leqslant u_{\alpha/2}$ 进行变形可以得到

$$P\left\{\overline{X} - u_{\alpha/2}\dfrac{\sigma}{\sqrt{n}} \leqslant \mu \leqslant \overline{X} + u_{\alpha/2}\dfrac{\sigma}{\sqrt{n}}\right\} = 1-\alpha,$$

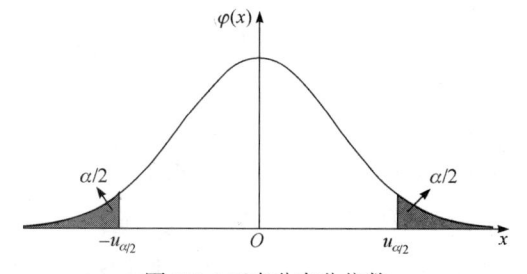

图 7-1 正态分布分位数

所以 μ 的置信水平为 $1-\alpha$ 的双侧置信区间:
$$\left[\bar{X}-u_{\alpha/2}\frac{\sigma}{\sqrt{n}},\ \bar{X}+u_{\alpha/2}\frac{\sigma}{\sqrt{n}}\right].$$

例 1 设某种电子管的使用寿命 X(单位: 小时)服从正态分布 $N(\mu,300^2)$, 从中抽取 16 个进行检验, 算得平均使用寿命为 1980 小时, 求该电子管平均使用寿命的置信水平为 0.95 的置信区间.

解 由题设条件, 得
$$\sigma=300,\quad \bar{x}=1980,\quad n=16,\quad \alpha=0.05.$$
查表得 $u_{\alpha/2}=u_{0.025}=1.96$, 所以置信区间为
$$\left[1980-1.96\times\frac{300}{\sqrt{16}},1980+1.96\times\frac{300}{\sqrt{16}}\right]=[1833,2127].$$

2. 当方差 σ^2 未知时, μ 的置信水平为 $1-\alpha$ 的置信区间

由于 $\dfrac{\bar{X}-\mu}{\sigma/\sqrt{n}}$ 中除了 μ 以外还包含了一个未知参数 σ, 所以不能再采用此函数. 用 S 代替 $U=\dfrac{\bar{X}-\mu}{\sigma/\sqrt{n}}$ 中的 σ, 得到统计量 $T=\dfrac{\bar{X}-\mu}{S/\sqrt{n}}\sim t(n-1)$. 对于置信水平 $1-\alpha$, 选取点 $t_{\alpha/2}(n-1)$ (图 7-2), 即可满足 $P\{|T|\leqslant t_{\alpha/2}(n-1)\}=1-\alpha$.

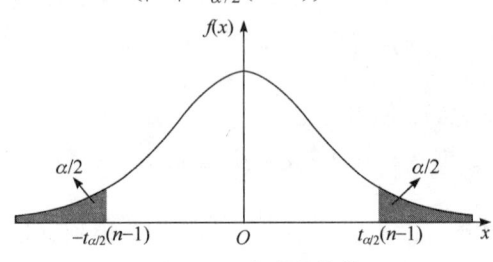

图 7-2 t 分布分位数

将不等式 $|T|\leqslant t_{\alpha/2}(n-1)$ 进行变形可以得到
$$P\left\{\bar{X}-t_{\alpha/2}(n-1)\frac{S}{\sqrt{n}}\leqslant \mu\leqslant \bar{X}+t_{\alpha/2}(n-1)\frac{S}{\sqrt{n}}\right\}=1-\alpha,$$
所以 μ 的置信水平为 $1-\alpha$ 的双侧置信区间为
$$\left[\bar{X}-t_{\alpha/2}(n-1)\frac{S}{\sqrt{n}},\ \bar{X}+t_{\alpha/2}(n-1)\frac{S}{\sqrt{n}}\right].$$

例 2 设有一批某种袋装物品, 每袋净重 $X\sim N(\mu,\sigma^2)$ (单位: 克), μ,σ 均未知, 今任取 8 袋测得净重: 12.1, 11.9, 12.4, 12.3, 11.9, 12.1, 12.4, 12.1. 试求净重 μ 的置信水平为 0.99 的置信区间.

解 这里 $1-\alpha=0.99,\dfrac{\alpha}{2}=0.005, n=8,$ 由题设条件计算可得 $\bar{x}=12.15,\quad s=0.2,$ 查 t

单个正态总体均值的区间估计及例 2

分布表得 $t_{\alpha/2}(n-1) = t_{0.005}(7) = 3.4995$,故 μ 的置信水平为 0.99 的置信区间为

$$\left[\bar{x} - t_{\alpha/2}(n-1)\frac{s}{\sqrt{n}},\ \bar{x} + t_{\alpha/2}(n-1)\frac{s}{\sqrt{n}}\right] = [11.90, 12.40].$$

3. 当 μ 已知时,σ^2 的置信水平为 $1-\alpha$ 的置信区间

由第六章抽样分布知 $\chi^2 = \frac{1}{\sigma^2}\sum_{i=1}^{n}(X_i - \mu)^2 \sim \chi^2(n)$,对于给定的置信水平 $1-\alpha$,选取两点 $\chi^2_{1-\alpha/2}(n)$ 与 $\chi^2_{\alpha/2}(n)$ (图 7-3),即可满足 $P\{\chi^2_{1-\alpha/2}(n) \leqslant \chi^2 \leqslant \chi^2_{\alpha/2}(n)\} = 1-\alpha$.

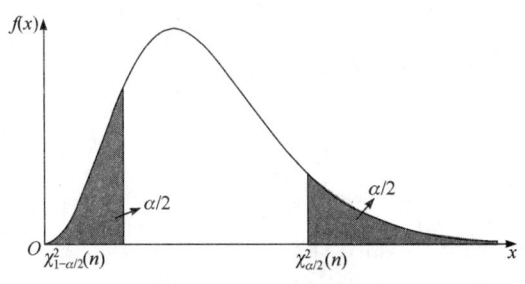

图 7-3 χ^2 分布分位数

将不等式变形得 $P\left\{\dfrac{\sum_{i=1}^{n}(X_i-\mu)^2}{\chi^2_{\alpha/2}(n)} < \sigma^2 < \dfrac{\sum_{i=1}^{n}(X_i-\mu)^2}{\chi^2_{1-\alpha/2}(n)}\right\} = 1-\alpha$. 于是得到 σ^2 的置信水平为 $1-\alpha$ 的双侧置信区间为

$$\left[\frac{\sum_{i=1}^{n}(X_i-\mu)^2}{\chi^2_{\alpha/2}(n)},\ \frac{\sum_{i=1}^{n}(X_i-\mu)^2}{\chi^2_{1-\alpha/2}(n)}\right].$$

例 3 假设总体 $X \sim N(0.5, \sigma^2)$,从总体中抽取容量 $n=6$ 的样本,得到样本观测值为

0.503, 0.498, 0.492, 0.512, 0.506, 0.502,

求 σ^2 的置信水平为 0.90 的置信区间.

解 由题设有 $\alpha = 0.1$,查 χ^2 分布表可得 $\chi^2_{0.05}(6) = 12.5916$,$\chi^2_{0.95}(6) = 1.6354$. 由于 $\mu = 0.5$,所以可得

$$\sum_{i=1}^{6}(x_i - \mu)^2 = 0.003^2 + (-0.002)^2 + (-0.008)^2 + 0.012^2 + 0.006^2 + 0.002^2 = 0.000261.$$

故所求置信区间为

$$\left[\frac{\sum_{i=1}^{n}(x_i-\mu)^2}{\chi^2_{\alpha/2}(n)},\ \frac{\sum_{i=1}^{n}(x_i-\mu)^2}{\chi^2_{1-\alpha/2}(n)}\right] = \left[\frac{0.000261}{12.5916}, \frac{0.000261}{1.6354}\right] \approx [0.000021, 0.00016].$$

4. 当 μ 未知时, σ^2 的置信水平为 $1-\alpha$ 的置信区间

由于 $\chi^2 = \dfrac{1}{\sigma^2}\sum\limits_{i=1}^{n}(X_i-\mu)^2$ 中除了 σ^2 以外还包含了一个未知参数 μ, 故在上式中将 μ 换成 $\bar{X}$, 这样就得到了函数

$$\frac{1}{\sigma^2}\sum_{i=1}^{n}(X_i-\bar{X})^2 = \frac{(n-1)S^2}{\sigma^2} \sim \chi^2(n-1).$$

对于给定的置信水平 $1-\alpha$, 选取两点 $\chi^2_{1-\alpha/2}(n-1)$ 与 $\chi^2_{\alpha/2}(n-1)$, 即可满足

$$P\{\chi^2_{1-\alpha/2}(n-1) \leqslant \chi^2 \leqslant \chi^2_{\alpha/2}(n-1)\} = 1-\alpha.$$

于是得到 σ^2 的置信水平为 $1-\alpha$ 的双侧置信区间为

$$\left[\frac{(n-1)S^2}{\chi^2_{\alpha/2}(n-1)}, \frac{(n-1)S^2}{\chi^2_{1-\alpha/2}(n-1)}\right] \text{ 或 } \left[\frac{\sum\limits_{i=1}^{n}(X_i-\bar{X})^2}{\chi^2_{\alpha/2}(n-1)}, \frac{\sum\limits_{i=1}^{n}(X_i-\bar{X})^2}{\chi^2_{1-\alpha/2}(n-1)}\right].$$

例 4 求例 2 中 σ^2 的 0.99 置信区间.

解 当置信水平为 0.99 时, $\alpha = 0.01$, 按自由度 $n-1 = 7$ 查 χ^2 分布表, 得

$$\chi^2_{0.995}(7) = 0.9893, \quad \chi^2_{0.005}(7) = 20.2777.$$

故 σ^2 的置信水平为 0.99 的置信区间为

$$\left[\frac{(n-1)s^2}{\chi^2_{\alpha/2}(n-1)}, \frac{(n-1)s^2}{\chi^2_{1-\alpha/2}(n-1)}\right] = \left[\frac{7\times 0.2^2}{20.2777}, \frac{7\times 0.2^2}{0.9893}\right] \approx [0.014, 0.283].$$

二、两个正态总体的区间估计

在实际中, 常遇到由于工艺、原料、设备及操作人员的变化而引起产品某项质量指标的变化, 或同一品种的作物由于种植和管理水平不同引起产量变化等问题. 如果假设这些指标服从正态分布, 想知道这种变化的大小, 就需要对两个正态总体的均值差、方差比进行区间估计.

设有两个总体 $X \sim N(\mu_1, \sigma_1^2), Y \sim N(\mu_2, \sigma_2^2)$, $(X_1, X_2, \cdots, X_{n_1})$ 和 $(Y_1, Y_2, \cdots, Y_{n_2})$ 分别是来自这两个总体的相互独立的样本, 记样本均值分别为 $\bar{X}$ 和 $\bar{Y}$, 样本方差分别为 S_1^2 和 S_2^2.

1. σ_1^2 和 σ_2^2 都已知时, $\mu_1-\mu_2$ 的置信水平为 $1-\alpha$ 的置信区间

因为 $U = \dfrac{(\bar{X}-\bar{Y})-(\mu_1-\mu_2)}{\sqrt{\dfrac{\sigma_1^2}{n_1}+\dfrac{\sigma_2^2}{n_2}}} \sim N(0,1)$, 对照单个正态总体均值的区间估计的求法

可知, $\mu_1-\mu_2$ 的置信水平为 $1-\alpha$ 的双侧置信区间为

$$\left[(\bar{X}-\bar{Y})-u_{\alpha/2}\sqrt{\frac{\sigma_1^2}{n_1}+\frac{\sigma_2^2}{n_2}}, (\bar{X}-\bar{Y})+u_{\alpha/2}\sqrt{\frac{\sigma_1^2}{n_1}+\frac{\sigma_2^2}{n_2}}\right].$$

例5 甲、乙两台车床加工同一种轴,现在要比较两台车床所加工轴的椭圆度. 设甲车床加工轴的椭圆度 $X \sim N(\mu_1, 0.063^2)$,乙车床加工轴的椭圆度 $Y \sim N(\mu_2, 0.059^2)$,现从甲、乙两台车床加工的轴中分别测量了 $n_1 = 11$, $n_2 = 21$ 根的椭圆度,并计算得到样本均值分别为 $\bar{x} = 8.06\text{mm}$,$\bar{y} = 7.74\text{mm}$. 求甲、乙所加工轴的椭圆度均值差的置信区间. ($\alpha = 0.05$)

解 由题设可知,$1 - \alpha = 0.95$,得 $\alpha = 0.05$,$u_{\alpha/2} = u_{0.025} = 1.96$,$\sqrt{\dfrac{\sigma_1^2}{n_1} + \dfrac{\sigma_2^2}{n_2}} = \sqrt{\dfrac{0.063^2}{11} + \dfrac{0.059^2}{21}} \approx 0.022$,故 $\mu_1 - \mu_2$ 的置信水平为 0.95 的置信区间为

$$[(8.06 - 7.74) - 1.96 \times 0.022,\ (8.06 - 7.74) + 1.96 \times 0.022] \approx [0.28, 0.36].$$

2. σ_1^2, σ_2^2 未知但 $\sigma_1^2 = \sigma_2^2$,$\mu_1 - \mu_2$ 的置信水平为 $1 - \alpha$ 的置信区间

构造 $T = \dfrac{(\bar{X} - \bar{Y}) - (\mu_1 - \mu_2)}{S_\omega \sqrt{\dfrac{1}{n_1} + \dfrac{1}{n_2}}} \sim t(n_1 + n_2 - 2)$,其中 $S_\omega^2 = \dfrac{(n_1 - 1)S_1^2 + (n_2 - 1)S_2^2}{n_1 + n_2 - 2}$.

由 $P\{|T| \leqslant t_{\alpha/2}(n_1 + n_2 - 2)\} = 1 - \alpha$ 得 $\mu_1 - \mu_2$ 的置信水平为 $1 - \alpha$ 的双侧置信区间为

$$\left[(\bar{X} - \bar{Y}) - t_{\alpha/2}(n_1 + n_2 - 2)S_\omega \sqrt{\dfrac{1}{n_1} + \dfrac{1}{n_2}},\ (\bar{X} - \bar{Y}) + t_{\alpha/2}(n_1 + n_2 - 2)S_\omega \sqrt{\dfrac{1}{n_1} + \dfrac{1}{n_2}} \right].$$

例6 为比较 A, B 两种型号步枪子弹的枪口速度大小,随机地取 A 型子弹 10 发,B 型子弹 20 发,得到两种子弹枪口速度大小的平均值和标准差分别如下

A:$\bar{x} = 500\text{m/s}$, $s_1 = 1.1\text{m/s}$,

B:$\bar{y} = 496\text{m/s}$, $s_2 = 1.2\text{m/s}$

假设两个总体都服从正态分布且方差相等,求两总体均值差 $\mu_1 - \mu_2$ 的置信水平为 0.95 的置信区间.

解 由题可知,$\alpha = 0.05, n_1 = 10, n_2 = 20$,查表可得 $t_{0.025}(28) = 2.0484$. 此外计算可得

$$\bar{x} - \bar{y} = 4, \quad s_\omega^2 = \dfrac{(n_1 - 1)s_1^2 + (n_2 - 1)s_2^2}{n_1 + n_2 - 2} = \dfrac{9 \times 1.1^2 + 19 \times 1.2^2}{28} \approx 1.37,$$

所以 $\mu_1 - \mu_2$ 的置信水平为 0.95 的置信区间为

$$[4 - 2.0484 \times 1.17 \times 0.39,\ 4 + 2.0484 \times 1.17 \times 0.39] \approx [3.07, 4.93].$$

3. μ_1, μ_2 未知时,σ_1^2 / σ_2^2 的置信水平为 $1 - \alpha$ 的置信区间

假设 μ_1, μ_2 未知,则构造函数 $F = \dfrac{S_1^2 / \sigma_1^2}{S_2^2 / \sigma_2^2} \sim F(n_1 - 1,\ n_2 - 1)$. 由

$$P\{F_{1-\alpha/2}(n_1-1, n_2-1) \leqslant F \leqslant F_{\alpha/2}(n_1-1, n_2-1)\} = 1-\alpha,$$

得方差比 σ_1^2/σ_2^2 的置信水平为 $1-\alpha$ 的双侧置信区间为

$$\left[\frac{S_1^2}{S_2^2}\frac{1}{F_{\alpha/2}(n_1-1, n_2-1)}, \frac{S_1^2}{S_2^2}\frac{1}{F_{1-\alpha/2}(n_1-1, n_2-1)}\right].$$

例 7 研究由机器 A 和机器 B 生产的某种圆形工件的内径，随机抽取由机器 A 生产的工件 18 只，经计算得内径的平均值为 $\bar{x}=91.37\text{mm}$，样本方差为 $s_1^2=0.34\text{mm}^2$；抽取由机器 B 生产的工件 13 只，经计算得内径的平均值为 $\bar{y}=93.75\text{mm}$，样本方差为 $s_2^2=0.29\text{mm}^2$. 设两样本相互独立，且这两台机器生产的内径都服从正态分布，即 $X \sim N(\mu_1, \sigma_1^2)$，$Y \sim N(\mu_2, \sigma_2^2)$. 求：

(1) 若 $\sigma_1^2 = \sigma_2^2$，则 $\mu_1 - \mu_2$ 的置信水平为 0.90 的置信区间；

(2) σ_1^2/σ_2^2 的置信水平为 0.90 的置信区间.

解 已知 $\bar{x}=91.37$，$\bar{y}=93.75$，$s_1^2=0.34$，$s_2^2=0.29$ 且 $n_1=18$，$n_2=13$.

(1) $s_\omega^2 = \dfrac{(n_1-1)s_1^2 + (n_2-1)s_2^2}{n_1+n_2-2} = \dfrac{17 \times 0.34 + 12 \times 0.29}{18+13-2} \approx 0.32.$

此外，$\bar{x}-\bar{y}=-2.38$，$\sqrt{\dfrac{1}{18}+\dfrac{1}{13}} \approx 0.36$. 由 $\alpha=0.10$，自由度 $n_1+n_2-2=29$，查 t 分布表得到 $t_{0.05}(29)=1.6991$，故 $\mu_1-\mu_2$ 的置信水平为 0.90 的置信区间为

$$\left[(\bar{x}-\bar{y})-t_{0.05}(29)s_\omega\sqrt{\dfrac{1}{18}+\dfrac{1}{13}},\ (\bar{x}-\bar{y})+t_{0.05}(29)s_\omega\sqrt{\dfrac{1}{18}+\dfrac{1}{13}}\right]=[-2.72, -2.036].$$

(2) 已知 $\alpha=0.10$，查 F 分布表得

$$F_{\alpha/2}(n_1-1, n_2-1) = F_{0.05}(17,12) = 2.58,$$

$$F_{1-\alpha/2}(n_1-1, n_2-1) = F_{0.95}(17,12) = \dfrac{1}{F_{0.05}(12,17)} = \dfrac{1}{2.38},$$

于是得 σ_1^2/σ_2^2 的置信水平为 0.90 的置信区间为

$$\left[\dfrac{0.34}{0.29} \times \dfrac{1}{2.58}, \dfrac{0.34}{0.29} \times 2.38\right] \approx [0.4544, 2.7903].$$

有关正态分布参数的置信区间见表 7-1.

表 7-1 正态分布参数的置信区间

待估参数	条件	置信区间
均值 μ	σ^2 已知	$\left[\bar{X}-u_{\alpha/2}\dfrac{\sigma}{\sqrt{n}},\ \bar{X}+u_{\alpha/2}\dfrac{\sigma}{\sqrt{n}}\right]$
	σ^2 未知	$\left[\bar{X}-t_{\alpha/2}(n-1)\dfrac{S}{\sqrt{n}},\ \bar{X}+t_{\alpha/2}(n-1)\dfrac{S}{\sqrt{n}}\right]$

续表

待估参数	条件	置信区间
方差 σ^2	μ 已知	$\left[\dfrac{\sum_{i=1}^{n}(X_i-\mu)^2}{\chi^2_{\alpha/2}(n)},\dfrac{\sum_{i=1}^{n}(X_i-\mu)^2}{\chi^2_{1-\alpha/2}(n)}\right]$
	μ 未知	$\left[\dfrac{(n-1)S^2}{\chi^2_{\alpha/2}(n-1)},\dfrac{(n-1)S^2}{\chi^2_{1-\alpha/2}(n-1)}\right]$
$\mu_1-\mu_2$	σ_1^2,σ_2^2 已知	$\left[(\bar{X}-\bar{Y})-u_{\alpha/2}\sqrt{\dfrac{\sigma_1^2}{n_1}+\dfrac{\sigma_2^2}{n_2}},(\bar{X}-\bar{Y})+u_{\alpha/2}\sqrt{\dfrac{\sigma_1^2}{n_1}+\dfrac{\sigma_2^2}{n_2}}\right]$
	σ_1^2,σ_2^2 未知但 $\sigma_1^2=\sigma_2^2$	$\left[(\bar{X}-\bar{Y})-t_{\alpha/2}(n_1+n_2-2)S_\omega\sqrt{\dfrac{1}{n_1}+\dfrac{1}{n_2}},\right.$ $\left.(\bar{X}-\bar{Y})+t_{\alpha/2}(n_1+n_2-2)S_\omega\sqrt{\dfrac{1}{n_1}+\dfrac{1}{n_2}}\right]$
σ_1^2/σ_2^2	μ_1,μ_2 未知	$\left[\dfrac{S_1^2}{S_2^2}\dfrac{1}{F_{\alpha/2}(n_1-1,n_2-1)},\dfrac{S_1^2}{S_2^2}\dfrac{1}{F_{1-\alpha/2}(n_1-1,n_2-1)}\right]$

下面我们再看一个求单侧置信区间的例子.

假设总体 $X\sim N(\mu,\sigma^2)$,其中 μ,σ^2 未知,要寻求一个 $\hat{\theta}_1$ 使得 $P\{\mu\geqslant\hat{\theta}_1\}=1-\alpha$.
构造函数 $T=\dfrac{\bar{X}-\mu}{S/\sqrt{n}}\sim t(n-1)$,即将问题转化为 $P\{T\leqslant t_\alpha(n-1)\}=1-\alpha$,整理可得

$$P\left\{\mu\geqslant \bar{X}-t_\alpha(n-1)\dfrac{S}{\sqrt{n}}\right\}=1-\alpha,$$

得到 μ 的单侧置信下限为 $\bar{X}-t_\alpha(n-1)\dfrac{S}{\sqrt{n}}$,即 μ 的单侧置信区间为

$$\left[\bar{X}-t_\alpha(n-1)\dfrac{S}{\sqrt{n}},+\infty\right).$$

例8 为估计制造某种产品所需的单件平均工时(单位: h),现制造 5 件,记录每件所需工时如下

$$10.5,\quad 11,\quad 11.2,\quad 12.5,\quad 12.8.$$

设制造单件产品所需工时 $X\sim N(\mu,\sigma^2)$,求均值的置信水平为 0.95 的单侧置信下限.

解 已知 $n=5,\bar{x}=11.6,s^2=0.995$,又 $1-\alpha=0.95$,$\alpha=0.05$,查 t 分布表得到 $t_{0.05}(4)=2.1318$,因此置信下限为

$$\bar{x}-t_\alpha(n-1)\dfrac{s}{\sqrt{n}}=11.6-2.1318\times\dfrac{\sqrt{0.995}}{\sqrt{5}}\approx 10.65.$$

因此单侧置信区间为 $[10.65,+\infty)$.

习题 7-4

(A) 基础题

1. 已知钢丝的折断强度 X 服从正态分布 $N(\mu,163)$，随机抽取 10 根测试平均折断强度为 574kg，试求 μ 的置信水平为 0.95 的置信区间.

2. 以下是某种清漆的 9 个样品，其干燥时间(单位: h)分别为

    6.0,   5.7,   5.8,   6.5,   7.0,   6.3,   5.6,   6.1,   5.0.

设干燥时间服从正态分布 $N(\mu,\sigma^2)$，求 μ 的置信水平为 0.95 的置信区间.

 (1) 若由以往经验知 $\sigma=0.6$ h； (2) 若 σ 为未知.

3. 设总体 X 服从正态分布 $N(\mu,\sigma^2)$，已知 $\sigma=\sigma_0$，要使总体均值 μ 的置信水平为 $100(1-\alpha)\%$ 的置信区间的长度不大于 l，问需要抽取多大容量的样本？

4. 某厂生产一批金属材料，其抗弯强度服从正态分布，今从这批金属材料中抽取 11 个测试件，测得它们的抗弯强度(单位: N)如下

42.5,   42.7,   43.0,   42.3,   43.4,   44.5,   44.0,   43.8,   44.1,   43.9,   43.7.

 求: (1)平均抗弯强度 μ 的置信水平为 0.95 的置信区间; (2)抗弯强度标准差 σ 的置信水平为 0.90 的置信区间.

5. 某车间生产滚珠，滚珠的直径可以认为服从正态分布 $N(\mu,\sigma^2)$，μ,σ^2 均未知. 今从某日生产的滚珠中随机抽取 6 件，测得直径(mm):

    14.7,   15.1,   14.9,   14.8,   15.2,   15.1.

求标准差的置信水平为 0.95 的置信上限.

(B) 提高题

1. 设自总体 $X \sim N(\mu,0.25)$ 中抽得容量为 10 的样本，算得样本均值 $\bar{x}=19.8$，自总体 $Y \sim N(\mu,0.36)$ 中抽得容量为 10 的样本，算得样本均值 $\bar{y}=24.0$，两样本相互独立，求 $\mu_1-\mu_2$ 的置信水平为 0.9 的置信区间.

2. 为降低某一化学生产过程的损耗，要采用一种新的催化剂，为慎重起见，先进行了试验，设采用原来的催化剂进行了 $n_1=11$ 次试验，得到的损耗的平均值为 $\bar{x}=8.06$，样本方差为 $s_1^2=0.063^2$；采用新的催化剂进行了 $n_2=21$ 次试验，得到的损耗的平均值为 $\bar{y}=7.74$，样本方差为 $s_2^2=0.059^2$；假设两总体都服从正态分布，且方差相同，求两总体均值差 $\mu_1-\mu_2$ 的置信水平为 0.95 的置信区间.

3. 设两位化验员 A,B 独立地对某种聚合物含氯量用相同的方法各做 10 次测定，其测定值的样本方差依次为 $s_A^2=0.5419, s_B^2=0.6065$. 设 σ_A^2,σ_B^2 分别为 A,B 所测定的测定值的总体方差，又设总体均服从正态分布，两样本独立. 求方差比 $\dfrac{\sigma_A^2}{\sigma_B^2}$ 置信水平为 95%的置信区间.

4. 设高度表的误差 X 服从正态分布 $N(0,\sigma^2)$，已知高度表误差的标准差 $\sigma=15\text{m}$，飞机上应该有多少这样的仪器，才能使得以概率 0.98 保证飞机高度的误差均值 $\bar{X}$ 的绝对值小于 30m？

思 维 导 图

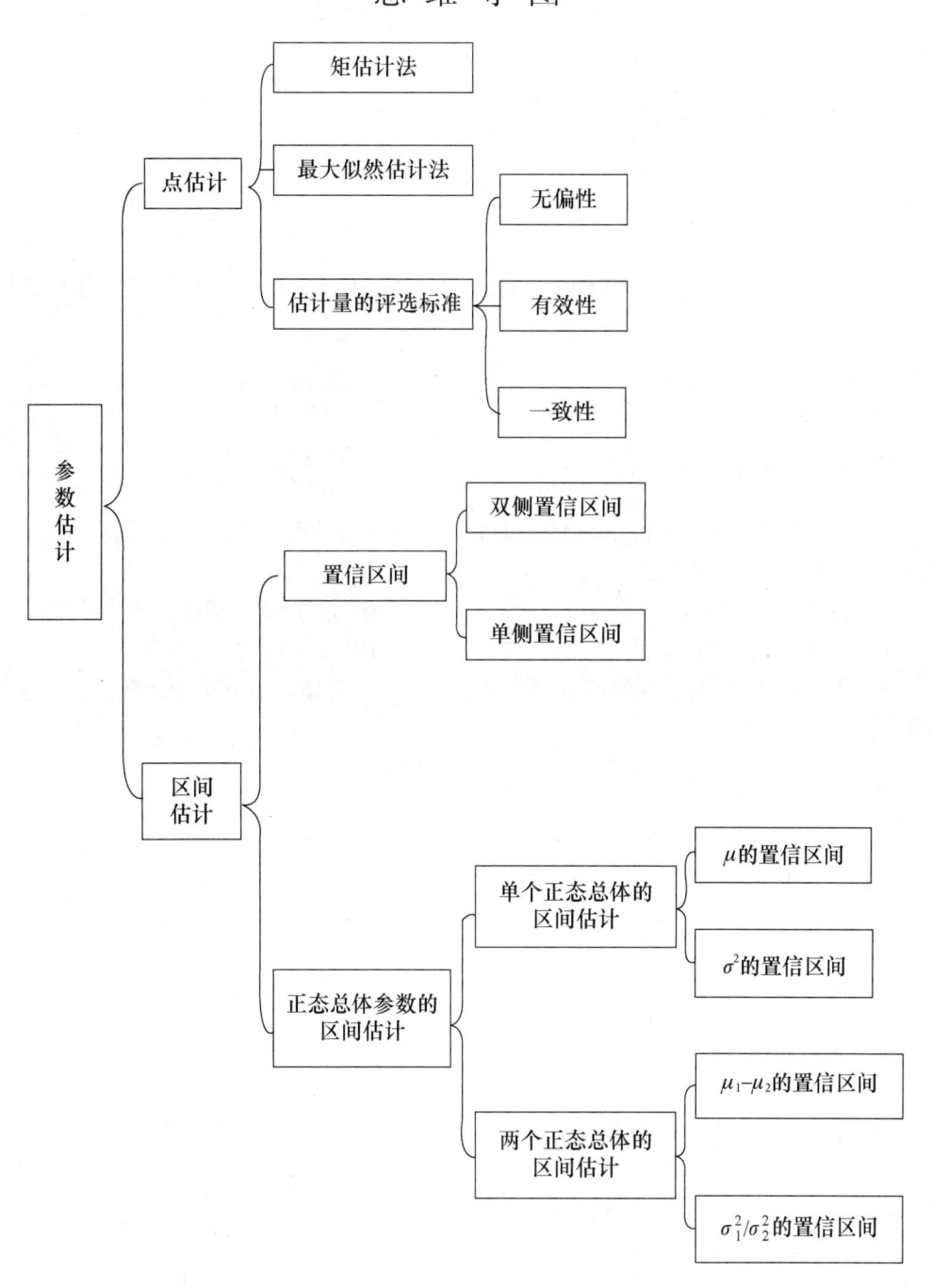

参数估计
- 点估计
  - 矩估计法
  - 最大似然估计法
  - 估计量的评选标准
    - 无偏性
    - 有效性
    - 一致性
- 区间估计
  - 置信区间
    - 双侧置信区间
    - 单侧置信区间
  - 正态总体参数的区间估计
    - 单个正态总体的区间估计
      - μ 的置信区间
      - σ^2 的置信区间
    - 两个正态总体的区间估计
      - $\mu_1-\mu_2$ 的置信区间
      - σ_1^2/σ_2^2 的置信区间

自 测 题 七

1. 设总体 $X \sim B(n,p)$，$0 < p < 1$ 为未知参数，$(X_1, X_2, \cdots, X_n)$ 为来自该总体的一组样本，则参数 p 的矩估计量为_____.

2. 设 $(X_1, X_2, \cdots, X_n)$ 是来自正态总体 $N(\mu, \sigma^2)$ 的样本，则关于 μ 及 σ^2 的似然函数 $L(x_1, x_2, \cdots, x_n; \mu, \sigma^2) = $_____.

3. (X_1, X_2, X_3) 是来自总体 X 的一组样本，$\hat{\mu} = aX_1 + \frac{1}{3}X_2 - \frac{1}{6}X_3$ 为总体均值 μ 的无偏估计，则 $a = $_____.

4. 设总体 $X \sim P(\lambda)$，$\lambda > 0$ 为未知参数，$(X_1, X_2, \cdots, X_n)$ 为来自该总体的一组样本，则参数 λ 的矩估计量为_____.

5. 设 $(X_1, X_2, \cdots, X_n)$ 是来自正态总体 $N(1, \sigma^2)$ 的样本，则可作为 σ^2 的无偏估计量的是( ).

 A. $\frac{1}{n}\sum_{i=1}^{n} X_i^2$；
 B. $\frac{1}{n-1}\sum_{i=1}^{n} X_i^2$；
 C. $\frac{1}{n-1}\sum_{i=1}^{n} (X_i - \overline{X})^2$；
 D. $\frac{1}{n}\sum_{i=1}^{n} (X_i - \overline{X})^2$.

6. 设总体 $X \sim N(\mu, \sigma^2)$，σ^2 已知，总体均值 μ 的置信度为 $1-\alpha$ 的置信区间长度为 l，当样本容量保持不变时，l 与 α 的关系为( ).

 A. α 增大，l 减小；
 B. α 增大，l 增大；
 C. α 增大，l 不变；
 D. α 与 l 的关系不确定.

7. 设 (X_1, X_2, X_3, X_4) 是来自总体 X 的一组样本，总体均值 μ 未知，则下列 μ 的无偏估计中，最有效的是( ).

 A. $\hat{\mu}_1 = \frac{1}{5}X_1 + \frac{1}{10}X_2 + \frac{2}{5}X_3 + \frac{3}{10}X_4$；
 B. $\hat{\mu}_2 = \frac{1}{4}X_1 + \frac{1}{4}X_2 + \frac{1}{4}X_3 + \frac{1}{4}X_4$；
 C. $\hat{\mu}_3 = \frac{1}{3}X_1 + \frac{1}{4}X_2 + \frac{1}{6}X_3 + \frac{1}{4}X_4$；
 D. $\hat{\mu}_4 = \frac{1}{3}X_1 + \frac{1}{2}X_2 + \frac{1}{12}X_3 + \frac{1}{12}X_4$.

8. 设总体 $X \sim N(\mu, \sigma^2)$，σ^2 已知，现在以置信度为 $1-\alpha$ 的置信区间估计总体的均值 μ，下列做法中一定能使估计更精确的是( ).

 A. 提高置信度 $1-\alpha$，增加样本容量；
 B. 提高置信度 $1-\alpha$，减少样本容量；
 C. 降低置信度 $1-\alpha$，增加样本容量；
 D. 降低置信度 $1-\alpha$，减少样本容量.

9. 设 $(X_1, X_2, \cdots, X_n)$ 是来自总体 X 的样本，均值 μ 已知，用 $\dfrac{1}{n-1}\sum\limits_{i=1}^{n}(X_i-\mu)^2$ 去估计总体方差 σ^2，它是否是 σ^2 的无偏估计，若不是，如何修改才能使其成为无偏估计.

10. 设总体 X 的概率密度函数为 $f(x;\mu,\sigma) = \dfrac{1}{\sigma}e^{-\dfrac{x-\mu}{\sigma}}, x > \mu, \sigma > 0$，试求未知参数 μ 和 σ 的最大似然估计量.

11. 设总体 $X \sim N(\mu, 0.9^2)$，当样本容量 $n = 9$ 时，测得样本均值 $\bar{x} = 5$，求未知参数 μ 的置信度为 0.95 的置信区间.

12. 某车间两条生产线生产同一种产品，产品的质量指标可以认为服从正态分布，现分别从两条生产线的产品中抽取容量为 25 和 21 的样本检测，算得样本方差分别是 7.89 和 5.07，求产品质量指标方差比的置信水平为 95% 的置信区间.

阅读材料: 统计学家皮尔逊简介

卡尔·皮尔逊，1857 年 3 月 27 日出生于伦敦，是公认的统计学之父，为现代统计学打下了坚实的基础. 1866 年皮尔逊进入伦敦大学学院学习. 1875 年获得剑桥大学国王学院奖学金. 1879 年获得学士学位，在剑桥大学数学荣誉学位考试中获得第三名. 从 1879—1880 年，他先在海德堡大学学习物理学和哲学，然后到柏林大学学习了罗马法，听了埃米尔·杜波·雷蒙德讲授的达尔文进化论课程.

1884 年，卡尔·皮尔逊被任命为伦敦大学学院应用数学教授. 他的专业职责是讲授静力学、动力学等. 他用直观的作图法深入浅出地讲解力学问题，很受初学者欢迎. 1891 年，他开始担任格雷沙姆学院几何学教授. 在做研究期间，皮尔逊对高尔顿在《自然遗传》中出现的"相关"这个概念非常着迷，认为这是一个比因果性更为广泛的范畴. 经过努力，皮尔逊在高尔顿等关于相关和回归统计概念与技巧的基础上，建立了后来所称的最大似然法.

第八章 假设检验

假设检验是统计推断的另一类重要问题. 对总体 X 的分布或分布中的未知参数提出的假设, 称为**统计假设**. **假设检验**就是根据样本提供的信息来检验对总体 X 提出的假设是否成立. 对参数的假设进行的检验称为**参数假设检验**, 对不是参数的假设进行的检验称为**非参数假设检验**. 假设检验在理论研究和实际应用上都占有重要的地位, 假设检验有其独特的统计思想, 许多实际问题都可以作为假设检验问题而得以有效的解决. 本章主要介绍假设检验的基本思想和常用的检验方法, 重点讨论正态总体参数的假设检验.

第一节 假设检验的基本概念

一、假设检验问题的提出

科学实践中, 人们需要探索和了解未知总体的某些指标特性及其变化规律, 为此在对总体进行研究时需要先对总体做出某种假设, 然后才能进行下一步的讨论. 先看两个例子.

例 1 某炼铁厂的铁水含碳量 X 在某种工艺条件下服从正态分布 $N(4.55, 0.108^2)$. 现改变了工艺条件, 又测了 5 炉铁水, 其含碳量分别为

$$4.28, \quad 4.40, \quad 4.42, \quad 4.35, \quad 4.37.$$

根据以往的经验, 总体的方差 $\sigma^2 = 0.108^2$ 一般不会改变, 试问工艺改变后铁水含碳量的均值有无显著改变?

这里需要解决的问题是如何根据样本判断现在冶炼的铁水的含碳量 X 是服从 $\mu = 4.55$ 的正态分布, 还是服从 $\mu \neq 4.55$ 的正态分布. 若是前者, 可以认为新工艺对铁水的含碳量没有显著的影响; 若是后者, 则认为新工艺对铁水的含碳量有显著影响. 通常选择其中之一作为假设后, 再利用样本检验假设的真伪.

例 2 某自动车床生产了一批铁钉, 现从该批铁钉中随机抽取了 11 根, 测得长度(单位: mm)数据为

10.41, 10.32, 10.62, 10.18, 10.77, 10.64, 10.82, 10.49, 10.38, 10.59, 10.54.

试问铁钉的长度 X 是否服从正态分布?

在本例中, 我们关心的问题是总体 X 是否服从正态分布 $N(\mu, \sigma^2)$. 如同例 1 那样, 选择是或否作为假设, 然后利用样本对假设的真伪做出判断.

在假设检验问题中, 常把一个被检验的假设称为**原假设**或**零假设**, 一般用 H_0 表

示；而把与原假设对立的假设称为**备择假设**，记为 H_1. 如例 1，若原假设为 H_0：$\mu = 4.55$，则备择假设为 $H_1 : \mu \neq 4.55$. 若例 2 的原假设为 $H_0 : X$ 服从正态分布 $N(\mu, \sigma^2)$，则备择假设为 $H_1 : X$ 不服从正态分布. 当然，在两个假设中用哪一个作为原假设，哪一个作为备择假设，视具体问题的题设和要求而定. 例 1 中总体分布已知，是对总体参数作出假设，这种假设称为**参数假设**. 而例 2 中总体的分布完全不知或不确切知道，是对总体分布作出某种假设，这种假设称为**非参数假设**.

二、假设检验问题的基本思想和步骤

前面介绍了针对具体问题如何提出假设，那么如何对假设进行判断呢? 也就是如何利用从总体中抽取的样本来检验一个关于总体的假设是否成立. 如何来获取并利用样本信息是解决问题的关键. 统计学中常用"小概率原理"和"概率反证法"来解决这个问题.

小概率原理 小概率事件在一次试验中几乎不会发生. 如果小概率事件在一次试验中竟然发生了，则实属反常，一定有导致反常的特别原因，有理由怀疑试验的原定条件不成立.

概率反证法 欲判断假设 H_0 的真假，先假定 H_0 为真，在此前提下构造一个小概率事件 A. 试验取样，由样本信息确定 A 是否发生. 若 A 发生，这与小概率原理相违背，说明试验的假定条件 H_0 不成立，那就拒绝 H_0，接受 H_1 成立；若小概率事件 A 没有发生，那么就没理由拒绝 H_0，只好接受 H_0^* 成立.

反证法的关键是通过推理得到一个与常理(定理、公式、原理)相违背的结论. "概率反证法"依据的是"小概率原理"，那么多小的概率才算小概率呢? 这要由实际问题的不同需要来决定. 用符号 α 记为小概率，一般常取 $\alpha = 0.01, 0.05, 0.1$ 等. 在假设检验中，要求小概率事件的概率不超过 α，称 α 为**检验水平**或**显著性水平**.

下面结合例 1 的问题，说明假设检验的基本思想和主要步骤.

首先，建立假设：
$$H_0: \mu = \mu_0 = 4.55, \quad H_1: \mu \neq 4.55.$$

其次，从总体中抽样得到一样本观测值 $(x_1, x_2, \cdots, x_n)$. 由第七章我们知道，样本均值 $\overline{X}$ 是总体数学期望 μ 的一个无偏估计. 因此若 H_0 正确，$\overline{x}$ 与 $\mu_0 = 4.55$ 应该比较接近，或者说偏差 $|\overline{x} - \mu_0|$ 不应太大，若偏差 $|\overline{x} - \mu_0|$ 过大，我们就有理由怀疑 H_0 的正确性，进而拒绝 H_0. 由于 $U = \dfrac{\overline{X} - \mu_0}{\sigma / \sqrt{n}} \sim N(0,1)$，因此考察 $|\overline{X} - \mu_0|$ 的大小等价于考察 $\dfrac{|\overline{X} - \mu_0|}{\sigma / \sqrt{n}}$ 的大小，那么如何判断 $\dfrac{|\overline{X} - \mu_0|}{\sigma / \sqrt{n}}$ 是否偏大呢? 要想判别其大小，需要有一个衡量的标准，一般事先给定一个较小的正数 α (也即显著性水平)，由于事件 "$\dfrac{|\overline{X} - \mu_0|}{\sigma / \sqrt{n}} > u_{\alpha/2}$" 是概率为 α 的小概率事件，即 $P\left\{\dfrac{|\overline{X} - \mu_0|}{\sigma / \sqrt{n}} > u_{\alpha/2}\right\} = \alpha$，因此将样本

值代入统计量 $U = \dfrac{\overline{X} - \mu_0}{\sigma/\sqrt{n}}$,计算得到其观测值 $|u| = \dfrac{|\overline{x} - \mu_0|}{\sigma/\sqrt{n}}$,若 $|u| > u_{\alpha/2}$,即说明在一次抽样中小概率事件居然发生了,因此依据小概率事件原理,有理由拒绝 H_0,接受 H_1 成立;若 $|u| \leqslant u_{\alpha/2}$,则没有理由拒绝 H_0,只能接受 H_0.

称 $|U| > u_{\alpha/2}$ 为检验的**拒绝域**(也称检验的**否定域**),记为 W;称 $|U| \leqslant u_{\alpha/2}$ 为检验的**接受域**,见图 8-1. 用于检验假设问题的统计量 $U = \dfrac{\overline{X} - \mu_0}{\sigma/\sqrt{n}}$ 称为**检验统计量**.

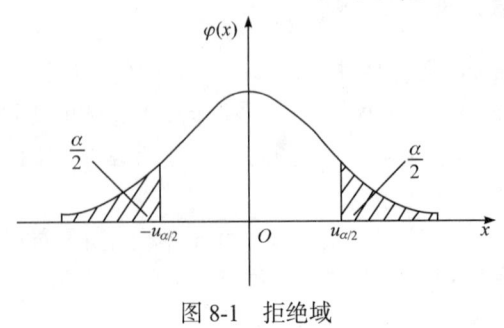

图 8-1 拒绝域

由于 H_0 成立时,检验统计量 $U = \dfrac{\overline{X} - \mu_0}{\sigma/\sqrt{n}} \sim N(0,1)$,因此当给定 α 时,由 $P\{|U| > u_{\alpha/2}\} = \alpha$ 可以查标准正态分布表得到 $u_{\alpha/2}$ 的值,$u_{\alpha/2}$ 也称为检验的**临界值**.

综上所述,可归纳出假设检验问题的基本步骤如下:

(1) 根据所讨论的实际问题提出原假设 H_0 及备择假设 H_1;

(2) 构造适当的检验统计量,并在 H_0 成立的条件下确定其分布;

(3) 对事先给定的显著性水平 α,根据检验统计量的分布,查表找出临界值,从而确定 H_0 的拒绝域 W;

(4) 由样本观测值计算检验统计量的值;

(5) 如果检验统计量的值落入拒绝域 W 内,则拒绝 H_0,接受 H_1;如果没有落入拒绝域 W 内,则接受 H_0,拒绝 H_1.

根据上面的步骤,我们来解决例 1 提出的问题.

(1) 提出假设 H_0:$\mu = \mu_0 = 4.55$,H_1:$\mu \neq 4.55$;

(2) 在 H_0 成立条件下,构造检验统计量

$$U = \dfrac{\overline{X} - \mu_0}{\sigma/\sqrt{n}} \sim N(0,1);$$

(3) 对给定的 $\alpha = 0.05$,查标准正态分布表得临界值 $u_{\alpha/2} = u_{0.025} = 1.96$,从而拒绝域为 $W = \{|U| > 1.96\}$;

(4) 这里 $n = 5, \overline{x} = 4.364, \sigma = 0.108$,故检验统计量 U 的值

$$u = \dfrac{\overline{x} - \mu_0}{\sigma/\sqrt{n}} = \dfrac{4.364 - 4.55}{0.108/\sqrt{5}} \approx -3.85;$$

(5) 因为 $|u|=3.85>1.96$，所以拒绝 H_0，接受 H_1，即认为新工艺改变了铁水的平均含碳量.

三、假设检验中的两类错误

我们已经知道，假设检验的推理方法是根据"小概率原理"进行判断的一种反证法. 但是小概率事件在一次试验中几乎不会发生并不是绝对不发生，只是它发生的可能性很小而已. 由此可知，假设检验有可能犯错误，其错误有两类.

第一类错误 当原假设 H_0 为真时，根据样本提供的信息做出拒绝 H_0 的判断，通常称之为**弃真错误**或**拒真错误**.

第二类错误 当原假设 H_0 不成立时，根据样本提供的信息做出接受 H_0 的判断，这类错误称为**取伪错误**.

现列表说明两类错误，见表 8-1.

表 8-1 两类错误

真实情况	判断	
	接受 H_0	拒绝 H_0
H_0 成立	正确	第一类错误
H_1 成立	第二类错误	正确

犯第一类错误的概率记为

$$P\{拒绝 H_0 \mid H_0 为真\} = \alpha.$$

犯第二类错误的概率记为

$$P\{接受 H_0 \mid H_0 不真\} = \beta.$$

不难理解犯第一类错误的概率就是显著性水平 α. 因为 $P\{|u|>u_{\alpha/2} \mid H_0 成立\} = \alpha$，在 H_0 成立条件下，根据样本值算得的 u 满足"$|u|>u_{\alpha/2}$"，即样本值落入拒绝域 W，从而拒绝了 H_0，由此可见，犯第一类错误的概率即为 α，而 α 即为显著性水平.

犯第二类错误的概率 β 的计算通常比较复杂，这里不作过多探讨. 两类错误是相互关联的.

由于在数理统计中，总是由局部推断整体，因此不可能要求一个检验永远不会出错. 但可以要求犯错误的概率尽可能小一些. 为此在确定检验法时，应尽可能使犯两类错误的概率越小越好. 事实上，在样本容量 n 固定的情况下这一点是办不到的. 因为当 α 减小时，β 就增大；反之当 β 减小时，α 就增大. 若要同时减少犯两类错误的概率除非增大样本容量.

据此适用的方法是，先控制犯第一类错误的概率 α，然后适当增大样本容量 n，以减少犯第二类错误的概率 β，从而使 α，β 都适当小. 而在样本容量固定、两类错误不能同时减少的情况下一般这样处理：实际问题中对原假设 H_0 要经过充分考虑建立，或者认为犯弃真错误会造成严重的后果. 例如原假设是前人工作的结晶，具有稳定性，从经验看若没有条件发生变化是不会轻易改变的，如果因犯第一类错误而被否定往往会造成很大的损失. 因此在 H_0 与 H_1 之间我们主观上往往倾向于保护 H_0，即 H_0 确实成立时作出拒绝 H_0 的概率应是一个很小的正数. 也就是将犯弃真错误的概率限制在事先给定的 α 范围内. 这种只对犯第一类错误加以控制而不考虑犯第二类错误的检验问题，称为**显著性检验问题**. 这类假设检验通常称为**显著性假设检验**.

一般地，假设检验有两种形式，**双侧检验和单侧检验**.

在对总体分布中的参数进行检验时，如果原假设为 $H_0: \theta = \theta_0$，备择假设为 $H_1: \theta \neq \theta_0$，称这类假设检验问题为**双侧检验**，其他类型的都称为**单侧检验**，具体为

双侧检验：$H_0: \theta = \theta_0$，$H_1: \theta \neq \theta_0$.

单侧检验：$H_0: \theta \leq \theta_0$，$H_1: \theta > \theta_0$；

$H_0: \theta \geq \theta_0$，$H_1: \theta < \theta_0$.

假设检验按所取子样容量的大小，分为小子样和大子样两类问题，对于小子样显著性检验，需要给出检验统计量的精确分布，而对大子样问题，可利用检验统计量的极限分布，本章只介绍小子样的正态总体参数的假设检验，对大子样以及非正态总体参数的假设检验不作介绍.

习题 8-1

(A) 基础题

1. 试述假设检验的基本步骤.

2. 设 α，β 分别是假设检验中犯第一、第二类错误的概率，H_0，H_1 分别为原假设及备择假设，则

(1) $P\{\text{接受}H_0 \mid H_0 \text{不真}\} = \underline{\qquad}$；

(2) $P\{\text{拒绝}H_0 \mid H_0 \text{为真}\} = \underline{\qquad}$；

(3) $P\{\text{拒绝}H_0 \mid H_0 \text{不真}\} = \underline{\qquad}$；

(4) $P\{\text{接受}H_0 \mid H_0 \text{为真}\} = \underline{\qquad}$.

3. 在假设检验问题中，显著性水平 α 的意义是(　　).

A. 在 H_0 成立的条件下，经检验 H_0 被拒绝的概率；

B. 在 H_0 成立的条件下，经检验 H_0 被接受的概率；

C. 在 H_0 不成立的条件下，经检验 H_0 被拒绝的概率；

D. 在 H_0 不成立的条件下，经检验 H_0 被接受的概率.

4. 下列说法正确的是(　　).

A. 如果备择假设是正确的，但做出拒绝备择假设结论，则犯了弃真错误；

B. 如果备择假设是错误的，但做出接受备择假设结论，则犯了取伪错误；

C. 如果原假设是错误的，但做出接受备择假设结论，则犯了取伪错误；
D. 如果原假设是正确的，但做出接受备择假设结论，则犯了弃真错误.

5. 假设检验时，当在样本容量一定时，减小犯第二类错误的概率，则犯第一类错误的概率(　　).

　　A. 必然变小；　　　　　　　　　　B. 必然变大；
　　C. 不确定；　　　　　　　　　　　D. 肯定不变.

(B) 提高题

1. 设 $(X_1, X_2, \cdots, X_n)$ 是取自正态总体 $N(\mu, 16)$ 的一个样本，其中 μ 为未知参数，检验 H_0：$\mu = \mu_0$，H_1：$\mu \neq \mu_0$，取拒绝域 $W = \{|\bar{x} - \mu_0| \geq C\}$，
(1) 显著性水平 $\alpha = 0.05$，试确定常数 C；
(2) 若固定样本容量 $n = 36$，试分析犯两类错误的概率 α 和 β 之间的关系.

2. 设 $(X_1, X_2, \cdots, X_n)$ 是取自正态总体 $N(\mu, 0.04)$ 的一个样本，其中 μ 为未知参数，检验 H_0：$\mu = \mu_0$，H_1：$\mu \neq \mu_0$，取拒绝域 $W = \{|\bar{x} - \mu_0| \geq 0.1\}$，要使犯第一类错误的概率不大于 0.05，则样本容量至少应为多少？

3. 设总体 $X \sim N(\mu, 1)$，$(X_1, X_2, \cdots, X_{16})$ 为来自总体 X 的样本，其中 μ 为未知参数，要检验 H_0：$\mu = 0$，H_1：$\mu \neq 0$，试证：以 $W = \{4|\bar{x}| > 1.96\}$ 为拒绝域的检验犯第一类错误的概率为 0.05.

第二节　单个正态总体参数的假设检验

本节讨论单个正态总体的均值与方差的假设检验问题，主要讲解双侧检验. 构造合适的检验统计量并确定其分布是解决检验问题的关键. 若检验统计量服从标准正态分布(或 χ^2 分布、t 分布)，则所得到的相应检验法称为 u 检验法(或 χ^2 检验法、t 检验法).

设总体 $X \sim N(\mu, \sigma^2)$，$(X_1, X_2, \cdots, X_n)$ 为来自总体 X 的样本，并记样本均值和样本方差为

$$\bar{X} = \frac{1}{n}\sum_{i=1}^{n}X_i, \quad S^2 = \frac{1}{n-1}\sum_{i=1}^{n}(X_i - \bar{X})^2.$$

下面分别就单个正态总体的均值 μ 和方差 σ^2 进行假设检验.

一、单个正态总体均值的假设检验

对均值 μ 的检验要分方差已知和方差未知两种情况来考虑，现就两种情形分别讨论如下.

1. 总体方差 $\sigma^2 = \sigma_0^2$ 已知，关于均值 μ 的检验(U 检验法)

本章第一节的例 1 中，我们已经讨论了当 σ^2 已知时正态总体 $N(\mu, \sigma^2)$ 关于 $\mu = \mu_0$

的检验问题,要检验的假设为

$$H_0: \mu = \mu_0, \quad H_1: \mu \neq \mu_0.$$

在 H_0 成立的条件下选用检验统计量:

$$U = \frac{\bar{X} - \mu_0}{\sigma/\sqrt{n}} \sim N(0,1).$$

对于给定的显著性水平 α,查标准正态分布表得临界值 $u_{\alpha/2}$,得到拒绝域为

$$W = \{|U| > u_{\alpha/2}\}.$$

再由样本的观测值 $(x_1, x_2, \cdots, x_n)$ 计算统计量 U 的观测值 $u = \dfrac{\bar{x} - \mu_0}{\sigma/\sqrt{n}}$,并与 $u_{\alpha/2}$ 比较. 若 $|u| > u_{\alpha/2}$,则拒绝 H_0,接受 H_1;若 $|u| \leqslant u_{\alpha/2}$,则接受 H_0. 这种检验通常称为 U **检验法**. 为了熟悉该类假设检验的具体做法,下面再举一例.

例 1 设某车床生产的纽扣的直径 X 服从正态分布,根据以往的经验,当车床工作正常时生产的纽扣的平均直径 $\mu_0 = 26$,方差 $\sigma^2 = 2.6^2$. 某天开机一段时间后为检验车床工作是否正常,随机地从刚生产的纽扣中抽检了 100 粒,测得 $\bar{x} = 26.56$. 假定方差没有变化,试在 $\alpha = 0.05$ 下检验该车床工作是否正常.

解 需检验假设 $H_0: \mu = \mu_0 = 26$,$H_1: \mu \neq 26$,构造检验统计量

$$U = \frac{\bar{X} - \mu_0}{\sigma/\sqrt{n}} \sim N(0,1);$$

给定 $\alpha = 0.05$,查标准正态分布表得临界值

$$u_{\alpha/2} = u_{0.025} = 1.96;$$

原假设 H_0 的拒绝域为

$$W = \{|U| > u_{\alpha/2}\} = (-\infty, -1.96) \cup (1.96, +\infty);$$

计算检验统计量的观测值

$$u = \frac{\bar{x} - \mu_0}{\sigma/\sqrt{n}} = \frac{26.56 - 26}{2.6/\sqrt{100}} = 2.15 > 1.96.$$

故拒绝 H_0,接受 H_1,即认为该天车床工作不正常.

2. 总体方差 σ^2 未知,关于均值 μ 的检验(t 检验法)

我们要在方差 σ^2 未知的条件下检验

$$H_0: \mu = \mu_0, \quad H_1: \mu \neq \mu_0.$$

由于 σ^2 未知，$\dfrac{\bar{X}-\mu_0}{\sigma/\sqrt{n}}$ 不再是统计量，因此再取 $U=\dfrac{\bar{X}-\mu_0}{\sigma/\sqrt{n}}$ 作检验统计量就行不通了. 由于样本标准差 S 是总体标准差 σ 的无偏估计，这时我们自然想到用样本标准差 S 代替总体标准差 σ，故可以取 $T=\dfrac{\bar{X}-\mu_0}{S/\sqrt{n}}$ 作为检验统计量.

在 H_0 成立时，
$$T=\dfrac{\bar{X}-\mu_0}{S/\sqrt{n}}\sim t(n-1).$$

对于给定的显著性水平 α，查 t 分布表得到 $t_{\alpha/2}(n-1)$. 因此 H_0 的拒绝域为 $W=\{|T|>t_{\alpha/2}(n-1)\}$，如图 8-2 所示.

再由样本的观测值 $(x_1,x_2,\cdots,x_n)$ 计算统计量 T 的观测值 $t=\dfrac{\bar{x}-\mu_0}{s/\sqrt{n}}$，并与

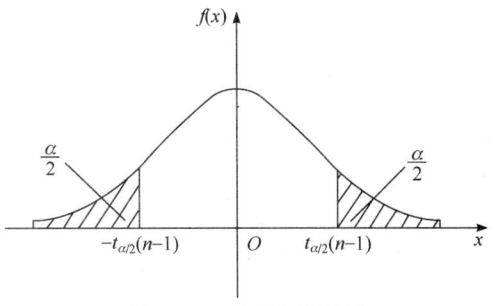

图 8-2 t 检验法拒绝域

$t_{\alpha/2}(n-1)$ 比较. 若 $|t|>t_{\alpha/2}(n-1)$，则拒绝 H_0，接受 H_1；若 $|t|\leqslant t_{\alpha/2}(n-1)$，则接受 H_0. 这种检验通常称为 t **检验法**.

例 2 假定某厂生产一种钢索，它的断裂强度 X (单位：kg/cm^2) 服从 $N(\mu,\sigma^2)$，μ 和 σ^2 皆是未知的，从该厂生产的钢索中选取一个容量为 9 的样本，得到 $\bar{x}=780kg/cm^2$，$s=40kg/cm^2$，能否认为这批钢索的断裂强度为 800 kg/cm^2？(取 $\alpha=0.05$)

解 检验的问题为
$$H_0:\mu=\mu_0=800, \quad H_1:\mu\neq 800.$$
由于 σ^2 未知，故应该用 t 检验法，$n=9$，故检验统计量
$$T=\dfrac{\bar{X}-800}{S/\sqrt{9}}\sim t(8).$$
$\alpha=0.05$，查 t 分布表得
$$t_{\alpha/2}(n-1)=t_{0.025}(8)=2.3060.$$
原假设 H_0 的拒绝域为
$$W=(-\infty,-2.306)\bigcup(2.306,+\infty).$$
由题意得
$$\bar{x}=780, \quad s=40,$$
$$|t|=\left|\dfrac{\bar{x}-800}{s/\sqrt{9}}\right|=\left|\dfrac{780-800}{40/3}\right|=1.5<2.3060=t_{0.025}(8).$$
所以接受 H_0，可以认为这批钢索的断裂强度为 800 kg/cm^2.

二、单个正态总体方差的假设检验

1. 总体均值 μ 已知，关于 σ^2 的假设检验（χ^2 检验法）

对于假设

$$H_0: \sigma^2 = \sigma_0^2, \quad H_1: \sigma^2 \neq \sigma_0^2.$$

由于在 H_0 成立时

$$\chi^2 = \frac{1}{\sigma^2}\sum_{i=1}^{n}(X_i - \mu)^2 \sim \chi^2(n).$$

对给定的显著性水平 α，查表可得 $\chi^2_{1-\alpha/2}(n)$ 与 $\chi^2_{\alpha/2}(n)$，使得

$$P\{(0 < \chi^2 < \chi^2_{1-\alpha/2}(n)) \cup (\chi^2 > \chi^2_{\alpha/2}(n))\} = \alpha.$$

从而得到 H_0 的拒绝域为 $W = \{0 < \chi^2 < \chi^2_{1-\alpha/2}(n)\} \cup \{\chi^2 > \chi^2_{\alpha/2}(n)\}$，如图 8-3 所示。

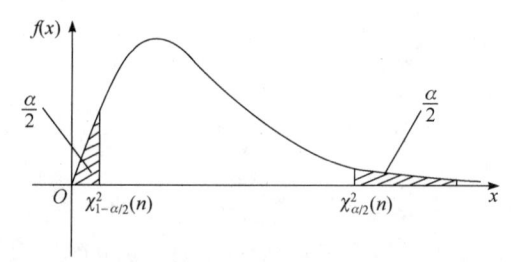

图 8-3 χ^2 检验法拒绝域

再由样本的观测值 $(x_1, x_2, \cdots, x_n)$ 计算统计量 χ^2 的观测值 $\chi^2 = \frac{1}{\sigma^2}\sum_{i=1}^{n}(x_i - \mu)^2$，若观测值 χ^2 在拒绝域中，则拒绝 H_0，接受 H_1；若观测值 χ^2 不在拒绝域中，则接受 H_0。这种检验通常称为 χ^2 **检验法**。

2. 总体均值 μ 未知，关于 σ^2 的假设检验（χ^2 检验法）

由于样本方差 S^2 是总体方差 σ^2 的无偏估计，一个直观的想法是考虑 S^2 与 σ^2 之比，当 H_0 成立时，比值一般来说应在 1 附近摆动，而不应过分地大于或小于 1，否则就应该拒绝 H_0。所以，当 H_0 成立时，

$$\chi^2 = \frac{(n-1)S^2}{\sigma_0^2} = \frac{1}{\sigma_0^2}\sum_{i=1}^{n}(X_i - \bar{X})^2 \sim \chi^2(n-1).$$

对于给定的显著性水平 α，查表可得 $\chi^2_{1-\alpha/2}(n-1)$ 与 $\chi^2_{\alpha/2}(n-1)$，使得

$$P\{(0 < \chi^2 < \chi^2_{1-\alpha/2}(n-1)) \cup (\chi^2 > \chi^2_{\alpha/2}(n-1))\} = \alpha,$$

从而得到 H_0 的拒绝域为

$$W = \{0 < \chi^2 < \chi^2_{1-\alpha/2}(n-1)\} \cup \{\chi^2 > \chi^2_{\alpha/2}(n-1)\}.$$

再由样本的观测值$(x_1, x_2, \cdots, x_n)$计算统计量χ^2的观测值

$$\chi^2 = \frac{(n-1)s^2}{\sigma_0^2} = \frac{1}{\sigma_0^2}\sum_{i=1}^{n}(x_i - \bar{x})^2.$$

若观测值χ^2在拒绝域中，则拒绝H_0，接受H_1；若观测值χ^2不在拒绝域中，则接受H_0. 这种检验通常称为χ^2**检验法**.

例 3 某厂生产螺钉，其直径长期以来服从方差为$\sigma^2 = 0.0002$的正态分布，现有一批这种螺钉，从生产情况来看，直径长度可能有所波动. 为此，今从产品中随机抽取 10 只进行测量，得到数据(单位: cm)如下

1.19, 1.21, 1.21, 1.18, 1.17, 1.20, 1.20, 1.17, 1.19, 1.18.

试问根据这组数据能否推断这批螺钉直径的波动性较以往有显著变化?(取$\alpha = 0.05$)

解 依题意，提出假设

$$H_0: \sigma^2 = \sigma_0^2 = 0.0002, \quad H_1: \sigma^2 \neq 0.0002.$$

构造检验统计量

$$\chi^2 = \frac{(n-1)S^2}{\sigma_0^2} \sim \chi^2(n-1).$$

对于$\alpha = 0.05$，查χ^2分布表得$\chi^2_{\alpha/2}(n-1) = \chi^2_{0.025}(9) = 19.0228$，$\chi^2_{1-\alpha/2}(n-1) = \chi^2_{0.975}(9) = 2.7004$，因此拒绝域$W = \{0 < \chi^2 < 2.7004\} \cup \{\chi^2 > 19.0228\}$.

由样本值得$\bar{x} = 1.19$，$(n-1)s^2 = 0.002$. 于是，计算χ^2值得到$\chi^2 = \frac{(n-1)s^2}{\sigma_0^2} = 10$.

而$2.7004 < \chi^2 = 10 < 19.0228$，所以接受$H_0$，即认为这批螺钉直径的波动性较以往没有显著变化.

对方差σ^2作检验时，无论μ已知还是未知，所构造的统计量都服从χ^2分布，只是自由度不同，常称这种检验为χ^2**检验法**.

习题 8-2

(A) 基础题

1. 设某产品重量X(单位: g)服从正态分布$N(2, 0.01)$. 现采用新工艺后抽取 100 个产品，算得其重量的平均值为$\bar{x} = 1.978$. 若方差$\sigma^2 = 0.01$未变，问能否认为产品重量的均值还和以前相同?(显著性水平$\alpha = 0.05$)

2. 设某厂生产的食盐的袋装重量服从正态分布$N(\mu, \sigma^2)$(单位: g)，已知标准差为 3g. 从生产过程中随机抽取16袋食盐，分别测得重量后算出平均袋装食盐重量为496g. 问是否可以认为该厂生产的袋装食盐的平均重量为500g?(显著性水平$\alpha = 0.05$)

3. 某日从饮料生产线随机抽取 16 瓶饮料，分别测得重量(单位: g)后算出样本均值$\bar{x} = 502.92$g 及样本标准差$s = 12$g. 假设瓶装饮料的重量服从正态分布$N(\mu, \sigma^2)$，其中

σ^2 未知，问该日生产的瓶装饮料的平均重量是否为 500g?(显著性水平 $\alpha = 0.05$)

4. 设某厂生产铜线的折断力 X 服从 $N(\mu, 8^2)$，现从一批产品中抽查 10 根测其折断力，经计算得样本均值 $\bar{x} = 575.2 \text{kg}$，样本方差 $s^2 = 68.16 \text{kg}^2$. 试问能否认为这批铜线折断力的方差仍为 8^2kg^2?(显著性水平 $\alpha = 0.05$)

5. 某供货商声称他们提供的金属线的质量非常稳定，其抗拉强度的方差为 9kg^2. 为了检测抗拉强度，在该金属线中随机地抽取 10 根，测得样本标准差 $s = 4.5 \text{kg}$，设该金属线的抗拉强度服从正态分布 $N(\mu, \sigma^2)$，问是否可以相信该供货商的说法?(显著性水平 $\alpha = 0.05$)

(B) 提高题

1. 某自动机生产一种铆钉，尺寸误差 $X \sim N(\mu, 1)$，该机正常工作与否的标志是检验 $\mu = 0$ 是否成立. 一日抽检容量 $n = 10$ 的样本，测得样本均值为 $\bar{x} = 1.01$. 试问在显著性水平 $\alpha = 0.05$ 下，该日自动机工作是否正常？

2. 某校大二学生概率统计成绩 X 服从正态分布 $N(\mu, \sigma^2)$，从中随机抽取 25 位考生的成绩，算得平均分为 72.5 分，标准差为 8 分，试在显著性水平 $\alpha = 0.05$ 条件下分别检验

(1) $H_0: \mu = 75, H_1: \mu \neq 75$;

(2) $H_0: \sigma^2 = 25, H_1: \sigma^2 \neq 25$.

3. 有一种新安眠剂，据说在一定剂量下能比某种旧安眠剂平均增加睡眠时间 3h，为了检验新安眠剂的这种说法是否正确，收集到一组使用新安眠剂的睡眠时间(单位: h):

$$26.7, \quad 22.0, \quad 24.1, \quad 21.0, \quad 27.2, \quad 25.0, \quad 23.4.$$

根据资料，用某种旧安眠剂时平均睡眠时间为 23.8h，假设用安眠剂后睡眠时间服从正态分布，试问这组数据能否说明新安眠剂的疗效?(显著性水平 $\alpha = 0.05$)

4. 一名 NBA 教练称，一名 NBA 球员的罚球命中率为 65%，随机选取了 9 名球员，观测到罚球平均命中率为 68%，标准差为 5%.

(1) 在显著性水平 $\alpha = 0.05$ 条件下，对上述结论进行假设检验.

(2) 若用 100 名球员代替 9 名球员，会有什么变化？

第三节　两个正态总体参数的假设检验

在实际应用中常常遇到两个正态总体参数的比较问题，如两个车间生产的灯泡寿命是否相同、两批电子元件的电阻是否有差别、两台机床加工零件的精度是否有差异等，一般都可归纳为两个正态总体参数的假设检验.

设总体 $X \sim N(\mu_1, \sigma_1^2)$，总体 $Y \sim N(\mu_2, \sigma_2^2)$，$(X_1, X_2, \cdots, X_{n_1})$ 为来自总体 X 的样本，$(Y_1, Y_2, \cdots, Y_{n_2})$ 为来自总体 Y 的样本，且两组样本相互独立，记

$$\bar{X} = \frac{1}{n_1}\sum_{i=1}^{n_1} X_i, \quad S_1^2 = \frac{1}{n_1-1}\sum_{i=1}^{n_1}(X_i - \bar{X})^2,$$

$$\bar{Y} = \frac{1}{n_2}\sum_{i=1}^{n_2} Y_i, \quad S_2^2 = \frac{1}{n_2-1}\sum_{i=1}^{n_2}(Y_i - \bar{Y})^2.$$

在两个正态总体条件下,考虑的是两个正态总体的均值和它们的方差的假设检验. 下面分别讨论这两种情况.

一、两个正态总体均值的假设检验

1. 两个正态总体方差 σ_1^2, σ_2^2 已知时,均值的检验(U 检验法)

设需要检验的假设是

$$H_0: \mu_1 = \mu_2, \quad H_1: \mu_1 \neq \mu_2.$$

因为 σ_1^2, σ_2^2 已知,可选取

$$U = \frac{\bar{X} - \bar{Y} - (\mu_1 - \mu_2)}{\sqrt{\frac{\sigma_1^2}{n_1} + \frac{\sigma_2^2}{n_2}}} \sim N(0,1).$$

当 H_0 成立时,检验统计量为

$$U = \frac{\bar{X} - \bar{Y}}{\sqrt{\frac{\sigma_1^2}{n_1} + \frac{\sigma_2^2}{n_2}}} \sim N(0,1).$$

对于给定的显著性水平 α,查标准正态分布表得临界值 $u_{\alpha/2}$,于是拒绝域为

$$W = \{|U| > u_{\alpha/2}\}.$$

由统计量的观测值计算出 $u = \dfrac{\bar{x} - \bar{y}}{\sqrt{\dfrac{\sigma_1^2}{n_1} + \dfrac{\sigma_2^2}{n_2}}}$ 的值,当 $|u| > u_{\alpha/2}$ 时,拒绝 H_0,认为两个总体的均值差异显著;否则接受 H_0,认为两个总体的均值差异不显著.

例1 甲、乙两台车床加工同一种轴,现在要测量轴的椭圆度. 设甲车床加工的轴的椭圆度 $X \sim N(\mu_1, \sigma_1^2)$,乙车床加工的轴的椭圆度 $Y \sim N(\mu_2, \sigma_2^2)$,$\sigma_1^2 = 0.0006 \text{mm}^2$,$\sigma_2^2 = 0.0038 \text{mm}^2$,现从甲、乙两台车床加工的轴中分别测量了 $n_1 = 200$ 根,$n_2 = 150$ 根轴的椭圆度,并计算得到样本均值分别为 $\bar{x} = 0.081 \text{mm}$,$\bar{y} = 0.060 \text{mm}$. 试问这两台车床加工的轴的椭圆度是否有显著性差异?(取 $\alpha = 0.05$)

解 依题意,提出假设

$$H_0: \mu_1 = \mu_2, \quad H_1: \mu_1 \neq \mu_2.$$

σ_1^2, σ_2^2 已知,用 u 检验法,构造检验统计量

$$U = \frac{\bar{X} - \bar{Y}}{\sqrt{\frac{\sigma_1^2}{n_1} + \frac{\sigma_2^2}{n_2}}} \sim N(0,1).$$

对于 $\alpha = 0.05$，查标准正态分布表得临界值 $u_{0.025} = 1.96$. 拒绝域为 $W = \{|U| > 1.96\}$. 由样本计算得

$$|u| = \frac{|\bar{x} - \bar{y}|}{\sqrt{\frac{\sigma_1^2}{n_1} + \frac{\sigma_2^2}{n_2}}} = \frac{|0.081 - 0.060|}{\sqrt{\frac{0.0006}{100} + \frac{0.0038}{150}}} \approx 3.75.$$

因 $3.75 > 1.96$，故拒绝 H_0，即认为两台车床加工的轴的椭圆度有显著差异.

2. 两个正态总体方差 σ_1^2, σ_2^2 未知，但 $\sigma_1^2 = \sigma_2^2$ 时，均值的检验(t 检验法)

对于假设

$$H_0: \mu_1 = \mu_2, \quad H_1: \mu_1 \neq \mu_2.$$

当 $\sigma_1^2 = \sigma_2^2 = \sigma^2$ 时，可选取

$$T = \frac{\bar{X} - \bar{Y} - (\mu_1 - \mu_2)}{S_\omega \sqrt{\frac{1}{n_1} + \frac{1}{n_2}}} \sim t(n_1 + n_2 - 2),$$

其中 $S_\omega^2 = \frac{1}{n_1 + n_2 - 2}[(n_1 - 1)S_1^2 + (n_2 - 1)S_2^2]$，$S_\omega = \sqrt{S_\omega^2}$.

当 H_0 成立时，检验统计量为

$$T = \frac{\bar{X} - \bar{Y}}{S_\omega \sqrt{\frac{1}{n_1} + \frac{1}{n_2}}} \sim t(n_1 + n_2 - 2).$$

对于给定的显著性水平 α，查 t 分布表得到 $t_{\alpha/2}(n_1 + n_2 - 2)$ 的值. 因此拒绝域为

$$W = \{|T| > t_{\alpha/2}(n_1 + n_2 - 2)\}.$$

由统计量的观测值计算出 $t = \dfrac{\bar{x} - \bar{y}}{s_\omega \sqrt{\frac{1}{n_1} + \frac{1}{n_2}}}$ 的值，当 $|t| > t_{\alpha/2}(n_1 + n_2 - 2)$ 时，拒绝 H_0，认为两个总体的均值差异显著；否则，接受 H_0，认为两个总体的均值差异不显著.

例 2 为了研究一种新化肥对小麦产量的影响，选用 13 块条件相同、面积相等的土地进行试验，各块产量(单位: kg)见表 8-2.

表 8-2

施肥的	34	35	30	33	34	32	
未施肥的	29	27	32	28	32	31	31

若设 X 与 Y 分别表示在一块土地上施肥与不施肥的两种情况下小麦的产量，并设 $X \sim N(\mu_1, \sigma_1^2)$，$Y \sim N(\mu_2, \sigma_2^2)$，则这种化肥对产量是否有显著影响?(假设 $\sigma_1^2 = \sigma_2^2$，$\alpha = 0.05$)

解 依题意，提出假设
$$H_0: \mu_1 = \mu_2, \quad H_1: \mu_1 \neq \mu_2.$$

$\sigma_1^2 = \sigma_2^2$ 但未知，用 t 检验法，检验统计量
$$T = \frac{\overline{X} - \overline{Y}}{S_\omega \sqrt{\frac{1}{n_1} + \frac{1}{n_2}}} \sim t(n_1 + n_2 - 2).$$

对于 $\alpha = 0.05$，查表得 $t_{\alpha/2}(n_1 + n_2 - 2) = t_{0.025}(11) = 2.201$. 拒绝域为
$$W = \{|T| > t_{\alpha/2}(n_1 + n_2 - 2)\},$$

即 $W = \{|T| > 2.201\}$.

由样本计算得
$$\overline{x} = 33, \quad \overline{y} = 30, \quad s_1^2 = \frac{16}{5}, \quad s_2^2 = 4,$$
$$s_\omega^2 = \frac{1}{n_1 + n_2 - 2}[(n_1 - 1)s_1^2 + (n_2 - 1)s_2^2] = \frac{40}{11}.$$

由统计量的观测值得 $|t| = \frac{|\overline{x} - \overline{y}|}{S_\omega \sqrt{\frac{1}{n_1} + \frac{1}{n_2}}} = \frac{|33 - 30|}{\sqrt{\frac{40}{11}} \sqrt{\frac{1}{6} + \frac{1}{7}}} \approx 2.828$. 因 $2.828 > 2.201$，故拒绝原假设 H_0，即认为这种化肥对小麦的产量有显著影响.

3. 两个正态总体方差 $\sigma_1^2 \neq \sigma_2^2$ 均未知，但 $n_1 = n_2 = n$ 时，均值的检验(配对试验法)

对于假设
$$H_0: \mu_1 = \mu_2, \quad H_1: \mu_1 \neq \mu_2.$$

令
$$Z_i = X_i - Y_i \quad (i = 1, 2, \cdots, n),$$

即将两个正态总体样本之差看作来自一个正态总体 Z 的样本，记
$$E(Z_i) = E(X_i - Y_i) = \mu_1 - \mu_2 = d,$$
$$D(Z_i) = D(X_i - Y_i) = \sigma_1^2 + \sigma_2^2 = \sigma^2 \text{ (未知)}.$$

此时假设 $H_0: \mu_1 = \mu_2$ 就等价于下述假设检验

$$H_0: d = 0, \quad H_1: d \neq 0.$$

当 H_0 成立时，有

$$T = \frac{\overline{Z}}{S/\sqrt{n}} \sim t(n-1),$$

其中 $\overline{Z} = \frac{1}{n}\sum_{i=1}^{n} Z_i$，$S^2 = \frac{1}{n-1}\sum_{i=1}^{n}(Z_i - \overline{Z})^2$.

对给定的显著性水平 α，查 t 分布表得到 $t_{\alpha/2}(n-1)$ 的值，因此拒绝域为

$$W = \{|T| > t_{\alpha/2}(n-1)\},$$

由统计量的观测值计算出 $t = \frac{\overline{z}}{s/\sqrt{n}}$ 的值，当 $|t| > t_{\alpha/2}(n-1)$ 时，拒绝 H_0，认为两个总体的均值差异显著；否则接受 H_0，认为两个总体的均值差异不显著.

例 3 有两台仪器 A,B，用来测量某矿石的含铁量，测量结果 X,Y 分别服从正态分布 $N(\mu_1, \sigma_1^2), N(\mu_2, \sigma_2^2)$. 现挑选了 8 件试块，分别用这两台仪器对每一试块测量一次，得到观测值见表 8-3.

表 8-3

A	49.0	52.2	55.0	60.2	63.4	76.6	86.5	48.7
B	49.3	49.0	51.4	57.0	61.1	68.8	79.3	50.1

问能否认为这两台仪器的测量结果有显著差异?($\alpha = 0.05$)

解 依题意，提出假设

$$H_0: \mu_1 = \mu_2, \quad H_1: \mu_1 \neq \mu_2.$$

令

$$Z_i = X_i - Y_i \quad (i = 1, 2, \cdots, 8).$$

此时假设 $H_0: \mu_1 = \mu_2$ 就等价于下述假设检验

$$H_0: d = 0, \quad H_1: d \neq 0.$$

在 H_0 成立条件下，选取统计量

$$T = \frac{\overline{Z} - d}{S/\sqrt{8}},$$

其中 $\overline{Z} = \frac{1}{8}\sum_{i=1}^{8} Z_i$，$S^2 = \frac{1}{8-1}\sum_{i=1}^{8}(Z_i - \overline{Z})^2$. 由样本值得

$$\bar{z}=3.2, \quad s^2=10.22, \quad t=\frac{\bar{z}}{s/\sqrt{n}}=\frac{3.2}{\sqrt{10.22}}\sqrt{8}\approx 2.83.$$

对于 $\alpha=0.05$，查表得 $t_{0.025}(7)=2.3646$. 因 $2.83>2.3646$，故拒绝 H_0，即认为这两台仪器的测量结果有显著差异.

二、两个正态总体方差的假设检验

设两个正态总体 $X\sim N(\mu_1,\sigma_1^2)$，$Y\sim N(\mu_2,\sigma_2^2)$，$X$ 与 Y 相互独立，$(X_1,X_2,\cdots,X_{n_1})$ 为来自总体 $N(\mu_1,\sigma_1^2)$ 的样本，$(Y_1,Y_2,\cdots,Y_{n_2})$ 为来自总体 $N(\mu_2,\sigma_2^2)$ 的样本，且 μ_1 与 μ_2 未知，现在要检验假设

$$H_0:\sigma_1^2=\sigma_2^2, \quad H_1:\sigma_1^2\neq\sigma_2^2.$$

选取

$$F=\frac{S_1^2/\sigma_1^2}{S_2^2/\sigma_2^2}\sim F(n_1-1,n_2-1).$$

当 H_0 成立时，统计量 $F=\dfrac{S_1^2}{S_2^2}\sim F(n_1-1,n_2-1)$.

对于给定的显著性水平 α，可由 F 分布表查得 $F_{\alpha/2}(n_1-1,n_2-1)$ 和 $F_{1-\alpha/2}(n_1-1,n_2-1)$，使得

$$P\{F>F_{\alpha/2}(n_1-1,n_2-1)\}=P\{F<F_{1-\alpha/2}(n_1-1,n_2-1)\}=\frac{\alpha}{2}.$$

因此得到 H_0 的拒绝域为

$$W=\{F>F_{\alpha/2}(n_1-1,n_2-1)\}\cup\{F<F_{1-\alpha/2}(n_1-1,n_2-1)\}.$$

如图 8-4 所示.

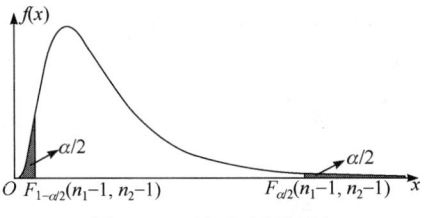

图 8-4 F 检验法拒绝域

由统计量的观测值计算出 $f=\dfrac{s_1^2}{s_2^2}$ 的值，当 $f>F_{\alpha/2}(n_1-1,n_2-1)$ 或 $f<F_{1-\alpha/2}(n_1-1,n_2-1)$ 时，拒绝 H_0，认为两个总体的方差有显著差异；否则接受 H_0，认为两个总体的方差无显著差异.

由于这里采用了 F 统计量，因此称此检验法为 F **检验法**.

例 4 例 2 中，我们假定 $\sigma_1^2=\sigma_2^2$，这一假定是否成立呢? (取 $\alpha=0.05$)

解 应当检验假设 $H_0: \sigma_1^2 = \sigma_2^2$, $H_1: \sigma_1^2 \neq \sigma_2^2$.

因为 μ_1 与 μ_2 未知, 所以应选取检验统计量

$$F = \frac{S_1^2}{S_2^2} \sim F(n_1-1, n_2-1).$$

对于显著性水平 $\alpha = 0.05$, 查 F 分布表得 $F_{0.025}(5,6) = 5.99$,

$$F_{0.975}(5,6) = \frac{1}{F_{0.025}(6,5)} = \frac{1}{6.98} = 0.143.$$

拒绝域为 $W = \{0 < F < 0.143\} \cup \{F > 5.99\}$.

本题中 $n_1 = 6$, $n_2 = 7$, $s_1^2 = \frac{16}{5}$, $s_2^2 = 4$, 检验统计量的观测值 $f = \frac{s_1^2}{s_2^2} = 0.8$, 因为 0.8 不在拒绝域中, 所以接受 H_0, 即可以认为 σ_1^2 与 σ_2^2 无显著性差异.

习题 8-3

(A) 基础题

1. 设 $X \sim N(\mu_1, 9), Y \sim N(\mu_2, 16)$, 从中各抽样 25 件, 测得 $\bar{x} = 90, \bar{y} = 89$. 设 X, Y 相互独立, 试问是否可以认为 μ_1, μ_2 基本相同?(显著性水平 $\alpha = 0.05$)

2. 一卷烟厂向化验室送去 A, B 两种烟草, 化验尼古丁的含量是否相同, 从 A, B 中各随机抽取质量相同的五例进行化验, 测得尼古丁的含量为

A: 24, 27, 26, 21, 24;

B: 27, 28, 23, 31, 26.

假设尼古丁的含量服从正态分布, 且 A 种烟草的方差为 5, B 种烟草的方差为 8, 取显著性水平 $\alpha = 0.05$, 问两种烟草的尼古丁含量是否有差异?

3. 在大体相同的条件下得到甲、乙两个品种作物的产量数据分别为 $(x_1, x_2, \cdots, x_{10})$, $(y_1, y_2, \cdots, y_{10})$. 设作物产量均服从正态分布且方差相等, 并算得 $\bar{x} = 30.97, \bar{y} = 21.79$, $s_1^2 = 26.70, s_2^2 = 12.10$, 取显著性水平 $\alpha = 0.05$, 问是否可以认为这两个品种作物的产量没有显著差异.

4. 测得两批电子元件样本的电阻为下表(单位: Ω)

I 批	0.140	0.138	0.143	0.142	0.144	0.137
II 批	0.135	0.140	0.142	0.136	0.138	0.140

设这两批元件的电阻值总体分别服从 $N(\mu_1, \sigma_1^2), N(\mu_2, \sigma_2^2)$, 且两批样本独立, 试问: 这两批电子元件电阻值的方差是否一样?(显著性水平 $\alpha = 0.05$)

5. 冰箱厂家宣称他们在售的一款冰箱保鲜能力特强, 保存 7 天的水果几乎没有任何变化. 取样分析几种不同种类的水果, 在冰箱保存 7 天前后的含水量(单位: %), 得到

数据如下:

7天前	92	89	90	91	91	84	86	87
7天后	90	85	89	90	89	80	84	85
前后差	2	4	1	1	2	4	2	2

假定含水量服从正态分布,试问厂家的宣传可靠吗?(显著性水平 $\alpha = 0.05$)

(B) 提高题

1. 在漂白工艺中考察温度对针织品断裂强度的影响,现在70℃与80℃下分别做8次和6次试验,测得各自的断裂强度 X 和 Y 的观测值. 经计算得

$$\bar{x} = 20.4, \quad \bar{y} = 19.3167, \quad 7s_x^2 = 6.2, \quad 5s_y^2 = 5.0283,$$

根据以往经验,认为 X 和 Y 均服从正态分布,且方差相等,在给定 $\alpha = 0.10$ 时,问70℃与80℃对断裂强度有无显著差异?

2. 采矿场的污水排放达到一级标准,要求悬浮物(SS)的最高浓度为100mg/L,现有两个化验室每天同时从采矿场的冷却水取样,测量悬浮物(SS)的浓度,下面是7天的记录

甲室	115	186	75	182	114	165	190
乙室	100	190	90	180	116	170	195

设每对数据的差 $d_i = x_i - y_i, i = 1, 2, \cdots, 7$ 来自正态总体,问两化验室测定结果之间有无显著差异?(显著性水平 $\alpha = 0.01$)

3. 一座山有 A 和 B 两条登山路线,一登山队共100人,平均分成两路分别沿着 A 和 B 路线登山,假设登山时间服从正态分布,测得沿着 A 路线登山的人员平均登山时间为 $\bar{x} = 95$ 分钟,标准差为 $s_x = 20$ 分钟,沿着 B 路线登山的人员平均登山时间为 $\bar{y} = 76$ 分钟,标准差为 $s_y = 18$ 分钟. 试检验两者方差和均值是否分别相等?(显著性水平 $\alpha = 0.05$)

4. 为了比较柚子和柠檬中维生素 C 的含量(单位: g/kg),各抽取若干样品进行测试,样本容量、维生素 C 含量的样本均值和样本方差如下:

柚子: $n_1 = 18$, $\bar{x} = 0.230$, $s_1^2 = 0.1337$;

柠檬: $n_2 = 14$, $\bar{y} = 0.1736$, $s_2^2 = 0.1736$.

若两种水果的维生素 C 含量都服从正态分布,试检验两种水果的维生素 C 含量是否有显著差异?(显著性水平 $\alpha = 0.05$)

第四节 单侧检验

有时我们只关心总体中某个参数是否增大,例如,试验新工艺以提高产品的质量、

材料的强度、元件的使用寿命等，这时总体的均值应该越大越好，此时需要检验假设
$$H_0: \mu \leqslant \mu_0, \quad H_1: \mu > \mu_0,$$
其中 μ_0 是已知常数. 形如上式的假设检验称为**右侧检验**.

类似地，如果只关心总体均值是否变小，就需要检验假设
$$H_0: \mu \geqslant \mu_0, \quad H_1: \mu < \mu_0.$$
形如上式的假设检验称为**左侧检验**，右侧检验与左侧检验统称为**单侧检验**.

下面以单个正态总体方差 σ^2 已知的情况为例，讨论均值 μ 单侧检验的拒绝域.

设总体 $X \sim N(\mu, \sigma^2)$，方差 $\sigma^2 = \sigma_0^2$ 为已知，$(X_1, X_2, \cdots, X_n)$ 为来自总体 X 的样本，给定显著性水平 α，考虑单侧假设检验问题：
$$H_0: \mu \leqslant \mu_0, \quad H_1: \mu > \mu_0.$$

由于 $\bar{X}$ 是 μ 的无偏估计. 故当 H_0 为真时，$\bar{x} - \mu_0$ 不应太大，即 $\dfrac{\bar{X} - \mu_0}{\sigma_0/\sqrt{n}}$ 不应太大，若 $\dfrac{\bar{X} - \mu_0}{\sigma_0/\sqrt{n}}$ 偏大时，应拒绝 H_0，故拒绝域的形式为 $\dfrac{\bar{X} - \mu_0}{\sigma_0/\sqrt{n}} > c$，其中 c 待定.

由于 $U = \dfrac{\bar{X} - \mu}{\sigma_0/\sqrt{n}} \sim N(0,1)$，故可找临界值 u_α，使 $P\left\{\dfrac{\bar{X} - \mu}{\sigma_0/\sqrt{n}} > u_\alpha\right\} = \alpha$. 当 H_0 成立时，
$$\dfrac{\bar{X} - \mu_0}{\sigma_0/\sqrt{n}} \leqslant \dfrac{\bar{X} - \mu}{\sigma_0/\sqrt{n}}.$$
因此，
$$P\left\{\dfrac{\bar{X} - \mu_0}{\sigma_0/\sqrt{n}} > u_\alpha\right\} \leqslant P\left\{\dfrac{\bar{X} - \mu}{\sigma_0/\sqrt{n}} > u_\alpha\right\} = \alpha.$$

由于事件 $\left\{\dfrac{\bar{X} - \mu}{\sigma_0/\sqrt{n}} > u_\alpha\right\}$ 是一个小概率事件，事件 $\left\{\dfrac{\bar{X} - \mu_0}{\sigma_0/\sqrt{n}} > u_\alpha\right\}$ 更是一个小概率事件.

如果根据所给的样本观测值，算出 $\dfrac{\bar{x} - \mu_0}{\sigma_0/\sqrt{n}} > u_\alpha$，则应该拒绝原假设 H_0，即拒绝域为 $W = \{U > u_\alpha\}$ 或写成 $W = (u_\alpha, +\infty)$ 的形式.

当 $\dfrac{\bar{x} - \mu_0}{\sigma/\sqrt{n}} \leqslant u_\alpha$ 时，我们不否认原假设 $H_0: \mu \leqslant \mu_0$.

类似地，对于单侧假设检验问题：
$$H_0: \mu \geqslant \mu_0, \quad H_1: \mu < \mu_0.$$
仍取 $U = \dfrac{\bar{X} - \mu_0}{\sigma/\sqrt{n}}$ 为检验统计量，但拒绝域为 $W = \{U < -u_\alpha\}$. 再根据所给的样本观测

值, 若算出 $\dfrac{\bar{x}-\mu_0}{\sigma/\sqrt{n}} < -u_\alpha$, 则应该拒绝原假设 H_0.

上述单侧检验问题, 与单个正态总体方差已知情况的均值 μ 的双侧检验问题一样, 其所用的检验统计量和检验步骤完全相同, 不同的只是拒绝域. 我们着重指出: 单侧检验问题的拒绝域, 其不等式的取向, 与备择假设的不等式取向完全一致. 这一特有的性质使我们无须特别记忆单侧检验拒绝域. 因此, 若遇上本章第二节、第三节中相应的单侧检验问题, 则只要做类似的处理就行了. 例如:

设总体 $X \sim N(\mu, \sigma^2)$, 欲检验统计假设

$$H_0: \sigma^2 \leqslant \sigma_0^2, \quad H_1: \sigma^2 > \sigma_0^2.$$

其中 μ 未知, σ_0^2 已知.

当 H_0 成立时, 检验统计量 $\chi^2 = \dfrac{(n-1)S^2}{\sigma_0^2} \sim \chi^2(n-1)$. 拒绝域为 $\{\chi^2 > \chi_\alpha^2(n-1)\}$, 若由样本观测值算出 $\chi^2 = \dfrac{(n-1)S^2}{\sigma_0^2}$, 则当 $\chi^2 > \chi_\alpha^2(n-1)$ 时拒绝 H_0, 此拒绝域不等式的取向, 与备择假设取向一致.

若欲检验统计假设

$$H_0: \sigma^2 \geqslant \sigma_0^2, \quad H_1: \sigma^2 < \sigma_0^2.$$

其中 μ 未知, σ_0^2 已知, 则检验统计量仍取 $\chi^2 = \dfrac{(n-1)S^2}{\sigma_0^2}$, 拒绝域为 $\{\chi^2 < \chi_{1-\alpha}^2(n-1)\}$.

类似地, 两个正态总体 $X \sim N(\mu_1, \sigma_1^2)$, $Y \sim N(\mu_2, \sigma_2^2)$, $(X_1, X_2, \cdots, X_{n_1})$ 为来自总体 X 的样本, $(Y_1, Y_2, \cdots, Y_{n_2})$ 为来自总体 Y 的样本且相互独立, 且 μ_1 与 μ_2 未知, 欲检验统计假设 $H_0: \sigma_1^2 \geqslant \sigma_2^2$, $H_1: \sigma_1^2 < \sigma_2^2$. 类似于双侧检验问题, 检验统计量可取 $F = \dfrac{S_1^2}{S_2^2}$, 拒绝域为 $\{F < F_{1-\alpha}(n_1-1, n_2-1)\}$, 即 $W = (0, F_{1-\alpha}(n_1-1, n_2-1))$.

例 1 设在木材中抽出 36 根测其小头直径, 得样本平均值 $\bar{x} = 14.2$cm. 已知标准差 $\sigma = 3.2$cm, 试问在 $\alpha = 0.05$ 下, 可否认为该批木材的小头直径在 14cm 以上?

解 需检验假设

$$H_0: \mu \leqslant \mu_0 = 14, \quad H_1: \mu > \mu_0 = 14.$$

总体方差已知, 故构造检验统计量

$$U = \dfrac{\bar{X}-\mu_0}{\sigma/\sqrt{n}} \sim N(0,1).$$

查标准正态分布表得 $u_\alpha = u_{0.05} = 1.645$, 拒绝域为 $W = \{U > 1.645\}$, 计算统计量的值

$$u = \dfrac{\bar{x}-\mu_0}{\sigma/\sqrt{n}} = \dfrac{14.2-14}{3.2/\sqrt{36}} = 0.375 < 1.645.$$

故接受 H_0, 即不能认为该批木材的小头直径在 14cm 以上.

例 2 一手机生产厂家在其宣传广告中声称他们生产的某种手机的平均待机时间至少为 71.5 小时，某日质检部门检查该厂生产的这种品牌的手机 6 部，得到的待机时间(单位：小时)分别为 69, 68, 72, 70, 66, 75. 若该种手机的待机时间 X 服从正态分布，由这些数据能否说明其广告有欺骗消费者的嫌疑?(取 $\alpha = 0.05$)

解 假设 $H_0: \mu \geq \mu_0 = 71.5$，$H_1: \mu < \mu_0 = 71.5$. 由于方差 σ^2 未知，因此选取检验统计量 $T = \dfrac{\bar{X} - \mu_0}{S/\sqrt{n}} \sim t(n-1)$. 查 t 分布表得 $t_\alpha(n-1) = t_{0.05}(5) = 2.015$，拒绝域为 $\{T < -t_\alpha(n-1)\}$，即 $T < -2.015$.

计算统计量 $\bar{x} = 70, s^2 = 10, t = -1.162$，因此有 $t = -1.162 > -2.105 = -t_{0.05}(5)$，所以接受 H_0，即不能认为该厂的广告有欺骗消费者的嫌疑.

例 3 今进行某项工艺革新，从革新后的产品中抽取 25 个零件，测量其直径，计算得样本方差 $s^2 = 0.00066$，已知革新前零件直径的方差 $\sigma_0^2 = 0.0012$，设零件直径服从正态分布，问革新后生产的零件直径的方差是否显著减小?(取 $\alpha = 0.05$)

解 检验 $H_0: \sigma^2 \geq \sigma_0^2 = 0.0012$，$H_1: \sigma^2 < \sigma_0^2 = 0.0012$. 检验统计量

$$\chi^2 = \frac{(n-1)S^2}{\sigma^2} \sim \chi^2(n-1).$$

查 χ^2 分布表得 $\chi_{1-\alpha}^2(n-1) = \chi_{0.95}^2(24) = 13.8484$，拒绝域为 $\{\chi^2 < \chi_{1-\alpha}^2(n-1)\}$，即 $\chi^2 < 13.8484$. 计算统计量 $\chi^2 = \dfrac{(n-1)S^2}{\sigma_0^2} = \dfrac{24 \times 0.00066}{0.0012} \approx 13.2 < 13.8484$. 所以拒绝 H_0，即认为革新后生产的零件直径的方差小于革新前生产的零件的直径的方差.

例 4 研究由机器 A 和机器 B 生产的钢管的内径(单位：mm)，随机抽取机器 A 生产的管子 16 根，测得样本方差 $s_1^2 = 0.034$；随机抽取机器 B 生产的管子 13 根，测得样本方差 $s_2^2 = 0.029$. 两样本相互独立，且分别服从正态分布 $N(\mu_1, \sigma_1^2)$，$N(\mu_2, \sigma_2^2)$，$\mu_1, \mu_2, \sigma_1^2, \sigma_2^2$ 均未知，能否判定工作时机器 B 比机器 A 更稳定.(取 $\alpha = 0.1$)

解 由题意检验统计假设

$$H_0: \sigma_2^2 \geq \sigma_1^2, \quad H_1: \sigma_2^2 < \sigma_1^2.$$

检验统计量 $F = \dfrac{S_2^2}{S_1^2} \sim F(n_2 - 1, n_1 - 1)$. 拒绝域为 $\{F < F_{1-\alpha}(n_2 - 1, n_1 - 1)\}$. 查 F 分布表 $F_{1-\alpha}(n_2 - 1, n_1 - 1) = F_{0.9}(12, 15) = \dfrac{1}{F_{0.1}(15, 12)} = 0.476$，即拒绝域为 $\{F < 0.476\}$. 经计算得 $f = \dfrac{s_2^2}{s_1^2} = 0.853$. 由于 $0.853 > 0.476$ 不在拒绝域中，故接受 H_0，即工作时机器 B 不比机器 A 更稳定.

各种统计假设检验情况如表 8-4 到表 8-7 所示.

1. 单个正态总体的假设检验(表 8-4，表 8-5)

表 8-4　正态总体均值 μ 的检验表

检验法	条件	原假设 H_0	备择假设 H_1	统计量及其分布	拒绝域
U 检验法	σ^2 已知	$\mu = \mu_0$	$\mu \neq \mu_0$	$U = \dfrac{\bar{X} - \mu}{\sigma / \sqrt{n}} \sim N(0,1)$	$\|U\| > u_{\alpha/2}$
		$\mu \leqslant \mu_0$	$\mu > \mu_0$		$U > u_\alpha$
		$\mu \geqslant \mu_0$	$\mu < \mu_0$		$U < -u_\alpha$
t 检验法	σ^2 未知	$\mu = \mu_0$	$\mu \neq \mu_0$	$T = \dfrac{\bar{X} - \mu}{S / \sqrt{n}} \sim t(n-1)$	$\|T\| > t_{\alpha/2}(n-1)$
		$\mu \leqslant \mu_0$	$\mu > \mu_0$		$T > t_\alpha(n-1)$
		$\mu \geqslant \mu_0$	$\mu < \mu_0$		$T < -t_\alpha(n-1)$

表 8-5　正态总体方差 σ^2 的检验表

检验法	条件	原假设 H_0	备择假设 H_1	统计量及其分布	拒绝域
χ^2 检验法	μ 已知	$\sigma^2 = \sigma_0^2$	$\sigma^2 \neq \sigma_0^2$	$\chi^2 = \dfrac{\sum\limits_{i=1}^{n}(X_i - \mu)^2}{\sigma_0^2} \sim \chi^2(n)$	$\chi^2 > \chi_{\alpha/2}^2(n)$ 或 $\chi^2 < \chi_{1-\alpha/2}^2(n)$
		$\sigma^2 \leqslant \sigma_0^2$	$\sigma^2 > \sigma_0^2$		$\chi^2 > \chi_\alpha^2(n)$
		$\sigma^2 \geqslant \sigma_0^2$	$\sigma^2 < \sigma_0^2$		$\chi^2 < \chi_{1-\alpha}^2(n)$
	μ 未知	$\sigma^2 = \sigma_0^2$	$\sigma^2 \neq \sigma_0^2$	$\chi^2 = \dfrac{(n-1)S_n^2}{\sigma^2} \sim \chi^2(n-1)$	$\chi^2 > \chi_{\alpha/2}^2(n-1)$ 或 $\chi^2 < \chi_{1-\alpha/2}^2(n-1)$
		$\sigma^2 \leqslant \sigma_0^2$	$\sigma^2 > \sigma_0^2$		$\chi^2 > \chi_\alpha^2(n-1)$
		$\sigma^2 \geqslant \sigma_0^2$	$\sigma^2 < \sigma_0^2$		$\chi^2 < \chi_{1-\alpha}^2(n-1)$

2. 两个正态总体的假设检验(表 8-6，表 8-7)

表 8-6　两个正态总体均值 μ 的检验表

检验法	条件	原假设 H_0	备择假设 H_1	统计量及其分布	拒绝域
U 检验法	σ_1^2, σ_2^2 已知	$\mu_1 = \mu_2$	$\mu_1 \neq \mu_2$	$U = \dfrac{(\bar{X} - \bar{Y}) - (\mu_1 - \mu_2)}{\sqrt{\dfrac{\sigma_1^2}{m} + \dfrac{\sigma_2^2}{n}}}$ $\sim N(0,1)$	$\|U\| > u_{\alpha/2}$
		$\mu_1 \leqslant \mu_2$	$\mu_1 > \mu_2$		$U > u_\alpha$
		$\mu_1 \geqslant \mu_2$	$\mu_1 < \mu_2$		$U < -u_\alpha$
t 检验法	σ_1^2, σ_2^2 未知但相等	$\mu_1 = \mu_2$	$\mu_1 \neq \mu_2$	$T = \dfrac{(\bar{X} - \bar{Y}) - (\mu_1 - \mu_2)}{S_\omega \sqrt{\dfrac{1}{m} + \dfrac{1}{n}}}$ $\sim t(m+n-2)$	$\|T\| > t_{\alpha/2}(m+n-2)$
		$\mu_1 \leqslant \mu_2$	$\mu_1 > \mu_2$		$T > t_\alpha(m+n-2)$
		$\mu_1 \geqslant \mu_2$	$\mu_1 < \mu_2$		$T < -t_\alpha(m+n-2)$

表 8-7 两个正态总体方差 σ^2 的检验表

检验法	条件	原假设 H_0	备择假设 H_1	统计量及其分布	拒绝域
F 检验法	μ_1, μ_2 已知	$\sigma_1^2 = \sigma_2^2$	$\sigma_1^2 \neq \sigma_2^2$	$F = \dfrac{\sum_{i=1}^{m}(X_i - \mu_1)^2 / m}{\sum_{j=1}^{n}(Y_j - \mu_2)^2 / n}$ $\sim F(m, n)$	$F > F_{\alpha/2}(m,n)$ 或 $F < F_{1-\alpha/2}(m,n)$
		$\sigma_1^2 \leq \sigma_2^2$	$\sigma_1^2 > \sigma_2^2$		$F > F_\alpha(m,n)$
		$\sigma_1^2 \geq \sigma_2^2$	$\sigma_1^2 < \sigma_2^2$		$F < F_{1-\alpha}(m,n)$
	μ_1, μ_2 未知	$\sigma_1^2 = \sigma_2^2$	$\sigma_1^2 \neq \sigma_2^2$	$F = \dfrac{S_1^2}{S_2^2}$ $\sim F(m-1, n-1)$	$F > F_{\alpha/2}(m-1,n-1)$ 或 $F < F_{1-\alpha/2}(m-1,n-1)$
		$\sigma_1^2 \leq \sigma_2^2$	$\sigma_1^2 > \sigma_2^2$		$F > F_\alpha(m-1,n-1)$
		$\sigma_1^2 \geq \sigma_2^2$	$\sigma_1^2 < \sigma_2^2$		$F < F_{1-\alpha}(m-1,n-1)$

习题 8-4

(A) 基础题

1. 一种燃料的辛烷等级服从正态分布 $N(\mu, \sigma^2)$，其平均等级 $\mu_0 = 98.0$，标准差 $\sigma = 0.8$. 现抽取 25 桶新油，测试其等级，算得平均等级为 97.7. 假定标准差与原来一样，问新油的辛烷平均等级是否比原燃料的辛烷平均等级偏低?(显著性水平 $\alpha = 0.05$)

2. 某单位上年度排出的污水中，某种有害物质的平均含量为 0.009%. 污水经处理后，本年度抽测了 16 次，得这物质的含量(%)为

0.008, 0.011, 0.009, 0.007, 0.005, 0.010, 0.009, 0.003,

0.007, 0.004, 0.007, 0.009, 0.008, 0.006, 0.007, 0.008.

设有害物质含量服从正态分布，问是否可认为污水经处理后，这种有害物质的含量有显著降低?(显著性水平 $\alpha = 0.10$)

3. 某类钢板每块的重量 X 服从正态分布，其一项质量指标是钢板重量的方差不得超过 0.016kg^2. 现从某天生产的钢板中随机抽取 25 块，得其样本方差 $s^2 = 0.025\text{kg}^2$，问该天生产的钢板重量的方差是否满足要求?(显著性水平 $\alpha = 0.05$)

4. 某厂使用两种不同的原料生产同一类产品，随机选取使用原料 A 生产的样品 22 件，测得平均质量为 $\bar{x} = 2.36$，样本标准差 $s_1 = 0.57$. 取使用原料 B 生产的样品 24 件，测得平均质量为 $\bar{y} = 2.55$，样本标准差 $s_2 = 0.48$. 设产品质量服从正态分布，这两个样本相互独立，问能否认为使用原料 B 生产的产品平均质量较使用原料 A 生产的产品平均质量显著大?(显著性水平 $\alpha = 0.05$)

5. 有两台机床生产同一型号的滚珠，根据以往经验知，这两台机床生产的滚珠的直径都服从正态分布. 现分别从这两台机床生产的滚珠中随机抽取 7 个和 9 个，并测得 $\bar{x} = 15.057$, $\bar{y} = 15.033$, $s_1^2 = 0.1745$, $s_2^2 = 0.0438$. 试问机床乙生产的滚珠的直径的方差是否比机床甲生产的滚珠的直径的方差小?(显著性水平 $\alpha = 0.05$)

(B) 提高题

1. 两位家长聊天说:"现在的孩子周末在家每天有2h的时间在看手机",一个老师认为这个看手机时间太久了,孩子们周末在家每天看手机的时间要明显低于2h,他在该校随机调查了500名同学,得知周末平均每天看手机的时间 $\bar{x}=1.56h$,样本标准差 $s=1.18h$,根据这一调查数据能否判断周末孩子每天看手机的时间少于2h?(显著性水平 $\alpha=0.02$)

2. 一场大雨过后,某城市的物价部门对当前市场的青菜价格进行调查,共调查了30个市场的青菜售价,得到平均价格为6元/500g,以往同时期青菜的价格已知稳定在4.5元/500g,假设青菜价格服从正态分布 $N(\mu,4)$,方差较稳定,能否根据上述数据判断该场大雨过后,青菜的价格较以往同时期有显著的升高?(显著性水平 $\alpha=0.05$)

3. 新疆长绒棉以棉纤维长度较长著称,一纺织厂预采购一批新疆长绒棉,要求棉纤维方差不得高于2.85,随机抽取了16根纤维,测得棉纤维长度(单位: mm)为

34, 38, 39, 41, 38, 35, 42, 41, 43, 39, 37, 40, 41, 38, 42, 40.
假设新疆长绒棉的棉纤维长度服从正态分布,问这批棉花是否符合采购要求? (显著性水平 $\alpha=0.05$)

4. 从用旧工艺生产的机械零件中抽取25个,测得直径的样本方差为6.27. 现改用新工艺生产,从中抽取25个零件,测得直径的样本方差为4.40. 设两种工艺条件下生产的零件直径都服从正态分布,问: 新工艺生产的零件直径的方差是否比旧工艺生产的零件直径的方差显著得小?(显著性水平 $\alpha=0.05$)

思 维 导 图

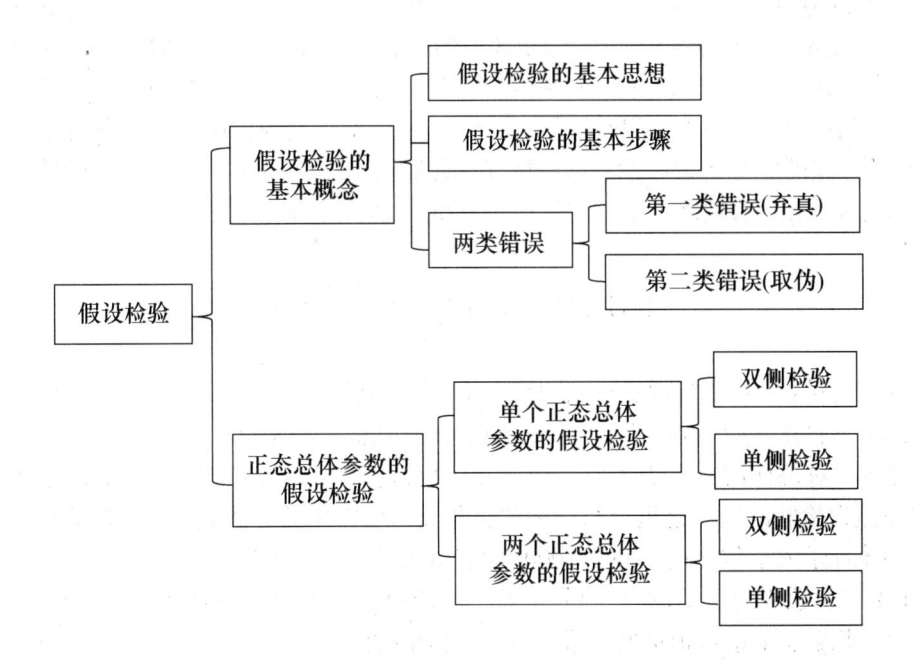

自 测 题 八

1. 假设检验的基本原理是_____.

2. 在对总体参数的假设检验中,若给定显著性水平为 α,则犯第一类错误的概率是_____.

3. 设总体 $X \sim N(\mu, \sigma^2)$, σ^2 未知,在显著性水平 α 下,检验 $H_0: \mu = \mu_0$, $H_1: \mu \neq \mu_0$ 的拒绝域为_____.

4. 设 $(X_1, X_2, \cdots, X_n)$ 是来自正态总体 $N(\mu, \sigma^2)$ 的样本,其中 μ 和 σ^2 未知,则检验假设 $H_0: \mu = 0, H_1: \mu \neq 0$ 的统计量为_____.

5. 在假设检验中, α 和 β 分别表示犯第一类错误和第二类错误的概率,则当样本容量一定时,下列说法正确的是( ).

A. α 减少, β 也减少;

B. α 增大, β 也增大;

C. α 和 β 不能同时减少,减少其中一个,另一个往往就会增大;

D. 以上说法均不正确.

6. 在假设检验中,犯第一类错误指的是( ).

A. 在 H_0 成立的条件下接受 H_0;   B. 在 H_0 成立的条件下接受 H_1;

C. 在 H_1 成立的条件下接受 H_0;   D. 在 H_1 成立的条件下接受 H_1.

7. 某厂生产的某种产品,由以往经验知其强力标准差为 7.5kg,且强力服从正态分布. 改用新原料后,从新产品中抽取 25 件作强力试验,算得样本标准差 $s = 9.5$ kg,问新产品的强力标准差是否有显著变化? ($\alpha = 0.05$)

8. 测定某种溶液中的水分,由它的 10 个测定值计算得到: $\bar{x} = 0.452\%$, $s = 0.037\%$. 设测定值总体服从正态分布,能否认为该溶液含水量等于 0.5%? ($\alpha = 0.05$)

9. 某食品厂用自动装罐机装罐头食品,规定标准重量为 250g,标准差不超过 3g 时机器工作为正常,每天定时检验机器情况,现抽取 16 罐,测得平均重量 $\bar{x} = 252$g,样本标准差 $s = 4$g,假定罐头重量服从正态分布,试问该机器工作是否正常? ($\alpha = 0.05$)

阅读材料: 分布拟合检验

在对总体的参数进行假设检验时,往往需要总体的分布类型已知,而在实际问题中,有时我们并不能准确预知总体的分布,此时就需要根据样本对总体的分布类型做统计推断,对总体的分布类型建立假设并进行检验,称为分布的拟合检验,这是一类非参数假设检验问题. 这里介绍一种解决此类问题常用的方法: χ^2 拟合检验法,它是由英国统计学家卡尔·皮尔逊于 1900 年提出的. 具体步骤如下:

(1) 提出假设 H_0: 总体 X 的分布函数为 $F(x)$, 这里 $F(x)$ 为完全已知的函数.

(2) 将总体 X 的取值区间分成 r 个互不相交的区间

$(a_0, a_1], (a_1, a_2], \cdots, (a_{r-1}, a_r]$，其中 $a_0 < a_1 < a_2 < \cdots < a_r$.

在 H_0 成立的条件下，记

$$p_i = P\{a_{i-1} < X \leq a_i\} = F(a_i) - F(a_{i-1}), \text{ 其中 } i = 1, 2, \cdots, r.$$

令 n_i 表示落入每个小区间的样本观测值 $(x_1, x_2, \cdots, x_n)$ 的个数，且 $n_i \geq 5, i = 1, 2, \cdots, r$.
假设样本量足够大，则由大数定律，在 H_0 成立时，频率 $\dfrac{n_i}{n}$ 与概率 p_i 相差不应太大，根据这一思想，皮尔逊构造了一个统计量

$$\chi^2 = \sum_{i=1}^{r} \frac{(n_i - np_i)^2}{np_i},$$

并证明了当样本容量 n 足够大时，该统计量近似服从 $\chi^2(r-1)$.

(3) 对给定的显著性水平 α，确定常数 C，使得 $P\{\chi^2 > C\} = \alpha$，查分位数表知

$$C = \chi_\alpha^2(r-1),$$

即该检验的拒绝域为 $W = \{\chi^2 \geq \chi_\alpha^2(r-1)\}$.

(4) 由样本观测值 $(x_1, x_2, \cdots, x_n)$，计算统计量的观测值 $\chi_0^2 = \sum_{i=1}^{r} \dfrac{(n_i - np_i)^2}{np_i}$，若 $\chi_0^2 \geq \chi_\alpha^2(r-1)$，则拒绝 H_0，否则 $\chi_0^2 < \chi_\alpha^2(r-1)$，接受 H_0.

说明：(1) 若总体 X 为离散型随机变量，则可提出假设

$$H_0 : P\{X = x_i\} = p_i, \quad i = 1, 2, \cdots;$$

此时，在对总体 X 的取值进行区间划分时，可将样本容量不足 5 的取值点适当合并，其他各步骤同上.

(2) 若原假设中的分布函数不是完全已知的函数，而是包含未知参数 $\theta_1, \theta_2, \cdots, \theta_k$，将分布函数记为 $F(x; \theta_1, \theta_2, \cdots, \theta_k)$，此时可利用样本，先求出各参数的估计值 $\hat{\theta}_1, \hat{\theta}_2, \cdots, \hat{\theta}_k$，再将分布函数中的 $\theta_1, \theta_2, \cdots, \theta_k$ 替换为 $\hat{\theta}_1, \hat{\theta}_2, \cdots, \hat{\theta}_k$，即可得到上述步骤 2 中，每个区间概率的估计值 $\hat{p}_i = P\{a_{i-1} < X \leq a_i\} = F(a_i; \hat{\theta}_1, \hat{\theta}_2, \cdots, \hat{\theta}_k) - F(a_{i-1}; \hat{\theta}_1, \hat{\theta}_2, \cdots, \hat{\theta}_k)$，其中 $i = 1, 2, \cdots, r$，将检验统计量中的 p_i 替换为 $\hat{p}_i$，有结论证明，当样本容量 n 充分大时，$\chi^2 = \sum_{i=1}^{r} \dfrac{(n_i - n\hat{p}_i)^2}{n\hat{p}_i}$ 近似服从 $\chi^2(r-k-1)$，其他步骤类同.

例 将一枚硬币抛掷 200 次，出现 108 次正面，试根据此数据判断该硬币是否质地均匀？(显著性水平 $\alpha = 0.05$)

解 不妨设总体 $X = \begin{cases} 0, & \text{反面}, \\ 1, & \text{正面}, \end{cases}$ 假设硬币质地均匀，即提出假设

$$H_0 : P\{X = 0\} = P\{X = 1\} = \frac{1}{2},$$

总体有两个取值，故统计量 $\chi^2 = \sum\limits_{i=1}^{2} \dfrac{(n_i - np_i)^2}{np_i} \sim \chi^2(1)$，$\alpha = 0.05$，查分位数表得 $\chi_{0.05}^2(1) = 3.8415$，故该检验的拒绝域为 $(3.8415, +\infty)$，由题意知 $n = 200, n_1 = 108, n_2 = 92$，$p_1 = p_2 = \dfrac{1}{2}$，则

$$\chi_0^2 = \dfrac{\left(108 - 200 \times \dfrac{1}{2}\right)^2}{200 \times \dfrac{1}{2}} + \dfrac{\left(98 - 200 \times \dfrac{1}{2}\right)^2}{200 \times \dfrac{1}{2}} = 0.68 < 3.8415.$$

故接受原假设，即可以认为该硬币质地均匀.

第九章 方差分析与回归分析

方差分析和回归分析都是数理统计中最常用的统计方法,方差分析是用来推断多个总体的均值是否有显著差异的统计方法;而回归分析研究变量间的相关关系,在平均意义下建立变量间的定量关系式,经显著性检验后可用于估计和预测.本章主要介绍最基本的单因素方差分析和一元线性回归分析.

第一节 单因素方差分析

在科学试验和生产实践中,影响一事物的因素往往有多种,例如,农作物的产量受种子、肥料、土壤、水分等因素的影响,工业产品的质量受机器、原料、工人的技术水平等因素的影响.不同的因素对事物的影响有大有小,为了找出哪些因素对事物有显著影响,我们需进行试验,以获取试验数据.

在试验中,我们关心的试验结果称为**试验指标**(如农作物的亩产量);影响试验指标的条件称为**因素**或**因子**(如种子),常记作 $A,B,C,\cdots$. 因素 A 的 r 个状态,称为该因素的 r 个**水平**,常记作 $A_i, i=1,2,\cdots,r$. 如果一项试验中只有一个因素改变,其他因素保持不变,则称为**单因素试验**.如果一项试验中有两个或两个以上因素改变,则称为**多因素试验**.此处,我们仅考虑单因素试验.

第八章讨论的两个总体的数学期望是否相等的显著性检验,可以称为单因素二水平的试验,在那里可用 t 检验法来检验其数学期望是否有显著性差异.下面将要讨论的是单因素多水平的试验,实际上可看作多个(多于两个)总体的数学期望是否相等的显著性检验,解决此类问题,通常采用单因素方差分析法.

一、引例

例1 有3条生产线生产同一种型号的产品,对每一条生产线观测其5天的生产量,得到数据如表9-1所示,问不同的生产线日产量是否有显著性差异?

表9-1 3条生产线的日产量

生产线	日产量				
1	57	41	41	49	48
2	64	65	54	72	57
3	48	45	56	48	51

这里试验指标是日产量,因素是生产线,不同的三条生产线就是三个不同的水平,

记为 A_1, A_2, A_3,这是一单因素试验.

从表 9-1 中数据可以看出,三条生产线的日产量存在波动,而产生这个波动的原因可能有两个.

(1) 在同一条生产线即同一水平下,主要的生产条件一致,但日产量仍有不同,这种不同可以认为是由其他一些随机因素(即随机误差)导致的,故可将同一生产线的日产量看作服从正态分布的总体,记作 $X_i \sim N(\mu_i, \sigma_i^2)$, $i=1,2,3$;观测的 5 天的生产量可以看作分别来自三个总体的样本,分别记作 $X_{i1}, X_{i2}, X_{i3}, X_{i4}, X_{i5}$, $i=1,2,3$. 同一工厂中不同生产线受到的随机因素干扰可以认为是相同的,故可认为 $\sigma_1^2 = \sigma_2^2 = \sigma_3^2$.

(2) 在不同的生产线即不同水平下,日产量不同,这种不同可以认为是由于不同的生产线所致,这类误差称为系统误差,它将决定各总体均值 μ_1, μ_2, μ_3 的大小.

综上所述,例 1 中要判断三条生产线的日产量是否有明显差异,实际上是利用三组样本 $X_{i1}, X_{i2}, X_{i3}, X_{i4}, X_{i5}$, $i=1,2,3$,来检验三个总体均值 μ_1, μ_2, μ_3 是否相等. 这里从分析引起日产量差异的原因入手,如果产量之间的差异是由随机误差引起的,则认为三个正态总体的均值相等,即三条生产线的日产量无显著差异;如果产量之间的差异是由系统误差引起的,则认为三个正态总体的均值不完全相等,即三条生产线的日产量有显著差异. 这就是所谓的单因素**方差分析法**.

二、数学模型

一般地,在单因素试验中,设因素 A 有 r 个水平 $A_1, A_2, \cdots, A_r$,第 i 个水平重复做 n_i 次试验,$i=1,2,\cdots,r$,所得数据如表 9-2 所示.

表 9-2 单因素试验数据

因子水平	试验数据			
A_1	x_{11}	x_{12}	$\cdots$	x_{1n_1}
A_2	x_{21}	x_{22}	$\cdots$	x_{2n_2}
$\vdots$	$\vdots$	$\vdots$		$\vdots$
A_r	x_{r1}	x_{r2}	$\cdots$	x_{rn_r}

我们把 r 个水平 $A_1, A_2, \cdots, A_r$ 下的试验指标分别看作 r 个独立的总体 $X_1, X_2, \cdots, X_r$,它们服从方差相同的正态分布,即 $X_i \sim N(\mu_i, \sigma^2)$,$i=1,2,\cdots,r$. 从总体 X_i 中随机抽取容量为 n_i 的样本 $X_{i1}, X_{i2}, \cdots, X_{in_i}$,$i=1,2,\cdots,r$,今后称其为各组样本. 假定各组样本之间相互独立. x_{ij} 是 X_{ij} 的观测值,$j=1,2,\cdots,n_i$,$i=1,2,\cdots,r$. 即

$$\begin{cases} X_{ij} \sim N(\mu_i, \sigma^2), \\ X_{ij} 相互独立, \\ \mu_i, \sigma^2 未知, \quad j=1,2,\cdots,n_i, \ i=1,2,\cdots,r. \end{cases} \tag{9.1.1}$$

要判断因素水平间是否有显著差异，也就是检验各正态总体的均值是否相等，即检验假设

$$H_0: \mu_1 = \mu_2 = \cdots = \mu_r, \quad H_1: \mu_1, \mu_2, \cdots, \mu_r \text{ 不完全相等}.$$

这就是单因素方差分析的数学模型.

在水平 A_i 下，由于随机因素的干扰，样本 X_{ij} 与总体均值 μ_i 之间一般会有差异，令 $\varepsilon_{ij} = X_{ij} - \mu_i$，此即为随机误差，由于 $X_{ij} \sim N(\mu_i, \sigma^2)$，故 $\varepsilon_{ij} \sim N(0, \sigma^2)$，于是模型(9.1.1)等价于以下模型

$$\begin{cases} X_{ij} = \mu_i + \varepsilon_{ij}, \\ \varepsilon_{ij} \sim N(0, \sigma^2), \text{且相互独立}, \\ \mu_i, \sigma^2 \text{未知}, \quad j = 1, 2, \cdots, n_i, \ i = 1, 2, \cdots, r. \end{cases} \quad (9.1.2)$$

检验假设 $H_0: \mu_1 = \mu_2 = \cdots = \mu_r, H_1: \mu_1, \mu_2, \cdots, \mu_r$ 不完全相等.

为了使以后的讨论方便，我们引入以下概念及记号：称

$$\mu = \frac{1}{n} \sum_{i=1}^{r} n_i \mu_i \quad (9.1.3)$$

为**总均值**，即为各个总体均值 μ_i 的加权平均，其中 $n = \sum_{i=1}^{r} n_i$. 称

$$\alpha_i = \mu_i - \mu, \quad i = 1, 2, \cdots, r \quad (9.1.4)$$

为第 i 个水平 A_i 的**效应**，简称为 A_i 的**水平效应**. 它反映第 i 个水平 A_i 对试验指标的作用大小，且 $\sum_{i=1}^{r} n_i \alpha_i = 0$. 又 α_i 之间的差异与 μ_i 之间的差异是等价的，则检验假设

$$H_0: \mu_1 = \mu_2 = \cdots = \mu_r, \quad H_1: \mu_1, \mu_2, \cdots, \mu_r \text{ 不完全相等}$$

等价于检验假设

$$H_0: \alpha_1 = \alpha_2 = \cdots = \alpha_r, \quad H_1: \alpha_1, \alpha_2, \cdots, \alpha_r \text{ 不全为零}.$$

于是，模型(9.1.2)等价于以下模型

$$\begin{cases} X_{ij} = \mu + \alpha_i + \varepsilon_{ij}, \\ \sum_{i=1}^{r} n_i \alpha_i = 0, \\ \varepsilon_{ij} \sim N(0, \sigma^2) \text{且相互独立}, \\ \mu_i, \sigma^2 \text{未知}, \quad j = 1, 2, \cdots, n_i, \ i = 1, 2, \cdots, r, \end{cases} \quad (9.1.5)$$

检验假设

$$H_0: \alpha_1 = \alpha_2 = \cdots = \alpha_r, \quad H_1: \alpha_1, \alpha_2, \cdots, \alpha_r \text{ 不全为零}.$$

三、平方和分解

为方便描述试验数据的波动性，引入以下记号

$$\overline{X}_{i\cdot} = \frac{1}{n_i}\sum_{j=1}^{n_i} X_{ij}, \quad \overline{X} = \frac{1}{n}\sum_{i=1}^{r}\sum_{j=1}^{n_i} X_{ij},$$

其中，$\overline{X}_{i\cdot}$ 表示第 i 个水平下的样本均值，通常称为**组内均值**. 而 $\overline{X}$ 是全部水平下样本的平均值，通常称为**总均值**. 称

$$S_T = \sum_{i=1}^{r}\sum_{j=1}^{n_i}(X_{ij}-\overline{X})^2 \tag{9.1.6}$$

为**总偏差平方和**，它反映了所有观测数据 X_{ij} 相对于总均值 $\overline{X}$ 的波动程度. 称平方和中可以自由取值的变量的个数为**自由度**，记为 f. 在构成总偏差平方和 S_T 的 n 个变量 $X_{ij}-\overline{X}$, $j=1,2,\cdots,n_i$, $i=1,2,\cdots,r$ 中，满足一个约束 $\sum_{i=1}^{r}\sum_{j=1}^{n_i}(X_{ij}-\overline{X})=0$，故可以自由取值的有 $n-1$ 个变量，剩余一个变量的取值由这 $n-1$ 个变量的取值确定，因此总偏差平方和的自由度为 $f_T = n-1$. 称

$$S_e = \sum_{i=1}^{r}\sum_{j=1}^{n_i}(X_{ij}-\overline{X}_{i\cdot})^2 \tag{9.1.7}$$

为**误差偏差平方和**或**组内偏差平方和**，它是各组样本 X_{ij} 相对于组内均值 $\overline{X}_{i\cdot}$ 的波动程度之和，而组内数据的波动性主要由随机误差产生，故 S_e 反映了随机误差的大小. 由于 $\sum_{j=1}^{n_i}(X_{ij}-\overline{X}_{i\cdot})=0$, $i=1,2,\cdots,r$，故 S_e 的自由度为 $f_e = n-r$. 称

$$S_A = \sum_{i=1}^{r} n_i (\overline{X}_{i\cdot}-\overline{X})^2 \tag{9.1.8}$$

为**因子偏差平方和**或**组间偏差平方和**，它反映了各组样本之间的差异程度，即由于因素 A 的不同水平引起的系统误差. 由于 $\sum_{i=1}^{r} n_i(\overline{X}_{i\cdot}-\overline{X})=0$，故 S_A 的自由度为 $f_A = r-1$.

现将 S_T 进行分解.

$$\begin{aligned}
S_T &= \sum_{i=1}^{r}\sum_{j=1}^{n_i}(X_{ij}-\overline{X})^2 \\
&= \sum_{i=1}^{r}\sum_{j=1}^{n_i}(X_{ij}-\overline{X}_{i\cdot}+\overline{X}_{i\cdot}-\overline{X})^2 \\
&= \sum_{i=1}^{r}\sum_{j=1}^{n_i}(X_{ij}-\overline{X}_{i\cdot})^2 + 2\sum_{i=1}^{r}\sum_{j=1}^{n_i}(X_{ij}-\overline{X}_{i\cdot})(\overline{X}_{i\cdot}-\overline{X}) + \sum_{i=1}^{r}\sum_{j=1}^{n_i}(\overline{X}_{i\cdot}-\overline{X})^2.
\end{aligned}$$

由于 $\sum_{j=1}^{n_i}(X_{ij}-\overline{X}_{i\cdot})(\overline{X}_{i\cdot}-\overline{X})=0$，于是得到平方和分解式

$$S_T = S_e + S_A, \quad f_T = f_e + f_A. \tag{9.1.9}$$

此分解式表明：引起所有观测数据 X_{ij} 波动的原因有两部分，一个是由 S_e 表示的随机误差，另一个是由 S_A 表示的不同水平所引起的系统误差.

四、检验方法

一般地，当 $\mu_1, \mu_2, \cdots, \mu_r$ 不全相同时，说明系统误差较大，S_A 将取比较大的值. 因此，如果 S_A 显著地大于 S_e，就有理由认为假设 H_0 不成立. 这启示我们从比较 S_e 和 S_A 入手来建立检验统计量.

假设原假设 H_0 是正确的，则所有样本 X_{ij}，$j=1,2,\cdots,n_j$，$i=1,2,\cdots,r$ 可看作来自同一总体 $N(\mu, \sigma^2)$ 的容量为 n 的样本，并且相互独立，则

$$S_T = \sum_{i=1}^{r}\sum_{j=1}^{n_i}(X_{ij}-\bar{X})^2 = (n-1)S^2,$$

其中 n 与 S^2 分别是全体样本的样本容量和样本方差，由第六章定理知

$$\frac{S_T}{\sigma^2} = \frac{(n-1)S^2}{\sigma^2} \sim \chi^2(n-1).$$

同样，对各组样本有

$$\frac{1}{\sigma^2}\sum_{j=1}^{n_i}(X_{ij}-\bar{X}_{i\cdot})^2 = \frac{(n_i-1)S_i^2}{\sigma^2} \sim \chi^2(n_i-1), \quad i=1,2,\cdots,r,$$

其中 n_i 与 S_i^2 分别是各组样本的样本容量和样本方差，由于各组样本间的独立性，可得各组的样本方差 $S_1^2, S_2^2, \cdots, S_r^2$ 相互独立，由 χ^2 分布的可加性及 $\sum_{i=1}^{r}(n_i-1) = n-r$，可知 $\frac{S_e}{\sigma^2} = \sum_{i=1}^{r}\frac{(n_i-1)S_i^2}{\sigma^2} \sim \chi^2(n-r)$，由第六章第四节定理1知每组样本中 $\bar{X}_{i\cdot}$ 与 S_i^2 独立，故 $\bar{X}_{i\cdot}$，$i=1,2,\cdots,r$ 与 S_e 独立，而 S_A 是 $\bar{X}_{i\cdot}$，$i=1,2,\cdots,r$ 的函数，因此 S_A 与 S_e 相互独立，并且当 H_0 成立时 $\frac{S_A}{\sigma^2} \sim \chi^2(r-1)$.

构造统计量 $F = \dfrac{S_A/(r-1)}{S_e/(n-r)} \sim F(r-1, n-r)$. 当 H_0 成立时，因素 A 的各个水平下总体的均值无显著差异，则组间平方和 S_A 较小，所以统计量 F 的值也较小；反之若 F 的值较大，则说明因素 A 的各个水平下总体的均值有显著差异，故拒绝原假设 H_0. 对于给定显著性水平 α，该检验的拒绝域为

$$W = \{F > F_\alpha(r-1, n-r)\}.$$

在实际工作中，因素 A 的各个水平下总体的均值有显著差异称为因素 A **显著**，否

则称为因素 A **不显著**，称 S_A/f_A 为因素偏差平方和的**均方**，称 S_e/f_e 为误差偏差平方和的均方，称这个统计量的观测值 F 为 F **比**.

这样，解决单因素方差分析问题时，通常将计算结果列成表 9-3 的形式，称为方差分析表.

表 9-3 单因素方差分析表

来源	平方和	自由度	均方	F 比
因素	S_A	$r-1$	$S_A/(r-1)$	$\dfrac{S_A/(r-1)}{S_e/(n-r)}$
误差	S_e	$n-r$	$S_e/(n-r)$	
总和	S_T			

对于给定显著性水平 α，若 $F > F_\alpha(r-1, n-r)$，则因素 A 显著；若 $F \leqslant F_\alpha(r-1, n-r)$，则因素 A 不显著.

为了方便，在计算过程中各偏差平方和通常采用如下公式：

$$S_T = \sum_{i=1}^{r}\sum_{j=1}^{n_i} X_{ij}^2 - \frac{1}{n}\left(\sum_{i=1}^{r}\sum_{j=1}^{n_i} X_{ij}\right)^2,$$

$$S_A = \sum_{i=1}^{r} \frac{1}{n_i}\left(\sum_{j=1}^{n_i} X_{ij}\right)^2 - \frac{1}{n}\left(\sum_{i=1}^{r}\sum_{j=1}^{n_i} X_{ij}\right)^2, \quad (9.1.10)$$

$$S_e = S_T - S_A.$$

利用上面的讨论来解例 1.

例 2 (续例 1) 根据表 9-1 提供的数据，研究 3 条生产线的产量之间是否有显著性差异(取 $\alpha = 0.05$).

解 为了方便，将计算过程列为表 9-4.

表 9-4 计算表

生产线			日产量			$\sum_{j=1}^{n_i} X_{ij}$	$\left(\sum_{j=1}^{n_i} X_{ij}\right)^2$	$\sum_{j=1}^{n_i} X_{ij}^2$
1	57	41	41	49	48	236	55696	11316
2	64	65	54	72	57	312	97344	19670
3	48	45	56	48	51	248	61504	12370
和						796	214544	43356

$$S_T = \sum_{i=1}^{r}\sum_{j=1}^{n_i} X_{ij}^2 - \frac{1}{n}\left(\sum_{i=1}^{r}\sum_{j=1}^{n_i} X_{ij}\right)^2 = 43356 - \frac{796^2}{15} \approx 1114.93, \quad f_T = n-1 = 14;$$

$$S_A = \sum_{i=1}^{r} n_i \overline{X}_{i\cdot}^2 - \frac{1}{n}\left(\sum_{i=1}^{r}\sum_{j=1}^{n_i} X_{ij}\right)^2 = \frac{214544}{5} - \frac{796^2}{15} = 667.73, \quad f_A = r-1 = 2;$$

$$S_e = S_T - S_A = 1114.93 - 667.73 = 447.2, \quad f_e = n-r = 12.$$

计算结果见表 9-5.

表 9-5 方差分析表

来源	平方和	自由度	均方	F 比
因素	667.73	2	333.87	8.96
误差	447.2	12	37.27	
总和	1114.93			

对于给定的显著性水平 $\alpha=0.05$，查 F 分布上侧分位数表得 $F_{0.05}(2,12)=3.89$. 因为 $F=8.96>F_{0.05}(2,12)$，所以因素 A 显著，即可以认为三条生产线的产量有显著差异.

例 3 藏红花中所含的藏红花素有助心血管健康，具有抗抑郁、抗焦虑的功效，是中医药给世界人民的一份礼物. 现研究不同播种期对藏红花产量的影响，得到如表 9-6 所示数据(单位: kg/试验区).

表 9-6 不同播种期产量

播种期	产量			
1	0.26	0.45	0.36	0.48
2	0.14	0.23	0.22	0.23
3	0.12	0.13	0.11	0.11
4	0.03	0.05	0.03	0.04

解 计算过程列为表 9-7.

表 9-7 计算表

播种期	产量				$\sum_{j=1}^{n_i} X_{ij}$	$\left(\sum_{j=1}^{n_i} X_{ij}\right)^2$	$\sum_{j=1}^{n_i} X_{ij}^2$
1	0.26	0.45	0.36	0.48	1.55	2.402	0.630
2	0.14	0.23	0.22	0.23	0.82	0.672	0.174
3	0.12	0.13	0.11	0.11	0.47	0.221	0.056
4	0.03	0.05	0.03	0.04	0.15	0.023	0.006
和					2.99	3.318	0.866

$$S_T = \sum_{i=1}^{r}\sum_{j=1}^{n_i} X_{ij}^2 - \frac{1}{n}\left(\sum_{i=1}^{r}\sum_{j=1}^{n_i} X_{ij}\right)^2 = 0.866 - \frac{2.99^2}{16} \approx 0.307, \quad f_T = n-1 = 15;$$

$$S_A = \sum_{i=1}^{r} n_i \overline{X}_{i\cdot}^2 - \frac{1}{n}\left(\sum_{i=1}^{r}\sum_{j=1}^{n_i} X_{ij}\right)^2 = \frac{3.318}{4} - \frac{2.99^2}{16} \approx 0.271, \quad f_A = r-1 = 3;$$

$$S_e = S_T - S_A = 0.307 - 0.271 = 0.036, \quad f_e = n - r = 12.$$

计算结果见表9-8.

表 9-8 方差分析表

来源	平方和	自由度	均方	F 比
因素	0.271	3	0.090	30
误差	0.036	12	0.003	
总和	0.307			

对于给定的显著性水平 $\alpha = 0.05$，查 F 分布上侧分位数表得 $F_{0.05}(3,12) = 3.49$. 因为 $F = 30 > F_{0.05}(3,12)$，所以认为不同播种期产量差异很显著.

习题 9-1

1. 在单因素方差分析模型中，因素 A 有三个水平，每个水平下的试验数据如下：

因子水平	试验数据			
A_1	8	5	7	
A_2	6	10	11	8
A_3	5	3	8	

试计算总偏差平方和，因素 A 的偏差平方和、误差偏差平方和，并指出他们各自的自由度.

2. 在单因素方差分析模型中，因素 A 有四个水平，每个水平下各做 4 次重复试验，请完成如下方差分析表，并在显著性水平 $\alpha = 0.05$ 下，对因素 A 是否显著作出检验.

来源	平方和	自由度	均方	F 比
因素	4.2			
误差				
总和	7.6			

3. 有某种型号的电池三批，分别为 A, B, C 三个工厂生产，为评价其质量，各随机抽取 5 只电池为样品，测得寿命(单位: h)见下表：

工厂	电池寿命				
A	40	42	48	38	45
B	26	30	34	28	32
C	39	50	40	50	43

假定各厂生产的电池寿命服从正态分布,且方差相等. 试在显著性水平 $\alpha = 0.05$ 下检验三个工厂生产的电池平均寿命是否有显著差异?

4. 某果汁加工厂对三台灌装机器进行测定,试在显著性水平 $\alpha = 0.01$ 下检验机器对果汁的填装量(单位: L)有无显著差异?

机器	填装量						
1	1.47	1.50	1.53	1.49	1.48	1.47	1.51
2	1.51	1.46	1.48	1.49	1.48	1.50	1.46
3	1.50	1.47	1.51	1.49	1.53	1.47	1.46

5. 用三种不同厂家生产的具有相同功效的药物在小白鼠身上进行试验,药物效用时间结果(单位: h),试在显著性水平 $\alpha = 0.01$ 下检验这三种品牌药物效用有无显著差异?

药物	效用时间					
甲	4.8	5.4	5.1	5.2	5.2	5.0
乙	5.8	5.6	5.3	5.9	5.5	5.7
丙	5.2	5.0	5.1	4.9	5.0	4.8

第二节 一元线性回归

在现实世界中,经常存在着变量之间的相互制约、相互依存的关系. 变量之间的关系一般分为两类: 确定性关系和相关关系. **确定性关系**也就是我们熟知的函数关系. 比如,在匀速直线运动中,距离 s、速度 v 和时间 t 之间的函数关系 $s = vt$. **相关关系**是指变量之间不能用确定的函数关系来表达. 比如,农作物的产量与施肥量、单位面积的播种量有关,却又无法建立产量与施肥量和单位面积的播种量之间的函数关系式,又如,人的身高与体重有一定的关系,但体重又无法由身高的函数完全确定. 变量之间这种不确定的关系称为相关关系.

回归分析是研究变量间相关关系的有力的数学工具. 它研究分析两个或多个变量之间的统计规律性,从变量的观测数据出发,在平均意义下找出变量之间的近似关系式.

回归分析有很广泛的应用,在工农业生产和科学研究工作中有许多问题,如求经验公式、找出产量或质量指标与生产条件的关系,病虫害的预报、天气和地震的预报等,都要用到回归分析这一工具.

一元回归分析通常用来研究两个变量之间的相关关系,而多元回归分析用于研究多个变量之间的相关关系. 这里,只讨论一元回归分析.

一、一元线性回归模型

为了直观,从下面的例子谈起.

例1 在某种产品表面进行腐蚀刻线试验,得到腐蚀时间 X 与腐蚀深度 Y 相对应的一组数据,如表 9-9,试求它们之间的关系.

表 9-9

腐蚀时间 X/s	5	10	15	20	30	40	50	60	70	90	120
腐蚀深度 Y/μm	6	10	10	13	16	17	19	23	25	29	46

将这批数据在直角坐标系上描点得散点图,如图 9-1 所示.

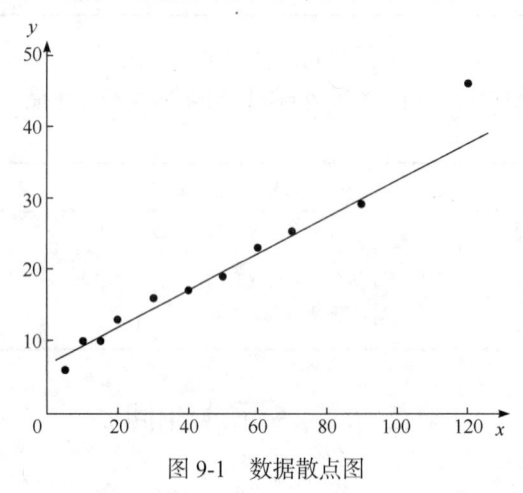

图 9-1 数据散点图

从图 9-1 上可以看出,这些点虽然是散乱的,但大体上散布在某条直线的附近,也就是说,腐蚀深度和腐蚀时间大致呈线性关系,不妨用如下方程刻画

$$\hat{y} = a + bx,$$

这里,在 y 上加"^"号是为了区别于数据 x 对应的实测数据 y.

一般地,当随机变量 Y 与变量 X 之间大致存在线性相关关系时,采用如下的线性模型进行描述

$$Y = a + bX + \varepsilon, \tag{9.2.1}$$

其中, $\varepsilon \sim N(0,\sigma^2)$ 是由随机因素所产生的误差,称为**随机误差**. X 是试验或观察中可以控制或精确测量的变量,一般称为**自变量**或**预报变量**. Y 是可观测的随机变量,一般称为**因变量**或**响应变量**,它由两部分组成,一部分是由 X 决定的,表示为 $a+bX$,另一部分是由其他随机因素决定的,即为随机误差 ε. 对于变量 X 的一组不完全相同的取值 $x_1,x_2,\cdots,x_n$,分别相应观测到随机变量 Y 的 n 个取值 $y_1,y_2,\cdots,y_n$,在观测之前

它可以看作来自总体 Y 的一组样本,在观测之后它可以看作来自总体 Y 的一组样本观测值,由模型 (9.2.1) 可得如下等价模型

$$\begin{cases} y_i = a + bx_i + \varepsilon_i, & i = 1, 2, \cdots, n, \\ \varepsilon_i \sim N(0, \sigma^2), & \text{且相互独立}. \end{cases} \quad (9.2.2)$$

一元线性回归分析的主要任务之一就是利用观测值 $(x_i, y_i), i = 1, 2, \cdots, n$,确定参数 a, b,从而得到线性函数 $\hat{y} = a + bx$,通常称此函数为**回归方程**,其图像称为**回归直线**,点 x_0 处的函数值 $\hat{y}_0 = a + bx_0$ 称为**回归值**. 下面介绍如何确定参数 a, b.

二、回归方程的确定

1. 回归方程

若随机变量 Y 与变量 X 之间大致存在线性相关关系(通常借助画散点图直观观察判断),这个线性关系用回归直线来刻画,因此该直线与观测点 (x_i, y_i) $(i = 1, 2, \cdots, n)$ 越近越好. 那么,如何确定参数 a, b,使得回归直线与观测点 $(x_i, y_i)(i = 1, 2, \cdots, n)$ 最近呢? 最常用的方法是**最小二乘法**. 令

$$Q(a, b) = \sum_{i=1}^{n} [y_i - (a + bx_i)]^2,$$

其中 $(x_i, y_i), i = 1, 2, \cdots, n$ 为样本观测值,此函数即为在每一个观测点,观测值 y_i 与回归值 $\hat{y}_i$ 的偏差平方和. 我们的目的就是找出能够使该函数取到最小值的参数 $\hat{a}, \hat{b}$,即该函数的最小值点 $\hat{a}, \hat{b}$,作为回归方程中参数 a, b 的值,称 $\hat{a}, \hat{b}$ 为 a, b 的**最小二乘估计**.

按照二元函数求极值的方法,分别对 Q 关于 a, b 求导,可得方程组

$$\begin{cases} \dfrac{\partial Q}{\partial a} = -2\sum_{i=1}^{n}(y_i - a - bx_i) = 0, \\ \dfrac{\partial Q}{\partial b} = -2\sum_{i=1}^{n}(y_i - a - bx_i)x_i = 0. \end{cases} \quad (9.2.3)$$

这个方程组称为**正规方程组**. 解此方程组得

$$\begin{cases} \hat{b} = \dfrac{L_{xy}}{L_{xx}}, \\ \hat{a} = \overline{y} - \hat{b}\overline{x}. \end{cases} \quad (9.2.4)$$

此处,为了便于表示,引入了如下记号

$$\overline{x} = \frac{1}{n}\sum_{i=1}^{n} x_i, \quad \overline{y} = \frac{1}{n}\sum_{i=1}^{n} y_i, \quad L_{xx} = \sum_{i=1}^{n}(x_i - \overline{x})^2 = \sum_{i=1}^{n} x_i^2 - n\overline{x}^2,$$

$$L_{xy} = \sum_{i=1}^{n}(x_i - \overline{x})(y_i - \overline{y}) = \sum_{i=1}^{n}(x_i y_i) - n\overline{x}\,\overline{y}, \quad L_{yy} = \sum_{i=1}^{n}(y_i - \overline{y})^2 = \sum_{i=1}^{n} y_i^2 - n\overline{y}^2.$$

在实际问题中，回归方程通常表示为

$$\hat{y} = \hat{a} + \hat{b}x. \quad (9.2.5)$$

例 2 (续例 1) 利用例 1 提供的数据求腐蚀深度 Y 与腐蚀时间 X 的回归方程.

解 相关计算见表 9-10.

表 9-10

x_i	y_i	x_i^2	$x_i y_i$	y_i^2
5	6	25	30	36
10	10	100	100	100
15	10	225	150	100
20	13	400	260	169
30	16	900	480	256
40	17	1600	680	289
50	19	2500	950	361
60	23	3600	1380	529
70	25	4900	1750	625
90	29	8100	2610	841
120	46	14400	5520	2116
和 510	214	36750	13910	5422

$$L_{xx} = \sum_{i=1}^{n} x_i^2 - n\bar{x}^2 = 36750 - 510^2/11 \approx 13104.5455;$$

$$L_{xy} = \sum_{i=1}^{n} (x_i y_i) - n\bar{x}\,\bar{y} = 13910 - 510 \times 214/11 \approx 3988.1818;$$

$$\hat{b} = \frac{L_{xy}}{L_{xx}} = 0.3043;$$

$$\hat{a} = \bar{y} - \hat{b}\bar{x} = 214/11 - (510 \times 0.3043)/11 \approx 5.3461.$$

故所求回归方程为 $\hat{y} = 5.3461 + 0.3043x$.

2. 最小二乘估计的性质

下面给出参数 a, b 的最小二乘估计 $\hat{a}, \hat{b}$ 的性质，在后面的预测问题中会用到此结论.

定理 1 对于一元线性回归模型(9.2.2)，有

(1) $\hat{a}, \hat{b}$ 分别是 a, b 的无偏估计，即 $E(\hat{a}) = a, E(\hat{b}) = b$；

(2) $\hat{a} \sim N\left(a, \left(\frac{1}{n} + \frac{\bar{x}^2}{L_{xx}}\right)\sigma^2\right)$, $\hat{b} \sim N\left(b, \frac{1}{L_{xx}}\sigma^2\right)$；

(3) 对给定的 x_0, $\hat{y}_0 = \hat{a} + \hat{b}x_0 \sim N\left(a + bx_0, \left(\dfrac{1}{n} + \dfrac{(x_0 - \overline{x})^2}{L_{xx}}\right)\sigma^2\right)$.

证明 (1) 由式(9.2.2)知:在 $\varepsilon_1, \varepsilon_2, \cdots, \varepsilon_n$ 相互独立且服从同一分布 $N(0, \sigma^2)$ 的假定下,$y_1, y_2, \cdots, y_n$ 是 n 个相互独立的随机变量,则 $y_i \sim N(a + bx_i, \sigma^2), i = 1, 2, \cdots, n$,$\overline{y} = \dfrac{1}{n}\sum\limits_{i=1}^{n} y_i$ 是 $y_1, y_2, \cdots, y_n$ 的线性函数,又由正态分布的线性性质知 $\overline{y} \sim N\left(a + b\overline{x}, \dfrac{\sigma^2}{n}\right)$,故 $E(\overline{y}) = a + b\overline{x}$,又 $\hat{b} = \dfrac{L_{xy}}{L_{xx}}$ 是 $y_1, y_2, \cdots, y_n$ 的线性函数,由期望的性质知

$$E(\hat{b}) = E\left[\dfrac{\sum\limits_{i=1}^{n}(x_i - \overline{x})(y_i - \overline{y})}{\sum\limits_{i=1}^{n}(x_i - \overline{x})^2}\right] = \dfrac{\sum\limits_{i=1}^{n}(x_i - \overline{x})E(y_i - \overline{y})}{\sum\limits_{i=1}^{n}(x_i - \overline{x})^2}$$

$$= \dfrac{\sum\limits_{i=1}^{n}(x_i - \overline{x})[(a + bx_i) - (a + b\overline{x})]}{\sum\limits_{i=1}^{n}(x_i - \overline{x})^2} = b,$$

$$E(\hat{a}) = E(\overline{y} - \hat{b}\overline{x}) = E(\overline{y}) - \overline{x}E(\hat{b}) = a + b\overline{x} - b\overline{x} = a.$$

所以 $\hat{a}, \hat{b}$ 分别是 a, b 的无偏估计.

(2) $\hat{a}, \hat{b}$ 分别是 $y_1, y_2, \cdots, y_n$ 的线性函数,故 $\hat{a}, \hat{b}$ 均服从正态分布且期望已由(1)给出,下面只需求出 $\hat{a}, \hat{b}$ 的方差即可

$$D(\hat{b}) = D\left[\dfrac{\sum\limits_{i=1}^{n}(x_i - \overline{x})(y_i - \overline{y})}{\sum\limits_{i=1}^{n}(x_i - \overline{x})^2}\right] = D\left[\dfrac{\sum\limits_{i=1}^{n}(x_i - \overline{x})y_i - \overline{y}\sum\limits_{i=1}^{n}(x_i - \overline{x})}{\sum\limits_{i=1}^{n}(x_i - \overline{x})^2}\right]$$

$$= D\left[\dfrac{\sum\limits_{i=1}^{n}(x_i - \overline{x})y_i}{\sum\limits_{i=1}^{n}(x_i - \overline{x})^2}\right] = \dfrac{\sum\limits_{i=1}^{n}(x_i - \overline{x})^2 D(y_i)}{\left[\sum\limits_{i=1}^{n}(x_i - \overline{x})^2\right]^2} = \dfrac{\sigma^2}{\sum\limits_{i=1}^{n}(x_i - \overline{x})^2} = \dfrac{\sigma^2}{L_{xx}}.$$

$$D(\hat{a}) = D(\overline{y} - \hat{b}\overline{x}) = D\left[\overline{y} - \overline{x}\dfrac{\sum\limits_{i=1}^{n}(x_i - \overline{x})y_i}{L_{xx}}\right] = D\left\{\sum\limits_{i=1}^{n}\left[\dfrac{1}{n} - \dfrac{\overline{x}(x_i - \overline{x})}{L_{xx}}\right]y_i\right\}$$

$$= \sum\limits_{i=1}^{n}\left[\dfrac{1}{n} - \dfrac{\overline{x}(x_i - \overline{x})}{L_{xx}}\right]^2 D(y_i) = \sum\limits_{i=1}^{n}\left[\dfrac{1}{n} - \dfrac{\overline{x}(x_i - \overline{x})}{L_{xx}}\right]^2 \sigma^2 = \left(\dfrac{1}{n} + \dfrac{\overline{x}^2}{L_{xx}}\right)\sigma^2.$$

故 $\hat{a} \sim N\left(a, \left(\dfrac{1}{n} + \dfrac{\overline{x}^2}{L_{xx}}\right)\sigma^2\right)$, $\hat{b} \sim N\left(b, \dfrac{1}{L_{xx}}\sigma^2\right)$.

(3) 对给定的 x_0，$\hat{y}_0 = \hat{a} + \hat{b}x_0$ 依然是 $y_1, y_2, \cdots, y_n$ 的线性函数，故 $\hat{y}_0$ 也服从正态分布，下面只需求出 $\hat{y}_0$ 的期望和方差即可.

$$E(\hat{y}_0) = E(\hat{a} + \hat{b}x_0) = E(\hat{a}) + x_0 E(\hat{b}) = a + bx_0,$$

$$\hat{y}_0 = \hat{a} + \hat{b}x_0 = \overline{y} - \hat{b}\overline{x} + \hat{b}x_0 = \overline{y} + \hat{b}(x_0 - \overline{x}) = \sum_{i=1}^{n} \dfrac{1}{n} y_i + \sum_{i=1}^{n} \dfrac{(x_0 - \overline{x})(x_i - \overline{x})}{L_{xx}} y_i$$

$$= \sum_{i=1}^{n} \left[\dfrac{1}{n} + \dfrac{(x_0 - \overline{x})(x_i - \overline{x})}{L_{xx}}\right] y_i,$$

$$D(\hat{y}_0) = D\left\{\sum_{i=1}^{n} \left[\dfrac{1}{n} + \dfrac{(x_0 - \overline{x})(x_i - \overline{x})}{L_{xx}}\right] y_i\right\} = \sum_{i=1}^{n} \left[\dfrac{1}{n} + \dfrac{(x_0 - \overline{x})(x_i - \overline{x})}{L_{xx}}\right]^2 D(y_i)$$

$$= \sum_{i=1}^{n} \left[\dfrac{1}{n} + \dfrac{(x_0 - \overline{x})(x_i - \overline{x})}{L_{xx}}\right]^2 \sigma^2 = \left[\dfrac{1}{n} + \dfrac{(x_0 - \overline{x})^2}{L_{xx}}\right]\sigma^2.$$

故 $\hat{y}_0 = \hat{a} + \hat{b}x_0 \sim N\left(a + bx_0, \left(\dfrac{1}{n} + \dfrac{(x_0 - \overline{x})^2}{L_{xx}}\right)\sigma^2\right)$.

三、回归方程的显著性检验

在一元线性回归分析中，要寻找随机变量 Y 与变量 X 之间的线性相关关系，首先是画出实测数据的散点图，根据散点图，若直观上看随机变量 Y 与变量 X 的观测值大致在一条直线上，则考虑随机变量 Y 与变量 X 之间可用如下模型描述：

$$Y = a + bX + \varepsilon,$$

其中 $\varepsilon \sim N(0, \sigma^2)$ 是随机误差，从模型中可以看出，若 $|b|$ 越大，变量 X 对 Y 的影响越大，反之则越小. 特别地，若 $b = 0$，则称 X 与 Y 不存在线性关系，此时可能存在其他的非线性关系，比如平方关系等. 根据实测数据由最小二乘法确定出的回归方程，是否能表明 X 与 Y 存在线性关系，即 b 是否为零，则需要进行检验，此即为回归方程的显著性检验，即检验假设

$$H_0: b = 0, \quad H_1: b \neq 0.$$

若经检验原假设 H_0 成立，则称回归方程**不显著**，否则称回归方程**显著**.

回归方程的显著性检验，常用的检验方法有三种：F 检验法、t 检验法和相关系数检验法，这三种检验方法是等价的，这里仅详细介绍 F 检验法.

考察随机变量 Y 的观测值 $y_i (i = 1, 2, \cdots, n)$ 的波动性，称

$$S_T = \sum_{i=1}^{n} (y_i - \overline{y})^2,$$

为**总偏差平方和**,它表示观测值 $y_i(i=1,2,\cdots,n)$ 相对于其平均值 $\bar{y}$ 的波动程度. 对于每一个观测值 x_i,由回归方程(9.2.4)都可以确定一个回归值

$$\hat{y}_i = \hat{a} + \hat{b}x_i,$$

称

$$S_R = \sum_{i=1}^{n}(\hat{y}_i - \bar{y})^2$$

为**回归平方和**,它表示回归值 $\hat{y}_i(i=1,2,\cdots,n)$ 相对于其平均值 $\bar{y}$ 的波动程度,由于变量 X 与随机变量 Y 之间存在线性关系时,观测值 x_i 的变动会引起变量 Y 的变化,这反映了变量 X 对随机变量 Y 的影响程度. 此处值得注意的是,回归值 $\hat{y}_i(i=1,2,\cdots,n)$ 的平均值也是 $\bar{y}$,由(9.2.4)和(9.2.5)可知,

$$\frac{1}{n}\sum_{i=1}^{n}\hat{y}_i = \frac{1}{n}\sum_{i=1}^{n}(\hat{a}+\hat{b}x_i) = \hat{a}+\hat{b}\bar{x} = \bar{y},$$

称

$$S_e = \sum_{i=1}^{n}(y_i - \hat{y}_i)^2$$

为**残差平方和**,它表示观测值 $y_i(i=1,2,\cdots,n)$ 与相应回归值 $\hat{y}_i(i=1,2,\cdots,n)$ 之间的偏离程度,一般是由随机误差以及非线性关系引起的.

下面我们不加证明地给出 S_e 和 S_R 的性质,后面构造检验统计量需要用到此结论.

定理 2 在一元线性回归模型(9.2.2)中,有

(1) $\dfrac{S_e}{\sigma^2} \sim \chi^2(n-2)$;

(2) 在原假设 $H_0: b=0$ 成立条件下, $\dfrac{S_R}{\sigma^2} \sim \chi^2(1)$;

(3) S_e 与 S_R, $\bar{y}$ 独立.

对 S_T 我们作如下分解:

$$S_T = \sum_{i=1}^{n}(y_i - \bar{y})^2 = \sum_{i=1}^{n}[(y_i - \hat{y}_i) + (\hat{y}_i - \bar{y})]^2$$

$$= \sum_{i=1}^{n}(y_i - \hat{y}_i)^2 + \sum_{i=1}^{n}(\hat{y}_i - \bar{y})^2 + 2\sum_{i=1}^{n}(y_i - \hat{y}_i)(\hat{y}_i - \bar{y})$$

$$= S_e + S_R + 2\sum_{i=1}^{n}(y_i - \hat{y}_i)(\hat{y}_i - \bar{y}).$$

由方程组(9.2.3)知

$$\sum_{i=1}^{n}(y_i - \hat{y}_i)(\hat{y}_i - \bar{y}) = \sum_{i=1}^{n}(y_i - \hat{a} - \hat{b}x_i)(\hat{a} + \hat{b}x_i - \bar{y})$$

$$= (\hat{a} - \bar{y})\sum_{i=1}^{n}(y_i - \hat{a} - \hat{b}x_i) + \hat{b}\sum_{i=1}^{n}(y_i - \hat{a} - \hat{b}x_i)x_i = 0.$$

于是可得到**总偏差平方和分解式**

$$S_T = S_e + S_R. \tag{9.2.6}$$

这说明引起观测值 $y_1, y_2, \cdots, y_n$ 波动的原因分为两部分, 一部分是变量 X 与随机变量 Y 之间存在线性关系, 当观测值 x_i 变动时会引起变量 Y 的变化; 另一部分是变量 X 与随机变量 Y 之间存在非线性关系或者是随机误差引起的. 这启发我们构造如下检验统计量, 由定理 2 知, 在 H_0 成立条件下

$$F = \frac{S_R}{S_e / (n-2)} \sim F(1, n-2).$$

若假设 $H_0 : b = 0$ 成立, 则第一部分原因起到的作用相对较小, 即 S_R 取值较小, S_T 主要来自 S_e; 反之, 若 S_R 取值较大, 则说明随机变量 X 与随机变量 Y 之间存在线性关系. 因此, 在显著性水平为 α 的情况下, 该检验的拒绝域为

$$W = \{F > F_\alpha(1, n-2)\}.$$

若 $F > F_\alpha(1, n-2)$, 则拒绝原假设 H_0, 回归方程显著; 若 $F \leqslant F_\alpha(1, n-2)$, 则接受原假设 H_0, 回归方程不显著.

为了方便, 在计算过程中各偏差平方和通常采用如下公式:

$$S_T = L_{yy} = \sum_{i=1}^{n} y_i^2 - n\bar{y}^2,$$

$$S_R = \sum_{i=1}^{n} (\hat{y}_i - \bar{y})^2 = \hat{b}^2 L_{xx},$$

$$S_e = S_T - S_R.$$

例 3 (例 2 续) 对例 2 所得回归方程进行显著性检验 ($\alpha = 0.01$).

解 根据表 9-7, 计算可得

$$S_T = \sum_{i=1}^{n} y_i^2 - n\bar{y}^2 = 5422 - \frac{214^2}{11} \approx 1258.7273,$$

$$S_R = \hat{b}^2 L_{xx} = 0.3043^2 \times 13104.5455 \approx 1213.4611,$$

$$S_e = 1258.7273 - 1213.4611 = 45.2662, \quad n = 11,$$

$\alpha = 0.01$, 查 F 分布分位数表, 得 $F_{0.01}(1,9) = 10.56$,

$$F = \frac{S_R}{S_e / (n-2)} = \frac{1213.4611}{45.2662 / 9} \approx 241.2650 > F_{0.01}(1,9),$$

拒绝原假设, 即回归方程是显著的.

四、预测问题

若回归方程经过检验是显著的, 则说明随机变量 Y 与变量 X 之间存在明显的线性关系, 此时当给定变量 X 的一个取值 x_0 时, 就可以对随机变量 Y 进行预测. 这里介绍两种形式的预测: 点预测和区间预测. 不妨用记号 Y_0 表示与 x_0 对应的随机变量.

1. 点预测

由最小二乘法确定的回归方程是显著的，则变量 Y_0 的回归值与真实值比较吻合，因此，对于给定的变量 X 的一个取值 x_0，可用该点的回归值 $\hat{y}_0 = \hat{a} + \hat{b}x_0$ 作为此时随机变量 Y_0 的预测值，此即为 Y_0 的**点预测**.

2. 区间预测

所谓**区间预测**，就是对给定的 x_0，用以回归值 $\hat{y}_0 = \hat{a} + \hat{b}x_0$ 为中心的区间作为随机变量 Y_0 的预测值，即对于给定的置信水平 $1-\alpha$，寻找一个正数 $\delta(x_0)$，使得

$$P\{|Y_0 - \hat{y}_0| < \delta(x_0)\} = 1 - \alpha,$$

$(\hat{y}_0 - \delta(x_0), \hat{y}_0 + \delta(x_0))$ 即为 x_0 处随机变量 Y_0 的置信水平为 $1-\alpha$ 的**预测区间**.

为解决这个问题，借用区间估计的思想方法，只需找到一个包含 $Y_0 - \hat{y}_0$ 且不包含任何未知参数的完全已知的分布即可. 完成此任务可以分两步，第一步，求出 $Y_0 - \hat{y}_0$ 的分布，考虑到模型(9.2.2)，则可假定 $Y_0 \sim N(a+bx_0, \sigma^2)$ 且与 $y_1, y_2, \cdots, y_n$ 相互独立，考虑到定理 1 的结论，由正态分布的线性性质不难得到

$$Y_0 - \hat{y}_0 \sim N\left(0, \left(1 + \frac{1}{n} + \frac{(x_0 - \bar{x})^2}{L_{xx}}\right)\sigma^2\right).$$

第二步，在第一步的基础上，构造一个完全已知的分布

$$\frac{Y_0 - \hat{y}_0}{\hat{\sigma}\sqrt{1 + \frac{1}{n} + \frac{(x_0 - \bar{x})^2}{L_{xx}}}} \sim t(n-2).$$

这里 $\hat{\sigma} = \sqrt{\frac{S_e}{n-2}}$，$\frac{S_e}{n-2}$ 为 σ^2 的无偏估计. 于是

$$P\left\{\left|\frac{Y_0 - \hat{y}_0}{\hat{\sigma}\sqrt{1 + \frac{1}{n} + \frac{(x_0 - \bar{x})^2}{L_{xx}}}}\right| < t_{\alpha/2}(n-2)\right\} = 1 - \alpha.$$

从而有

$$P\left\{|Y_0 - \hat{y}_0| < \hat{\sigma}\sqrt{1 + \frac{1}{n} + \frac{(x_0 - \bar{x})^2}{L_{xx}}} t_{\alpha/2}(n-2)\right\} = 1 - \alpha,$$

即 $\delta(x_0) = \hat{\sigma}\sqrt{1 + \frac{1}{n} + \frac{(x_0 - \bar{x})^2}{L_{xx}}} t_{\alpha/2}(n-2)$，$(\hat{y}_0 - \delta(x_0), \hat{y}_0 + \delta(x_0))$ 即为 x_0 处随机变量 Y_0 的置信水平为 $1-\alpha$ 的预测区间.

预测区间的半径为 $\delta(x_0)$，从置信区间表达式可以看出：在置信水平一定的情况

下，样本量 n 越大，$x_1, x_2, \cdots, x_n$ 取值越分散，x_0 与 $\bar{x}$ 越接近，预测区间的长度就会越短.

例 4 为考察水稻成熟期的有效穗数与单位面积内水稻的基本苗数之间的关系，某生产队采用相同的管理方法，在五块土质相同的土地上进行了对比试验，获得数据见表 9-11.

表 9-11

基本苗数 x_i/(万/亩)	15.0	25.8	30.0	36.6	44.4
有效穗数 y_i/(万/亩)	39.4	41.9	41.0	43.1	49.2

注：1 亩 ≈ 666.67 平方米.

试用回归分析方法来研究有效穗数 Y 与基本苗数 x 的关系：

(1) 求回归方程；

(2) 进行回归方程的显著性检验（$\alpha = 0.10$）；

(3) 头年通过取样方法测得一块稻田的基本苗数 $x_0 = 26$ 万/亩，试对第二年成熟时的有效穗数作预测（$\alpha = 0.10$）.

解 (1) 做散点图，如图 9-2 所示.

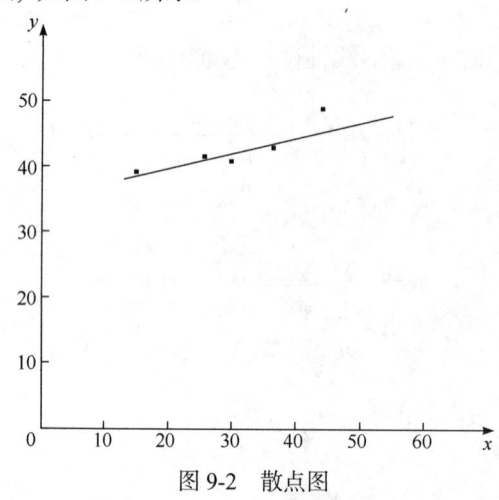

图 9-2 散点图

可尝试做一元线性回归分析，确定回归方程的相关计算见表 9-12.

表 9-12

x_i	y_i	x_i^2	$x_i y_i$	y_i^2
15.00	39.40	225.00	591.00	1552.36
25.80	42.90	665.64	1106.82	1840.41
30.00	40.10	900.00	1203.00	1608.01
36.60	43.10	1339.56	1577.46	1857.61
44.40	49.20	1971.36	2184.48	2420.64
和 151.80	214.70	5101.56	6662.76	9279.03

$$L_{xx} = \sum_{i=1}^{n} x_i^2 - n\bar{x}^2 = 5101.56 - 151.80^2 / 5 \approx 492.91,$$

$$L_{xy} = \sum_{i=1}^{n} (x_i y_i) - n\bar{x}\bar{y} = 6662.76 - 151.80 \times 214.70 / 5 \approx 144.47,$$

$$\hat{b} = \frac{L_{xy}}{L_{xx}} = \frac{144.47}{492.91} \approx 0.29,$$

$$\hat{a} = \bar{y} - \hat{b}\bar{x} = 214.70 / 5 - 0.29 \times 151.80 / 5 \approx 34.14,$$

故所求回归方程为 $\hat{y} = 34.14 + 0.29x$.

(2) 根据表 9-12, 计算可得

$$S_T = \sum_{i=1}^{n} y_i^2 - n\bar{y}^2 = 9279.03 - \frac{214.70^2}{5} \approx 59.81,$$

$$S_R = \hat{b}^2 L_{xx} = 0.29^2 \times 492.91 \approx 41.45,$$

$$S_e = 59.81 - 41.45 = 18.36, \quad n = 5,$$

$\alpha = 0.10$, 查 F 分布分位数表, 得 $F_{0.10}(1,3) = 5.54$,

$$F = \frac{S_R}{S_e / (n-2)} = \frac{41.45}{18.36 / 3} \approx 6.77 > F_{0.10}(1,3),$$

拒绝原假设, 即回归方程是显著的.

(3) 由头年基本苗数 $x_0 = 26$ 万/亩, 来预测第二年成熟时的有效穗数.

先由回归方程算得 $\hat{y}_0 = 34.14 + 0.29 \times 26 \approx 41.68$ (万/亩).

$\alpha = 0.10$, $n = 5$, 查表得 $t_{0.05}(3) = 2.3534$, $\hat{\sigma} = \sqrt{\dfrac{S_e}{n-2}} = \sqrt{\dfrac{18.36}{3}} \approx 2.47,$

$$\delta(x_0) = \hat{\sigma}\sqrt{1 + \frac{1}{n} + \frac{(x_0 - \bar{x})^2}{L_{xx}}} t_{\alpha/2}(n-2)$$

$$= 2.47 \times \sqrt{1 + \frac{1}{5} + \frac{(26 - 151.8/5)^2}{492.91}} \times 2.3534 \approx 6.45,$$

$41.68 \pm 6.45 = (35.23, 48.13)$, 于是在 90% 的置信水平下预测第二年成熟时的有效穗数大概在 $(35.23, 48.13)$ 万/亩内.

例 5 节能降耗是企业的生存之本, 某煤矿树立 "点点滴滴降成本, 分分秒秒增效益" 的节能意识, 在生产经营中进行技术改造, 从而实现节能效益最大化. 技术改造后连续 6 年的利润如表 9-13 所示.

表 9-13

年号	1	2	3	4	5	6
利润/千万	0.72	0.87	0.90	0.93	1.12	1.18

由表 9-13 可得利润 Y 关于年号 X 的二次回归方程为 $\hat{y} = 0.012x^2 + \hat{a}$, 试问:

(1)此回归模型第 3 年的残差是多少;

(2)此回归方程的显著性检验($\alpha = 0.01$);

(3)试对第 7 年的利润作预测($\alpha = 0.01$).

解 (1)令 $t = x^2$，则回归方程为 $\hat{y} = 0.012t + \hat{a}$，符合线性回归. 由题可得表 9-14.

表 9-14

t_i	t_i^2	y_i	$t_i y_i$	y_i^2
1	1	0.72	0.72	0.52
4	16	0.87	3.48	0.76
9	81	0.90	8.1	0.81
16	256	0.93	14.88	0.86
25	625	1.12	28	1.25
36	1296	1.18	42.48	1.39
和 91	2275	5.72	97.66	5.59

将中心点 (15.17, 0.95) 代入 $\hat{y} = 0.012t + \hat{a}$ 可得 $\hat{a} = 0.77$，所以 $\hat{y} = 0.012t + 0.77$.

当 $t = 9$ 时，$\hat{y} = 0.88$，则第 3 年的残差为 $\hat{y} = 0.90 - 0.88 = 0.02$.

(2) 根据表 9-14，计算可得

$$L_{tt} = \sum_{i=1}^{n} t_i^2 - n\bar{t}^2 = 2275 - 91^2/6 \approx 894.83,$$

$$S_T = \sum_{i=1}^{n} y_i^2 - n\bar{y}^2 = 5.59 - \frac{5.72^2}{6} \approx 0.14,$$

$$S_R = \hat{b}^2 L_{tt} = 0.012^2 \times 894.83 \approx 0.13,$$

$$S_e = 0.14 - 0.13 = 0.01.$$

$\alpha = 0.01$，查 F 分布分位数表，得 $F_{0.01}(1,4) = 21.2$，

$$F = \frac{S_R}{S_e / n-2} = \frac{0.13}{0.01/4} \approx 52 > F_{0.01}(1,4).$$

拒绝原假设，即回归方程是显著的.

(3) 在 $t_0 = x_0^2 = 49$ 时，预测第 7 年的利润. 先由回归方程算得 $\hat{y}_0 = 0.77 + 0.012 \times 49 = 1.358$ (千万). $\alpha = 0.10, n = 6$，查表得 $t_{0.05}(4) = 2.13$，

$$\hat{\sigma} = \sqrt{\frac{S_e}{n-2}} = \sqrt{\frac{0.01}{4}} = 0.05,$$

$$\delta(x_0) = \hat{\sigma}\sqrt{1 + \frac{1}{n} + \frac{(t_0 - \bar{t})^2}{L_{tt}}} t_{\alpha/2}(n-2)$$

$$= 0.05 \times \sqrt{1 + \frac{1}{6} + \frac{(49 - 91/6)^2}{894.83}} \times 2.13 \approx 0.167,$$

$1.358 \pm 0.167 = (1.191, 1.525)$，于是，在 90% 的置信水平下第 7 年的利润大概在 $(1.191, 1.525)$(千万)内.

习题 9-2

1. 为了研究某商品的需求量 Y 与价格 X 之间的关系，收集到下列 10 对数据：

价格 x_i	1.0	1.5	2.0	2.5	3.0	3.5	4.0	4.0	4.5	5.0
需求量 y_i	10.0	8.0	7.5	8.0	7.0	6.0	4.5	4.0	2.0	1.0

(1) 求需求量 Y 与价格 X 之间的线性回归方程；
(2) 对所求线性回归方程作显著性检验(显著性水平 $\alpha = 0.05$).

2. 一个医院用仪器检验尿汞时，测得尿汞含量与消光系数数据如下表：

尿汞含量 x_i	2	4	6	8	10
消光系数 y_i	64	138	205	285	360

试求：(1) 消光系数 Y 关于尿汞含量 X 的回归方程；
(2) 检验所求回归方程是否显著(显著性水平 $\alpha = 0.05$)；
(3) 当 $x_0 = 9$ 时，消光系数 y_0 的置信水平为 0.95 的预测区间.

3. 随机选取了 8 家航空公司，针对最近一年的航班准点率和顾客投诉次数进行调查，得到以下数据：

航空公司编号	1	2	3	4	5	6	7	8
航班准点率/%	82.2	76.5	76.4	73.6	75.6	72.4	71.4	70.6
投诉次数	21	58	85	72	68	91	80	130

(1) 试求顾客投诉次数 Y 关于航班准点率 X (%)的回归方程；
(2) 检验所求回归方程是否显著(显著性水平 $\alpha = 0.05$)；
(3) 求出当 $X = 75$ 时，估计顾客投诉次数.

4. 为了促进对流感的防控和诊治能力，某疾控中心对某甲型流感病毒进行监测，得到了病毒繁殖个数 Y(单位：个)随着时间 X (单位：天)的变化规律：

天数	1	2	3	4	5	6	7	8
繁殖个数	6	12	25	28	38	49	90	160

已知 $\hat{y} = e^{\hat{a} + \hat{b}x}$.

(1) 试求 Y 关于 X 的回归方程；
(2) 估算第 3 天的残差($\alpha = 0.05$).

5. 对近几个月某农产品销售额 Y(万元)与产品满意度 X 进行实际调查, 得到下表:

满意度	22%	34%	24%	21%	36%	35%
销售额	78	90	80	75	94	92

(1) 试求 Y 关于 X 的回归方程;

(2) 检验所求回归方程是否显著(显著性水平 $\alpha = 0.05$);

(3) 估计当 $x_0 = 30\%$ 时的销售额.

思 维 导 图

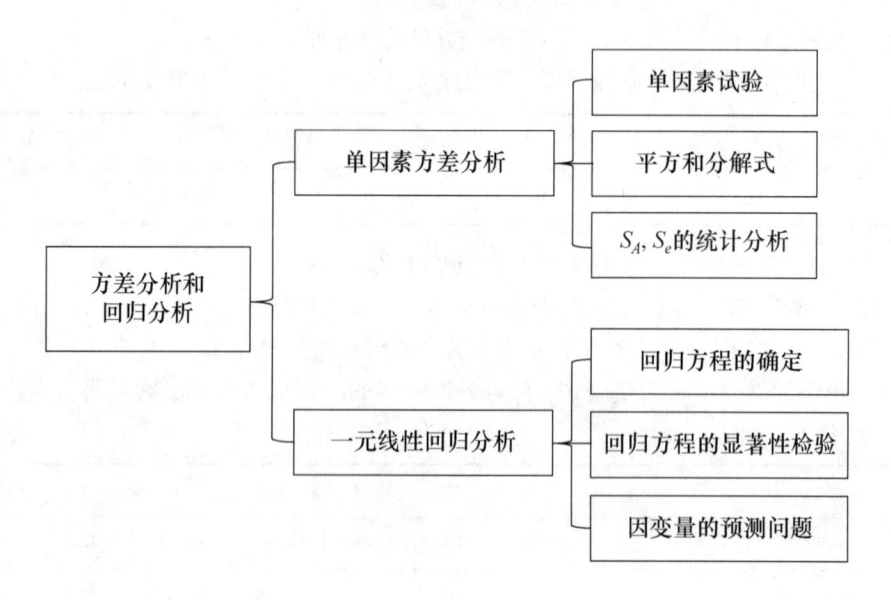

方差分析和回归分析
- 单因素方差分析
  - 单因素试验
  - 平方和分解式
  - S_A, S_e 的统计分析
- 一元线性回归分析
  - 回归方程的确定
  - 回归方程的显著性检验
  - 因变量的预测问题

自 测 题 九

1. 单因素试验方差分析的数学模型中, 三个基本假定是_____、_____、_____.

2. 一元线性回归分析中 $Y = a + bX + \varepsilon$, 对随机误差 ε 的要求是_____.

3. 在单因素方差分析中, 对因子的显著性检验构造的检验统计量是_____.

4. 在单因素方差分析模型中, 设 S_T 为总偏差平方和, S_e 为误差偏差平方和, S_A 为因素偏差平方和, 则总有( ).

A. $S_T = S_e + S_A$;

B. $\dfrac{S_A}{\sigma^2} \sim \chi^2(r-1)$;

C. $\dfrac{S_A/(r-1)}{S_E/(n-r)} \sim F(r-1, n-r)$;

D. S_A 与 S_e 相互独立.

5. 单因素方差分析的主要目的是研究(　　).
   A. 各总体方差是否存在; 　　　　　　B. 各总体方差是否相等;
   C. 各总体均值是否存在; 　　　　　　D. 各总体均值是否相等.

6. 收集了 n 组数据 $(x_i, y_i), i=1,2,\cdots,n$，画出散点图，若 n 个点基本在一条直线附近时，称这两变量间具有(　　).
   A. 独立的关系; 　　　　　　　　　　B. 不相容的关系;
   C. 函数关系; 　　　　　　　　　　　D. 线性相关关系.

7. 为研究不同品种对某种果树产量的影响，进行试验，得试验结果(产量)如下表:

品种	试验结果			
A_1	10	7	13	10
A_2	12	13	15	12
A_3	8	4	7	9

试分析果树品种对产量是否有显著影响. ($\alpha = 0.05$)

8. 随机调查 10 个城市居民的家庭平均收入 X 与电器用电支出 Y 情况的数据(单位: 千元)如下:

收入 x_i	18	20	22	24	26	28	30	32	34	38
支出 y_i	0.9	1.1	1.1	1.4	1.7	2.0	2.3	2.5	2.9	3.1

(1) 求电器用电支出 Y 与家庭平均收入 X 之间的线性回归方程;

(2) 对线性回归方程作显著性检验; ($\alpha = 0.05$)

(3) 若线性相关关系显著，求家庭平均收入 $x_0 = 25$ 时，电器用电支出 Y 的置信度为 0.95 的预测区间.

阅读材料: 回归分析的创始人——弗朗西斯·高尔顿

弗朗西斯·高尔顿(Francis Galton, 1822—1911)，查尔斯·达尔文的表亲，是一名英格兰维多利亚时代的文艺复兴人、人类学家、优生学家、热带探险家、地理学家、发明家、气象学家、统计学家、心理学家和基因学家.

1877 年，高尔顿发表的关于种子的研究结果中指出了回归到平均值(regression toward the mean)现象的存在，这个概念与现代统计学中的"回归"并不相同，但却是回归一词的起源. 为了研究父代与子代身高的关系，高尔顿搜集了 1078 对父子的身高数据. 他发现这些数据的散点图大致呈直线状态，也就是说，总的趋势是父亲的身高增加时，儿子的身高也倾向于增加. 随着对数据进行更深入的分析，高尔顿发现了一个很有趣的现象——回归效应. 当父亲高于平均身高时，儿子身高比他更高的概率要小于比他更矮的概率；父亲身高低于平均身高时，儿子身高比他更矮的概率要小于比他更高的概率. 它反映了一个规律，父亲的身高和儿子的身高，有向他们父辈的平均身高回归的趋势. 对于这个一般结论的解释：大自然具有一种约束力，使人类身高的分布相对稳定而不产生两极分化，这就是所谓的回归效应.

现代的回归分析涵盖更为广泛，主要包含的研究内容有：

(1) 确定响应变量与预报变量间的回归模型，即变量间相关关系的数学表达式(通常称为经验公式)；

(2) 根据样本估计并检验回归模型及未知参数；

(3) 从众多的预报变量中，判断哪些变量对响应变量的影响是显著的，哪些是不显著的；

(4) 根据预报变量的已知值或给定值来估计或预测响应变量的平均值，并给出预测精度或根据响应变量的给定值来估计预报变量的值，即所谓的预报与控制问题.

参 考 文 献

曹龙飞. 2012. 概率论与数理统计[M]. 北京: 高等教育出版社.
胡骏, 杨芝. 2023. 概率统计学习指导[M]. 西安: 西安电子科技大学出版社.
李昌兴. 2012. 概率论与数理统计及其应用[M]. 北京: 人民邮电出版社.
李书刚. 2012. 概率论与数理统计[M]. 北京: 科学出版社.
刘喜波. 2020. 概率论与数理统计[M]. 北京: 北京邮电大学出版社.
茆诗松, 程依明, 濮晓龙. 2007. 概率论与数理统计[M]. 北京: 高等教育出版社.
上海财经大学数学学院. 2022a. 概率论与数理统计[M]. 北京: 人民邮电出版社.
上海财经大学数学学院. 2022b. 概率论与数理统计学习指导与习题全解[M]. 北京: 人民邮电出版社.
上海财经大学应用数学系. 2007. 概率论与数理统计[M]. 2 版. 上海: 上海财经大学出版社.
盛骤, 谢式千, 潘承毅. 2008. 概率论与数理统计[M]. 4 版. 北京: 高等教育出版社.
孙荣恒. 2004. 趣味随机问题[M]. 北京: 科学出版社.
同济大学概率统计教研组. 2010. 概率统计复习与习题全解[M]. 4 版. 上海: 同济大学出版社.
王家生, 刘嘉焜, 张玉环. 2005. 应用概率统计习题解答[M]. 北京: 科学出版社.
王世飞, 吴春青. 2022. 概率论与数理统计[M]. 2 版. 苏州: 苏州大学出版社.
魏宗舒, 等. 2008. 概率论与数理统计[M]. 2 版. 北京: 高等教育出版社.
闻良辰, 朱丽梅, 黄雪, 等. 2023. 概率论与数理统计[M]. 北京: 北京理工大学出版社.
吴小霞, 许芳, 朱家砚. 2013. 概率论与数理统计[M]. 武汉: 华中科技大学出版社.
徐梅. 2007. 概率论与数理统计[M]. 北京: 中国农业出版社.
杨筱菡, 王勇智. 2018. 概率论与数理统计习题全解与学习指导[M]. 北京: 人民邮电出版社.
张菊芳, 翟富菊, 陈宁, 等. 2016. 概率论与数理统计[M]. 北京: 海洋出版社.
张天德, 叶宏, 孙钦福. 2022. 经济数学: 概率论与数理统计[M]. 北京: 人民邮电出版社.
章昕. 2003. 概率统计辅导[M]. 2 版. 北京: 机械工业出版社.

附表 1 二项分布数值表

$$P\{X=r\} = \binom{n}{r} p^r (1-p)^{n-r}$$

$n = 1$

r	\multicolumn{10}{c}{p}
	0.01	0.02	0.03	0.04	0.05	0.06	0.07	0.08	0.09	0.10
0	0.99	0.98	0.97	0.96	0.95	0.94	0.93	0.92	0.91	0.9
1	0.01	0.02	0.03	0.04	0.05	0.06	0.07	0.08	0.09	0.1

r	p									
	0.11	0.12	0.13	0.14	0.15	0.16	0.17	0.18	0.19	0.20
0	0.89	0.88	0.87	0.86	0.85	0.84	0.83	0.82	0.81	0.8
1	0.11	0.12	0.13	0.14	0.15	0.16	0.17	0.18	0.19	0.2

r	p									
	0.21	0.22	0.23	0.24	0.25	0.26	0.27	0.28	0.29	0.30
0	0.79	0.78	0.77	0.76	0.75	0.74	0.73	0.72	0.71	0.7
1	0.21	0.22	0.23	0.24	0.25	0.26	0.27	0.28	0.29	0.3

r	p									
	0.31	0.32	0.33	0.34	0.35	0.36	0.37	0.38	0.39	0.40
0	0.69	0.68	0.67	0.66	0.65	0.64	0.63	0.62	0.61	0.6
1	0.31	0.32	0.33	0.34	0.35	0.36	0.37	0.38	0.39	0.4

r	p									
	0.41	0.42	0.43	0.44	0.45	0.46	0.47	0.48	0.49	0.50
0	0.59	0.58	0.57	0.56	0.55	0.54	0.53	0.52	0.51	0.5
1	0.41	0.42	0.43	0.44	0.45	0.46	0.47	0.48	0.49	0.5

$n = 2$

r	p									
	0.01	0.02	0.03	0.04	0.05	0.06	0.07	0.08	0.09	0.10
0	0.9801	0.9604	0.9409	0.9216	0.9025	0.8836	0.8649	0.8464	0.8281	0.8100
1	0.0198	0.0392	0.0582	0.0768	0.0950	0.1128	0.1302	0.1472	0.1638	0.1800
2	0.0001	0.0004	0.0009	0.0016	0.0025	0.0036	0.0049	0.0064	0.0081	0.0100

r	p									
	0.11	0.12	0.13	0.14	0.15	0.16	0.17	0.18	0.19	0.20
0	0.7921	0.7744	0.7569	0.7396	0.7225	0.7056	0.6889	0.6724	0.6561	0.6400
1	0.1958	0.2112	0.2262	0.2408	0.2550	0.2688	0.2822	0.2952	0.3078	0.3200
2	0.0121	0.0144	0.0169	0.0196	0.0225	0.0256	0.0289	0.0324	0.0361	0.0400

续表

r	p									
	0.21	0.22	0.23	0.24	0.25	0.26	0.27	0.28	0.29	0.30
0	0.6241	0.6084	0.5929	0.5776	0.5625	0.5476	0.5329	0.5184	0.5041	0.4900
1	0.3318	0.3432	0.3542	0.3648	0.3750	0.3848	0.3942	0.4032	0.4118	0.4200
2	0.0441	0.0484	0.0529	0.0576	0.0625	0.0676	0.0729	0.0784	0.0841	0.0900

r	p									
	0.31	0.32	0.33	0.34	0.35	0.36	0.37	0.38	0.39	0.40
0	0.4761	0.4624	0.4489	0.4356	0.4225	0.4096	0.3969	0.3844	0.3721	0.3600
1	0.4278	0.4352	0.4422	0.4488	0.4550	0.4608	0.4662	0.4712	0.4758	0.4800
2	0.0961	0.1024	0.1089	0.1156	0.1225	0.1296	0.1369	0.1444	0.1521	0.1600

r	p									
	0.41	0.42	0.43	0.44	0.45	0.46	0.47	0.48	0.49	0.50
0	0.3481	0.3364	0.3249	0.3136	0.3025	0.2916	0.2809	0.2704	0.2601	0.2500
1	0.4838	0.4872	0.4902	0.4928	0.4950	0.4968	0.4982	0.4992	0.4998	0.5000
2	0.1681	0.1764	0.1849	0.1936	0.2025	0.2116	0.2209	0.2304	0.2401	0.2500

$n = 3$

r	p									
	0.01	0.02	0.03	0.04	0.05	0.06	0.07	0.08	0.09	0.10
0	0.9703	0.9412	0.9127	0.8847	0.8574	0.8306	0.8044	0.7787	0.7536	0.729
1	0.0294	0.0576	0.0847	0.1106	0.1354	0.159	0.1816	0.2031	0.2236	0.243
2	0.0003	0.0012	0.0026	0.0046	0.0071	0.0102	0.0137	0.0177	0.0221	0.027
3	0	0	0	0.0001	0.0001	0.0002	0.0003	0.0005	0.0007	0.001

r	p									
	0.11	0.12	0.13	0.14	0.15	0.16	0.17	0.18	0.19	0.20
0	0.705	0.6815	0.6585	0.6361	0.6141	0.5927	0.5718	0.5514	0.5314	0.512
1	0.2614	0.2788	0.2952	0.3106	0.3251	0.3387	0.3513	0.3631	0.374	0.384
2	0.0323	0.038	0.0441	0.0506	0.0574	0.0645	0.072	0.0797	0.0877	0.096
3	0.0013	0.0017	0.0022	0.0027	0.0034	0.0041	0.0049	0.0058	0.0069	0.008

r	p									
	0.21	0.22	0.23	0.24	0.25	0.26	0.27	0.28	0.29	0.30
0	0.493	0.4746	0.4565	0.439	0.4219	0.4052	0.389	0.3732	0.3579	0.343
1	0.3932	0.4015	0.4091	0.4159	0.4219	0.4271	0.4316	0.4355	0.4386	0.441
2	0.1045	0.1133	0.1222	0.1313	0.1406	0.1501	0.1597	0.1693	0.1791	0.189
3	0.0093	0.0106	0.0122	0.0138	0.0156	0.0176	0.0197	0.022	0.0244	0.027

r	p									
	0.31	0.32	0.33	0.34	0.35	0.36	0.37	0.38	0.39	0.40
0	0.3285	0.3144	0.3008	0.2875	0.2746	0.2621	0.25	0.2383	0.227	0.216
1	0.4428	0.4439	0.4444	0.4443	0.4436	0.4424	0.4406	0.4382	0.4354	0.432
2	0.1989	0.2089	0.2189	0.2289	0.2389	0.2488	0.2587	0.2686	0.2783	0.288
3	0.0298	0.0328	0.0359	0.0393	0.0429	0.0467	0.0507	0.0549	0.0593	0.064

续表

r	\multicolumn{10}{c}{p}
	0.41	0.42	0.43	0.44	0.45	0.46	0.47	0.48	0.49	0.50
0	0.2054	0.1951	0.1852	0.1756	0.1664	0.1575	0.1489	0.1406	0.1327	0.125
1	0.4282	0.4239	0.4191	0.414	0.4084	0.4024	0.3961	0.3894	0.3823	0.375
2	0.2975	0.3069	0.3162	0.3252	0.3341	0.3428	0.3512	0.3594	0.3674	0.375
3	0.0689	0.0741	0.0795	0.0852	0.0911	0.0973	0.1038	0.1106	0.1176	0.125

$n = 4$

r	p									
	0.01	0.02	0.03	0.04	0.05	0.06	0.07	0.08	0.09	0.10
0	0.9606	0.9224	0.8853	0.8493	0.8145	0.7807	0.7481	0.7164	0.6857	0.6561
1	0.0388	0.0753	0.1095	0.1416	0.1715	0.1993	0.2252	0.2492	0.2713	0.2916
2	0.0006	0.0023	0.0051	0.0088	0.0135	0.0191	0.0254	0.0325	0.0402	0.0486
3	0	0	0.0001	0.0002	0.0005	0.0008	0.0013	0.0019	0.0027	0.0036
4	0	0	0	0	0	0	0	0	0.0001	0.0001

r	p									
	0.11	0.12	0.13	0.14	0.15	0.16	0.17	0.18	0.19	0.20
0	0.6274	0.5997	0.5729	0.547	0.522	0.4979	0.4746	0.4521	0.4305	0.4096
1	0.3102	0.3271	0.3424	0.3562	0.3685	0.3793	0.3888	0.397	0.4039	0.4096
2	0.0575	0.0669	0.0767	0.087	0.0975	0.1084	0.1195	0.1307	0.1421	0.1536
3	0.0047	0.0061	0.0076	0.0094	0.0115	0.0138	0.0163	0.0191	0.0222	0.0256
4	0.0001	0.0002	0.0003	0.0004	0.0005	0.0007	0.0008	0.001	0.0013	0.0016

r	p									
	0.21	0.22	0.23	0.24	0.25	0.26	0.27	0.28	0.29	0.30
0	0.3895	0.3702	0.3515	0.3336	0.3164	0.2999	0.284	0.2687	0.2541	0.2401
1	0.4142	0.4176	0.42	0.4214	0.4219	0.4214	0.4201	0.418	0.4152	0.4116
2	0.1651	0.1767	0.1882	0.1996	0.2109	0.2221	0.2331	0.2439	0.2544	0.2646
3	0.0293	0.0332	0.0375	0.042	0.0469	0.052	0.0575	0.0632	0.0693	0.0756
4	0.0019	0.0023	0.0028	0.0033	0.0039	0.0046	0.0053	0.0061	0.0071	0.0081

r	p									
	0.31	0.32	0.33	0.34	0.35	0.36	0.37	0.38	0.39	0.40
0	0.2267	0.2138	0.2015	0.1897	0.1785	0.1678	0.1575	0.1478	0.1385	0.1296
1	0.4074	0.4025	0.397	0.391	0.3845	0.3775	0.3701	0.3623	0.3541	0.3456
2	0.2745	0.2841	0.2933	0.3021	0.3105	0.3185	0.326	0.333	0.3396	0.3456
3	0.0822	0.0891	0.0963	0.1038	0.1115	0.1194	0.1276	0.1361	0.1447	0.1536
4	0.0092	0.0105	0.0119	0.0134	0.015	0.0168	0.0187	0.0209	0.0231	0.0256

r	p									
	0.41	0.42	0.43	0.44	0.45	0.46	0.47	0.48	0.49	0.50
0	0.1212	0.1132	0.1056	0.0983	0.0915	0.085	0.0789	0.0731	0.0677	0.0625
1	0.3368	0.3278	0.3185	0.3091	0.2995	0.2897	0.2799	0.27	0.26	0.25
2	0.3511	0.356	0.3604	0.3643	0.3675	0.3702	0.3723	0.3738	0.3747	0.375
3	0.1627	0.1719	0.1813	0.1908	0.2005	0.2102	0.2201	0.23	0.24	0.25
4	0.0283	0.0311	0.0342	0.0375	0.041	0.0448	0.0488	0.0531	0.0576	0.0625

附表1 二项分布数值表

$n = 5$

r	\multicolumn{10}{c}{p}
	0.01	0.02	0.03	0.04	0.05	0.06	0.07	0.08	0.09	0.10
0	0.9510	0.9039	0.8587	0.8154	0.7738	0.7339	0.6957	0.6591	0.6240	0.5905
1	0.0480	0.0922	0.1328	0.1699	0.2036	0.2342	0.2618	0.2866	0.3086	0.3281
2	0.0010	0.0038	0.0082	0.0142	0.0214	0.0299	0.0394	0.0498	0.0610	0.0729
3	0.0000	0.0001	0.0003	0.0006	0.0011	0.0019	0.0030	0.0043	0.0060	0.0081
4	0.0000	0.0000	0.0000	0.0000	0.0000	0.0001	0.0001	0.0002	0.0003	0.0005

r	\multicolumn{10}{c}{p}
	0.11	0.12	0.13	0.14	0.15	0.16	0.17	0.18	0.19	0.20
0	0.5584	0.5277	0.4984	0.4704	0.4437	0.4182	0.3939	0.3707	0.3487	0.3277
1	0.3451	0.3598	0.3724	0.3829	0.3915	0.3983	0.4034	0.4069	0.4089	0.4096
2	0.0853	0.0981	0.1113	0.1247	0.1382	0.1517	0.1652	0.1786	0.1919	0.2048
3	0.0105	0.0134	0.0166	0.0203	0.0244	0.0289	0.0338	0.0392	0.0450	0.0512
4	0.0007	0.0009	0.0012	0.0017	0.0022	0.0028	0.0035	0.0043	0.0053	0.0064
5	0.0000	0.0000	0.0000	0.0001	0.0001	0.0001	0.0001	0.0002	0.0002	0.0003

r	\multicolumn{10}{c}{p}
	0.21	0.22	0.23	0.24	0.25	0.26	0.27	0.28	0.29	0.30
0	0.3077	0.2887	0.2707	0.2536	0.2373	0.2219	0.2073	0.1935	0.1804	0.1681
1	0.4090	0.4072	0.4043	0.4003	0.3955	0.3898	0.3834	0.3762	0.3685	0.3602
2	0.2174	0.2297	0.2415	0.2529	0.2637	0.2739	0.2836	0.2926	0.3010	0.3087
3	0.0578	0.0648	0.0721	0.0798	0.0879	0.0962	0.1049	0.1138	0.1229	0.1323
4	0.0077	0.0091	0.0108	0.0126	0.0146	0.0169	0.0194	0.0221	0.0251	0.0284
5	0.0004	0.0005	0.0006	0.0008	0.0010	0.0012	0.0014	0.0017	0.0021	0.0024

r	\multicolumn{10}{c}{p}
	0.31	0.32	0.33	0.34	0.35	0.36	0.37	0.38	0.39	0.40
0	0.1564	0.1454	0.1350	0.1252	0.1160	0.1074	0.0992	0.0916	0.0845	0.0778
1	0.3513	0.3421	0.3325	0.3226	0.3124	0.3020	0.2914	0.2808	0.2700	0.2592
2	0.3157	0.3220	0.3275	0.3323	0.3364	0.3397	0.3423	0.3441	0.3452	0.3456
3	0.1418	0.1515	0.1613	0.1712	0.1811	0.1911	0.2010	0.2109	0.2207	0.2304
4	0.0319	0.0357	0.0397	0.0441	0.0488	0.0537	0.0590	0.0646	0.0706	0.0768
5	0.0029	0.0034	0.0039	0.0045	0.0053	0.0060	0.0069	0.0079	0.0090	0.0102

r	\multicolumn{10}{c}{p}
	0.41	0.42	0.43	0.44	0.45	0.46	0.47	0.48	0.49	0.50
0	0.0715	0.0656	0.0602	0.0551	0.0503	0.0459	0.0418	0.0380	0.0345	0.0313
1	0.2484	0.2376	0.2270	0.2164	0.2059	0.1956	0.1854	0.1755	0.1657	0.1563
2	0.3452	0.3442	0.3424	0.3400	0.3369	0.3332	0.3289	0.3240	0.3185	0.3125
3	0.2399	0.2492	0.2583	0.2671	0.2757	0.2838	0.2916	0.2990	0.3060	0.3125
4	0.0834	0.0902	0.0974	0.1049	0.1128	0.1209	0.1293	0.1380	0.1470	0.1563
5	0.0116	0.0131	0.0147	0.0165	0.0185	0.0206	0.0229	0.0255	0.0282	0.0313

$n = 8$

r	\multicolumn{10}{c}{p}
	0.01	0.02	0.03	0.04	0.05	0.06	0.07	0.08	0.09	0.10
0	0.9227	0.8508	0.7837	0.7214	0.6634	0.6096	0.5596	0.5132	0.4703	0.4305
1	0.0746	0.1389	0.1939	0.2405	0.2793	0.3113	0.3370	0.3570	0.3721	0.3826
2	0.0026	0.0099	0.0210	0.0351	0.0515	0.0695	0.0888	0.1087	0.1288	0.1488
3	0.0001	0.0004	0.0013	0.0029	0.0054	0.0089	0.0134	0.0189	0.0255	0.0331
4	0.0000	0.0000	0.0001	0.0002	0.0004	0.0007	0.0013	0.0021	0.0031	0.0046
5	0.0000	0.0000	0.0000	0.0000	0.0000	0.0000	0.0001	0.0001	0.0002	0.0004

r	\multicolumn{10}{c}{p}
	0.11	0.12	0.13	0.14	0.15	0.16	0.17	0.18	0.19	0.20
0	0.3937	0.3596	0.3282	0.2992	0.2725	0.2479	0.2252	0.2044	0.1853	0.1678
1	0.3892	0.3923	0.3923	0.3897	0.3847	0.3777	0.3691	0.3590	0.3477	0.3355
2	0.1684	0.1872	0.2052	0.2220	0.2376	0.2518	0.2646	0.2758	0.2855	0.2936
3	0.0416	0.0511	0.0613	0.0723	0.0839	0.0959	0.1084	0.1211	0.1339	0.1468
4	0.0064	0.0087	0.0115	0.0147	0.0185	0.0228	0.0277	0.0332	0.0393	0.0459
5	0.0006	0.0009	0.0014	0.0019	0.0026	0.0035	0.0045	0.0058	0.0074	0.0092
6	0.0000	0.0001	0.0001	0.0002	0.0002	0.0003	0.0005	0.0006	0.0009	0.0011
7	0.0000	0.0000	0.0000	0.0000	0.0000	0.0000	0.0000	0.0000	0.0001	0.0001

r	\multicolumn{10}{c}{p}
	0.21	0.22	0.23	0.24	0.25	0.26	0.27	0.28	0.29	0.30
0	0.1517	0.1370	0.1236	0.1113	0.1001	0.0899	0.0806	0.0722	0.0646	0.0576
1	0.3226	0.3092	0.2953	0.2812	0.2670	0.2527	0.2386	0.2247	0.2110	0.1977
2	0.3002	0.3052	0.3087	0.3108	0.3115	0.3108	0.3089	0.3058	0.3017	0.2965
3	0.1596	0.1722	0.1844	0.1963	0.2076	0.2184	0.2285	0.2379	0.2464	0.2541
4	0.0530	0.0607	0.0689	0.0775	0.0865	0.0959	0.1056	0.1156	0.1258	0.1361
5	0.0113	0.0137	0.0165	0.0196	0.0231	0.0270	0.0313	0.0360	0.0411	0.0467
6	0.0015	0.0019	0.0025	0.0031	0.0038	0.0047	0.0058	0.0070	0.0084	0.0100
7	0.0001	0.0002	0.0002	0.0003	0.0004	0.0005	0.0006	0.0008	0.0010	0.0012
8	0.0000	0.0000	0.0000	0.0000	0.0000	0.0000	0.0000	0.0000	0.0001	0.0001

r	\multicolumn{10}{c}{p}
	0.31	0.32	0.33	0.34	0.35	0.36	0.37	0.38	0.39	0.40
0	0.0514	0.0457	0.0406	0.0360	0.0319	0.0281	0.0248	0.0218	0.0192	0.0168
1	0.1847	0.1721	0.1600	0.1484	0.1373	0.1267	0.1166	0.1071	0.0981	0.0896
2	0.2904	0.2835	0.2758	0.2675	0.2587	0.2494	0.2397	0.2297	0.2194	0.2090
3	0.2609	0.2668	0.2717	0.2756	0.2786	0.2805	0.2815	0.2815	0.2806	0.2787
4	0.1465	0.1569	0.1673	0.1775	0.1875	0.1973	0.2067	0.2157	0.2242	0.2322
5	0.0527	0.0591	0.0659	0.0732	0.0808	0.0888	0.0971	0.1058	0.1147	0.1239
6	0.0118	0.0139	0.0162	0.0188	0.0217	0.0250	0.0285	0.0324	0.0367	0.0413
7	0.0015	0.0019	0.0023	0.0028	0.0033	0.0040	0.0048	0.0057	0.0067	0.0079
8	0.0001	0.0001	0.0001	0.0002	0.0002	0.0003	0.0004	0.0004	0.0005	0.0007

续表

r	p									
	0.41	0.42	0.43	0.44	0.45	0.46	0.47	0.48	0.49	0.50
0	0.0147	0.0128	0.0111	0.0097	0.0084	0.0072	0.0062	0.0053	0.0046	0.0039
1	0.0816	0.0742	0.0672	0.0608	0.0548	0.0493	0.0442	0.0395	0.0352	0.0313
2	0.1985	0.1880	0.1776	0.1672	0.1569	0.1469	0.1371	0.1275	0.1183	0.1094
3	0.2759	0.2723	0.2679	0.2627	0.2568	0.2503	0.2431	0.2355	0.2273	0.2188
4	0.2397	0.2465	0.2526	0.2580	0.2627	0.2665	0.2695	0.2717	0.2730	0.2734
5	0.1332	0.1428	0.1525	0.1622	0.1719	0.1816	0.1912	0.2006	0.2098	0.2188
6	0.0463	0.0517	0.0575	0.0637	0.0703	0.0774	0.0848	0.0926	0.1008	0.1094
7	0.0092	0.0107	0.0124	0.0143	0.0164	0.0188	0.0215	0.0244	0.0277	0.0313
8	0.0008	0.0010	0.0012	0.0014	0.0017	0.0020	0.0024	0.0028	0.0033	0.0039

$n = 10$

r	p									
	0.01	0.02	0.03	0.04	0.05	0.06	0.07	0.08	0.09	0.10
0	0.9044	0.8171	0.7374	0.6648	0.5987	0.5386	0.4840	0.4344	0.3894	0.3487
1	0.0914	0.1667	0.2281	0.2770	0.3151	0.3438	0.3643	0.3777	0.3851	0.3874
2	0.0042	0.0153	0.0317	0.0519	0.0746	0.0988	0.1234	0.1478	0.1714	0.1937
3	0.0001	0.0008	0.0026	0.0058	0.0105	0.0168	0.0248	0.0343	0.0452	0.0574
4	0.0000	0.0000	0.0001	0.0004	0.0010	0.0019	0.0033	0.0052	0.0078	0.0112
5	0.0000	0.0000	0.0000	0.0000	0.0001	0.0001	0.0003	0.0005	0.0009	0.0015
6	0.0000	0.0000	0.0000	0.0000	0.0000	0.0000	0.0000	0.0000	0.0001	0.0001

r	p									
	0.11	0.12	0.13	0.14	0.15	0.16	0.17	0.18	0.19	0.20
0	0.3118	0.2785	0.2484	0.2213	0.1969	0.1749	0.1552	0.1374	0.1216	0.1074
1	0.3854	0.3798	0.3712	0.3603	0.3474	0.3331	0.3178	0.3017	0.2852	0.2684
2	0.2143	0.2330	0.2496	0.2639	0.2759	0.2856	0.2929	0.2980	0.3010	0.3020
3	0.0706	0.0847	0.0995	0.1146	0.1298	0.1450	0.1600	0.1745	0.1883	0.2013
4	0.0153	0.0202	0.0260	0.0326	0.0401	0.0483	0.0573	0.0670	0.0773	0.0881
5	0.0023	0.0033	0.0047	0.0064	0.0085	0.0111	0.0141	0.0177	0.0218	0.0264
6	0.0002	0.0004	0.0006	0.0009	0.0012	0.0018	0.0024	0.0032	0.0043	0.0055
7	0.0000	0.0000	0.0000	0.0001	0.0001	0.0002	0.0003	0.0004	0.0006	0.0008
8	0.0000	0.0000	0.0000	0.0000	0.0000	0.0000	0.0000	0.0000	0.0001	0.0001

r	p									
	0.21	0.22	0.23	0.24	0.25	0.26	0.27	0.28	0.29	0.30
0	0.0947	0.0834	0.0733	0.0643	0.0563	0.0492	0.0430	0.0374	0.0326	0.0282
1	0.2517	0.2351	0.2188	0.2030	0.1877	0.1730	0.1590	0.1456	0.1330	0.1211
2	0.3011	0.2984	0.2942	0.2885	0.2816	0.2735	0.2646	0.2548	0.2444	0.2335
3	0.2134	0.2244	0.2343	0.2429	0.2503	0.2563	0.2609	0.2642	0.2662	0.2668

续表

r	p									
	0.21	0.22	0.23	0.24	0.25	0.26	0.27	0.28	0.29	0.30
4	0.0993	0.1108	0.1225	0.1343	0.1460	0.1576	0.1689	0.1798	0.1903	0.2001
5	0.0317	0.0375	0.0439	0.0509	0.0584	0.0664	0.0750	0.0839	0.0933	0.1029
6	0.0070	0.0088	0.0109	0.0134	0.0162	0.0195	0.0231	0.0272	0.0317	0.0368
7	0.0011	0.0014	0.0019	0.0024	0.0031	0.0039	0.0049	0.0060	0.0074	0.0090
8	0.0001	0.0002	0.0002	0.0003	0.0004	0.0005	0.0007	0.0009	0.0011	0.0014
9	0.0000	0.0000	0.0000	0.0000	0.0000	0.0000	0.0001	0.0001	0.0001	0.0001

r	p									
	0.31	0.32	0.33	0.34	0.35	0.36	0.37	0.38	0.39	0.40
0	0.0245	0.0211	0.0182	0.0157	0.0135	0.0115	0.0098	0.0084	0.0071	0.0060
1	0.1099	0.0995	0.0898	0.0808	0.0725	0.0649	0.0578	0.0514	0.0456	0.0403
2	0.2222	0.2107	0.1990	0.1873	0.1757	0.1642	0.1529	0.1419	0.1312	0.1209
3	0.2662	0.2644	0.2614	0.2573	0.2522	0.2462	0.2394	0.2319	0.2237	0.2150
4	0.2093	0.2177	0.2253	0.2320	0.2377	0.2424	0.2461	0.2487	0.2503	0.2508
5	0.1128	0.1229	0.1332	0.1434	0.1536	0.1636	0.1734	0.1829	0.1920	0.2007
6	0.0422	0.0482	0.0547	0.0616	0.0689	0.0767	0.0849	0.0934	0.1023	0.1115
7	0.0108	0.0130	0.0154	0.0181	0.0212	0.0247	0.0285	0.0327	0.0374	0.0425
8	0.0018	0.0023	0.0028	0.0035	0.0043	0.0052	0.0063	0.0075	0.0090	0.0106
9	0.0002	0.0002	0.0003	0.0004	0.0005	0.0006	0.0008	0.0010	0.0013	0.0016
10	0.0000	0.0000	0.0000	0.0000	0.0000	0.0000	0.0000	0.0001	0.0001	0.0001

r	p									
	0.41	0.42	0.43	0.44	0.45	0.46	0.47	0.48	0.49	0.50
0	0.0051	0.0043	0.0036	0.0030	0.0025	0.0021	0.0017	0.0014	0.0012	0.0010
1	0.0355	0.0312	0.0273	0.0238	0.0207	0.0180	0.0155	0.0133	0.0114	0.0098
2	0.1111	0.1017	0.0927	0.0843	0.0763	0.0688	0.0619	0.0554	0.0494	0.0439
3	0.2058	0.1963	0.1865	0.1765	0.1665	0.1564	0.1464	0.1364	0.1267	0.1172
4	0.2503	0.2488	0.262	0.2427	0.2384	0.2331	0.2271	0.2204	0.2130	0.2051
5	0.2087	0.2162	0.2229	0.2289	0.2340	0.2383	0.2417	0.2441	0.2456	0.2461
6	0.1209	0.1304	0.1401	0.1499	0.1596	0.1692	0.1786	0.1878	0.1966	0.2051
7	0.0480	0.0540	0.0604	0.0673	0.0746	0.0824	0.0905	0.0991	0.1080	0.1172
8	0.0125	0.0147	0.0171	0.0198	0.0229	0.0263	0.0301	0.0343	0.0389	0.0439
9	0.0019	0.0024	0.0029	0.0035	0.0042	0.0050	0.0059	0.0070	0.0083	0.0098
10	0.0001	0.0002	0.0002	0.0003	0.0003	0.0004	0.0005	0.0006	0.0008	0.0010

$n = 15$

r	p									
	0.01	0.02	0.03	0.04	0.05	0.06	0.07	0.08	0.09	0.10
0	0.8001	0.7386	0.6333	0.5421	0.4633	0.3953	0.3367	0.2863	0.2430	0.2059
1	0.1303	0.2261	0.2938	0.3388	0.3658	0.3785	0.3801	0.3734	0.3605	0.3432
2	0.0092	0.0323	0.0636	0.0988	0.1348	0.1691	0.2003	0.2273	0.2496	0.2669
3	0.0004	0.0029	0.0085	0.0178	0.0307	0.0468	0.0653	0.0857	0.1070	0.1285
4	0.0000	0.0002	0.0008	0.0022	0.0049	0.0090	0.0148	0.0223	0.0317	0.0428
5	0.0000	0.0000	0.0001	0.0002	0.0006	0.0013	0.0024	0.0043	0.0069	0.0105
6	0.0000	0.0000	0.0000	0.0000	0.0000	0.0001	0.0003	0.0006	0.0011	0.0019
7	0.0000	0.0000	0.0000	0.0000	0.0000	0.0000	0.0000	0.0001	0.0001	0.0003

r	p									
	0.11	0.12	0.13	0.14	0.15	0.16	0.17	0.18	0.19	0.20
0	0.1741	0.1470	0.1238	0.1041	0.0874	0.0731	0.0611	0.0510	0.0424	0.0352
1	0.3228	0.3006	0.2775	0.2542	0.2312	0.2090	0.1878	0.1678	0.1492	0.1319
2	0.2793	0.2870	0.2903	0.2897	0.2856	0.2787	0.2692	0.2578	0.2449	0.2309
3	0.1496	0.1696	0.1880	0.2044	0.2184	0.2300	0.2380	0.2452	0.2489	0.2501
4	0.0555	0.0694	0.0843	0.0998	0.1156	0.1314	0.1468	0.1615	0.1752	0.1876
5	0.0151	0.0208	0.0277	0.0357	0.0449	0.0551	0.0662	0.0780	0.0904	0.1032
6	0.0031	0.0047	0.0069	0.0097	0.0132	0.0175	0.0226	0.0285	0.0353	0.0430
7	0.0005	0.0008	0.0013	0.0020	0.0030	0.0043	0.0059	0.0081	0.0107	0.0138
8	0.0001	0.0001	0.0002	0.0003	0.0005	0.008	0.0012	0.0018	0.0025	0.0035
9	0.0000	0.0000	0.0000	0.0000	0.0001	0.0001	0.0002	0.0003	0.0005	0.0007
10	0.0000	0.0000	0.0000	0.0000	0.0000	0.0000	0.0000	0.0000	0.0001	0.0001

r	p									
	0.21	0.22	0.23	0.24	0.25	0.26	0.27	0.28	0.29	0.30
0	0.0291	0.0241	0.0198	0.0163	0.0134	0.0109	0.0089	0.0072	0.0059	0.0047
1	0.1162	0.1018	0.0889	0.0772	0.0668	0.0576	0.0494	0.0423	0.0360	0.0305
2	0.2162	0.2010	0.1858	0.1707	0.1559	0.1416	0.1280	0.1150	0.1029	0.0916
3	0.2490	0.2457	0.2405	0.2336	0.2252	0.2156	0.2051	0.1939	0.1821	0.1700
4	0.1986	0.2079	0.2155	0.2213	0.2252	0.2273	0.2276	0.2262	0.2231	0.2186
5	0.1161	0.1290	0.1416	0.1537	0.1651	0.1757	0.1852	0.1935	0.2005	0.2061
6	0.0514	0.0606	0.0705	0.0809	0.0917	0.1029	0.1142	0.1254	0.1365	0.1472
7	0.0176	0.0220	0.0271	0.0329	0.0393	0.0465	0.0543	0.0627	0.0717	0.0811
8	0.0047	0.0062	0.0081	0.0104	0.0131	0.0163	0.0201	0.0244	0.0293	0.0348
9	0.0010	0.0014	0.0019	0.0025	0.0034	0.0045	0.0058	0.0074	0.0093	0.0116
10	0.0002	0.0002	0.0003	0.0005	0.0007	0.0009	0.0013	0.0017	0.0023	0.0030
11	0.0000	0.0000	0.0000	0.0001	0.0001	0.0002	0.0002	0.0003	0.0004	0.0006
12	0.0000	0.0000	0.0000	0.0000	0.0000	0.0000	0.0000	0.0000	0.0001	0.0001

续表

r	p										
	0.31	0.32	0.33	0.34	0.35	0.36	0.37	0.38	0.39	0.40
0	0.0038	0.0031	0.0025	0.0020	0.0016	0.0012	0.0010	0.0008	0.0006	0.0005
1	0.0258	0.0217	0.0182	0.0152	0.0126	0.0104	0.0086	0.0071	0.0058	0.0047
2	0.0811	0.0715	0.0627	0.0547	0.0476	0.0411	0.0354	0.0303	0.0259	0.0219
3	0.1579	0.1457	0.1338	0.1222	0.1110	0.1002	0.0901	0.0805	0.0716	0.0634
4	0.2128	0.2057	0.1977	0.1888	0.1702	0.1692	0.1587	0.1481	0.1374	0.1268
5	0.2103	0.2130	0.2142	0.2140	0.2123	0.2093	0.2051	0.1997	0.1933	0.1859
6	0.1575	0.1671	0.1759	0.1837	0.1906	0.1963	0.2008	0.2040	0.2059	0.2066
7	0.0910	0.1011	0.1114	0.1217	0.1319	0.1419	0.1516	0.1608	0.1693	0.1771
8	0.0409	0.0476	0.0549	0.0627	0.0710	0.0798	0.0890	0.0985	0.1082	0.1181
9	0.0143	0.0174	0.0210	0.0251	0.0298	0.0349	0.0407	0.0470	0.0538	0.0612
10	0.0038	0.0049	0.0062	0.0078	0.0096	0.0118	0.0143	0.0173	0.0206	0.0245
11	0.0008	0.0011	0.0014	0.0018	0.0024	0.0030	0.0038	0.0048	0.0060	0.0074
12	0.0001	0.0002	0.0002	0.0003	0.0004	0.0006	0.0007	0.0010	0.0013	0.0016
13	0.0000	0.0000	0.0000	0.0000	0.0001	0.0001	0.0001	0.0001	0.0002	0.0003

r	p										
	0.41	0.42	0.43	0.44	0.45	0.46	0.47	0.48	0.49	0.50
0	0.0004	0.0003	0.0002	0.0002	0.0001	0.0001	0.0001	0.0001	0.0000	0.0000
1	0.0038	0.0031	0.0025	0.0020	0.0016	0.0012	0.0010	0.0008	0.0006	0.0005
2	0.0185	0.0156	0.0130	0.0108	0.0090	0.0074	0.0060	0.0049	0.0040	0.0032
3	0.0558	0.0489	0.0426	0.0369	0.0318	0.0272	0.0232	0.0197	0.0166	0.0139
4	0.1163	0.1061	0.0963	0.0869	0.0780	0.0696	0.0617	0.0545	0.0478	0.0417
5	0.1778	0.1691	0.1598	0.1502	0.1404	0.1304	0.1204	0.1106	0.1010	0.0916
6	0.2060	0.2041	0.2010	0.1967	0.1914	0.1851	0.1780	0.1702	0.1617	0.1527
7	0.1840	0.1900	0.1949	0.1987	0.2013	0.2028	0.2030	0.2020	0.1997	0.1964
8	0.1279	0.1376	0.1470	0.1561	0.1647	0.1727	0.1800	0.1864	0.1919	0.1964
9	0.0691	0.0775	0.0863	0.0954	0.1048	0.1144	0.1241	0.1338	0.1434	0.1527
10	0.0288	0.0337	0.0390	0.0450	0.0515	0.0585	0.0661	0.0741	0.0827	0.0916
11	0.0091	0.0111	0.0134	0.0161	0.0191	0.0226	0.0266	0.0311	0.0361	0.0417
12	0.0021	0.0027	0.0034	0.0042	0.0052	0.0064	0.0079	0.0096	0.0116	0.0139
13	0.0003	0.0004	0.0006	0.0008	0.0010	0.0013	0.0016	0.0020	0.0026	0.0032
14	0.0000	0.0000	0.0001	0.0001	0.0001	0.0002	0.0002	0.0003	0.0004	0.0005

附表 1 二项分布数值表

$n = 20$

r	p									
	0.01	0.02	0.03	0.04	0.05	0.06	0.07	0.08	0.09	0.10
0	0.8179	0.6676	0.5438	0.4420	0.3585	0.2901	0.2342	0.1887	0.1516	0.1216
1	0.1652	0.2725	0.3364	0.3683	0.3774	0.3703	0.3526	0.3282	0.3000	0.2702
2	0.0159	0.0528	0.0988	0.1458	0.1887	0.2246	0.2521	0.2711	0.2818	0.2852
3	0.0010	0.0065	0.0183	0.0364	0.0596	0.0860	0.1139	0.1414	0.1672	0.1901
4	0.0000	0.0006	0.0024	0.0065	0.0133	0.0233	0.0364	0.0523	0.0703	0.0898
5	0.0000	0.0000	0.0002	0.0009	0.0022	0.0048	0.0088	0.0145	0.0222	0.0319
6	0.0000	0.0000	0.0000	0.0001	0.0003	0.0008	0.0017	0.0032	0.0055	0.0089
7	0.0000	0.0000	0.0000	0.0000	0.0000	0.0001	0.0002	0.0005	0.0011	0.0020
8	0.0000	0.0000	0.0000	0.0000	0.0000	0.0000	0.0000	0.0001	0.0002	0.0004
9	0.0000	0.0000	0.0000	0.0000	0.0000	0.0000	0.0000	0.0000	0.0000	0.0001

r	p									
	0.11	0.12	0.13	0.14	0.15	0.16	0.17	0.18	0.19	0.20
0	0.0972	0.0776	0.0617	0.0490	0.0388	0.0306	0.0241	0.0189	0.0148	0.0115
1	0.2403	0.2115	0.1844	0.1595	0.1368	0.1165	0.0986	0.0829	0.0693	0.0576
2	0.2822	0.2740	0.2618	0.2466	0.2293	0.2109	0.1919	0.1730	0.1545	0.1369
3	0.2093	0.2242	0.2347	0.2409	0.2428	0.2410	0.2358	0.2278	0.2175	0.2054
4	0.1099	0.1299	0.1491	0.1666	0.1821	0.1951	0.2053	0.2125	0.2168	0.2182
5	0.0435	0.0567	0.0713	0.0808	0.1028	0.1189	0.1345	0.1493	0.1627	0.1746
6	0.0134	0.0193	0.0266	0.0353	0.0454	0.0566	0.0689	0.0819	0.0954	0.1091
7	0.0033	0.0053	0.0080	0.0115	0.0160	0.0216	0.0282	0.0360	0.0448	0.0545
8	0.0007	0.0012	0.0019	0.0030	0.0046	0.0067	0.0094	0.0128	0.0171	0.0222
9	0.0001	0.0002	0.0004	0.0007	0.0011	0.0017	0.0026	0.0038	0.0053	0.0074
10	0.0000	0.0000	0.0001	0.0001	0.0002	0.0004	0.0006	0.0009	0.0014	0.0020
11	0.0000	0.0000	0.0000	0.0000	0.0000	0.0001	0.0001	0.0002	0.0003	0.0005
12	0.0000	0.0000	0.0000	0.0000	0.0000	0.0000	0.0000	0.0000	0.0001	0.0001

r	p									
	0.21	0.22	0.23	0.24	0.25	0.26	0.27	0.28	0.29	0.30
0	0.0090	0.0069	0.0054	0.0041	0.0032	0.0024	0.0018	0.0014	0.0011	0.0008
1	0.0477	0.0392	0.0321	0.0261	0.0211	0.0170	0.0137	0.0109	0.0087	0.0068
2	0.1204	0.1050	0.0910	0.0783	0.0669	0.0569	0.0480	0.0403	0.0336	0.0278
3	0.1920	0.1777	0.1631	0.1484	0.1339	0.1199	0.1065	0.0940	0.0823	0.0716
4	0.2169	0.2131	0.2070	0.1991	0.1897	0.1790	0.1675	0.1553	0.1429	0.1304
5	0.1845	0.1923	0.1979	0.2012	0.2023	0.2013	0.1982	0.1933	0.1868	0.1789
6	0.1226	0.1356	0.1478	0.1589	0.1686	0.1768	0.1833	0.1879	0.1907	0.1916
7	0.0652	0.0765	0.0883	0.1003	0.1124	0.1242	0.1356	0.1462	0.1558	0.1643
8	0.0282	0.0351	0.0429	0.0515	0.0609	0.0709	0.0815	0.0924	0.1034	0.1144
9	0.0100	0.0132	0.0171	0.0217	0.0271	0.0332	0.0402	0.0479	0.0563	0.0654
10	0.0029	0.0041	0.0056	0.0075	0.0099	0.0128	0.0163	0.0205	0.0253	0.0308
11	0.0007	0.0010	0.0015	0.0022	0.0030	0.0041	0.0055	0.0072	0.0094	0.0120
12	0.0001	0.0002	0.0003	0.0005	0.0008	0.0011	0.0015	0.0021	0.0029	0.0039
13	0.0000	0.0000	0.0001	0.0001	0.0002	0.0002	0.0003	0.0005	0.0007	0.0010
14	0.0000	0.0000	0.0000	0.0000	0.0000	0.0000	0.0001	0.0001	0.0001	0.0002

续表

r	\multicolumn{10}{c}{p}
	0.31	0.32	0.33	0.34	0.35	0.36	0.37	0.38	0.39	0.40
0	0.0006	0.0004	0.0003	0.0002	0.0002	0.0001	0.0001	0.0001	0.0001	0.0000
1	0.0054	0.0042	0.0033	0.0025	0.0020	0.0015	0.0011	0.0009	0.0007	0.0005
2	0.0229	0.0188	0.0153	0.0124	0.0100	0.0080	0.0064	0.0050	0.0040	0.0031
3	0.0619	0.0531	0.0453	0.0383	0.0323	0.0270	0.0224	0.0185	0.0152	0.0123
4	0.1181	0.1062	0.0947	0.0839	0.0738	0.0645	0.0559	0.0482	0.0412	0.0350
5	0.1698	0.1599	0.1493	0.1384	0.1272	0.1161	0.1051	0.0945	0.0843	0.0746
6	0.1907	0.1881	0.1839	0.1782	0.1712	0.1632	0.1543	0.1447	0.1347	0.1244
7	0.1714	0.1770	0.1811	0.1836	0.1844	0.1836	0.1812	0.1774	0.1722	0.1659
8	0.1251	0.1354	0.1450	0.1537	0.1614	0.1678	0.1730	0.1767	0.1790	0.1797
9	0.0750	0.0849	0.0952	0.1056	0.1158	0.1259	0.1354	0.1444	0.1526	0.1597
10	0.0370	0.0440	0.0516	0.0598	0.0686	0.0779	0.0875	0.0974	0.1073	0.1171
11	0.0151	0.0188	0.0231	0.0280	0.0336	0.0398	0.0467	0.0542	0.0624	0.0710
12	0.0051	0.0066	0.0085	0.0108	0.0136	0.0168	0.0206	0.0249	0.0299	0.0355
13	0.0014	0.0019	0.0026	0.0034	0.0045	0.0058	0.0074	0.0094	0.0118	0.0146
14	0.0003	0.0005	0.0006	0.0009	0.0012	0.0016	0.0022	0.0029	0.0038	0.0049
15	0.0001	0.0001	0.0001	0.0002	0.0003	0.0004	0.0005	0.0007	0.0010	0.0013
16	0.0000	0.0000	0.0000	0.0000	0.0000	0.0001	0.0001	0.0001	0.0002	0.0003

r	\multicolumn{10}{c}{p}
	0.41	0.42	0.43	0.44	0.45	0.46	0.47	0.48	0.49	0.50
0	0.0004	0.0003	0.0002	0.0001	0.0001	0.0001	0.0001	0.0000	0.0000	0.0000
1	0.0024	0.0018	0.0014	0.0011	0.0008	0.0006	0.0005	0.0003	0.0002	0.0002
2	0.0100	0.0080	0.0064	0.0051	0.0040	0.0031	0.0024	0.0019	0.0014	0.0011
3	0.0100	0.0080	0.0064	0.0051	0.0040	0.0031	0.0024	0.0019	0.0014	0.0011
4	0.0295	0.0247	0.0206	0.0170	0.0139	0.0113	0.0092	0.0074	0.0059	0.0046
5	0.0656	0.0573	0.0496	0.0427	0.0365	0.0309	0.0260	0.0217	0.0180	0.0148
6	0.1140	0.1037	0.0936	0.0839	0.0746	0.0658	0.0577	0.0501	0.0432	0.0370
7	0.1585	0.1502	0.1413	0.1318	0.1221	0.1122	0.1023	0.0925	0.0830	0.0739
8	0.1790	0.1768	0.1732	0.1683	0.1623	0.1553	0.1474	0.1388	0.1296	0.1201
9	0.1658	0.1707	0.1742	0.1763	0.1771	0.1763	0.1742	0.1708	0.1661	0.1602
10	0.1268	0.1359	0.1446	0.1524	0.1590	0.1650	0.1700	0.1734	0.1755	0.1762
11	0.0801	0.0895	0.0991	0.1089	0.1185	0.1280	0.1370	0.1455	0.1533	0.1602
12	0.0417	0.0486	0.0561	0.0642	0.0727	0.0818	0.0911	0.1007	0.1105	0.1201
13	0.0178	0.0217	0.0260	0.0310	0.0366	0.0429	0.0499	0.0572	0.0653	0.0739
14	0.0062	0.0078	0.0098	0.0122	0.0150	0.0183	0.0223	0.0264	0.0314	0.0370
15	0.0017	0.0023	0.0030	0.0038	0.0049	0.0062	0.0078	0.0098	0.0121	0.0148
16	0.0004	0.0005	0.0007	0.0009	0.0013	0.0018	0.0023	0.0028	0.0036	0.0046
17	0.0001	0.0001	0.0001	0.0002	0.0002	0.0003	0.0005	0.0006	0.0008	0.0011
18	0.0000	0.0000	0.0000	0.0000	0.0000	0.0000	0.0000	0.0001	0.0001	0.0002

$n = 25$

r	p									
	0.01	0.02	0.03	0.04	0.05	0.06	0.07	0.08	0.09	0.10
0	0.7778	0.6035	0.4670	0.3604	0.2774	0.2129	0.1630	0.1244	0.0946	0.0718
1	0.1964	0.3079	0.3611	0.3754	0.3650	0.3398	0.3066	0.2704	0.2340	0.1994
2	0.0238	0.0754	0.1340	0.1877	0.2305	0.2602	0.2770	0.2821	0.2777	0.2659
3	0.0018	0.0118	0.0318	0.0600	0.0930	0.1273	0.1598	0.1881	0.2106	0.2265
4	0.0001	0.0013	0.0054	0.0137	0.0269	0.0447	0.0662	0.0899	0.1145	0.1384
5	0.0000	0.0001	0.0007	0.0024	0.0060	0.0120	0.0209	0.0329	0.0476	0.0646
6	0.0000	0.0000	0.0001	0.0003	0.0010	0.0026	0.0052	0.0095	0.0157	0.0239
7	0.0000	0.0000	0.0000	0.0000	0.0001	0.0004	0.0011	0.0022	0.0042	0.0072
8	0.0000	0.0000	0.0000	0.0000	0.0000	0.0001	0.0002	0.0004	0.0009	0.0018
9	0.0000	0.0000	0.0000	0.0000	0.0000	0.0000	0.0000	0.0001	0.0002	0.0004
10	0.0000	0.0000	0.0000	0.0000	0.0000	0.0000	0.0000	0.0000	0.0000	0.0001

r	p									
	0.11	0.12	0.13	0.14	0.15	0.16	0.17	0.18	0.19	0.20
0	0.0543	0.0409	0.0308	0.0230	0.0172	0.0128	0.0095	0.0070	0.0052	0.0038
1	0.1678	0.1395	0.1149	0.0938	0.0759	0.0609	0.0486	0.0384	0.0302	0.0236
2	0.2488	0.2283	0.2060	0.1832	0.1607	0.1392	0.1193	0.1012	0.0851	0.0708
3	0.2358	0.2387	0.2360	0.2286	0.2174	0.2033	0.1874	0.1704	0.1530	0.1358
4	0.1603	0.1790	0.1940	0.2047	0.2110	0.2130	0.2111	0.2057	0.1974	0.1867
5	0.0832	0.1025	0.1217	0.1399	0.1564	0.1704	0.1816	0.1897	0.1945	0.1960
6	0.0343	0.0466	0.0606	0.0759	0.0920	0.1082	0.1240	0.1388	0.1520	0.1633
7	0.0115	0.0173	0.0246	0.0336	0.0441	0.0559	0.0689	0.0827	0.0968	0.1108
8	0.0032	0.0053	0.0083	0.0123	0.0175	0.0240	0.0318	0.0408	0.0511	0.0623
9	0.0007	0.0014	0.0023	0.0038	0.0058	0.0086	0.0123	0.0169	0.0226	0.0294
10	0.0001	0.0003	0.0006	0.0010	0.0016	0.0026	0.0040	0.0059	0.0085	0.0118
11	0.0000	0.0001	0.0001	0.0002	0.0004	0.0007	0.0011	0.0018	0.0027	0.0040
12	0.0000	0.0000	0.0000	0.0000	0.0001	0.0002	0.0003	0.0005	0.0007	0.0012
13	0.0000	0.0000	0.0000	0.0000	0.0000	0.0000	0.0001	0.0001	0.0002	0.0003
14	0.0000	0.0000	0.0000	0.0000	0.0000	0.0000	0.0000	0.0000	0.0000	0.0001

r	p									
	0.21	0.22	0.23	0.24	0.25	0.26	0.27	0.28	0.29	0.30
0	0.0028	0.0020	0.0015	0.0010	0.0008	0.0005	0.0004	0.0003	0.0002	0.0001
1	0.0183	0.0141	0.0109	0.0083	0.0063	0.0047	0.0035	0.0026	0.0020	0.0014
2	0.0585	0.0479	0.0389	0.0314	0.0251	0.0199	0.0157	0.0123	0.0096	0.0074
3	0.1192	0.1035	0.0891	0.0759	0.0641	0.0537	0.0446	0.0367	0.0300	0.0243
4	0.1742	0.1606	0.1463	0.1318	0.1175	0.1037	0.0906	0.0785	0.0673	0.0572
5	0.1945	0.1903	0.1836	0.1749	0.1645	0.1531	0.1408	0.1282	0.1155	0.1030
6	0.1724	0.1789	0.1828	0.1841	0.1828	0.1793	0.1736	0.1661	0.1572	0.1472

续表

r	p									
	0.21	0.22	0.23	0.24	0.25	0.26	0.27	0.28	0.29	0.30
7	0.1244	0.1369	0.1482	0.1578	0.1654	0.1709	0.1743	0.1754	0.1743	0.1712
8	0.0744	0.0869	0.0996	0.1121	0.1241	0.1351	0.1450	0.1535	0.1602	0.1651
9	0.0373	0.0463	0.0562	0.0669	0.0781	0.0897	0.1013	0.1127	0.1236	0.1336
10	0.0159	0.0209	0.0269	0.0338	0.0417	0.0504	0.0600	0.0701	0.0808	0.0916
11	0.0058	0.0080	0.0109	0.0145	0.0189	0.0242	0.0302	0.0372	0.0450	0.0536
12	0.0018	0.0026	0.0038	0.0054	0.0074	0.0099	0.0130	0.0169	0.0214	0.0268
13	0.0005	0.0007	0.0011	0.0017	0.0025	0.0035	0.0048	0.0066	0.0088	0.0115
14	0.0001	0.0002	0.0003	0.0005	0.0007	0.0010	0.0015	0.0022	0.0031	0.0042
15	0.0000	0.0000	0.0001	0.0001	0.0002	0.0003	0.0004	0.0006	0.0009	0.0013
16	0.0000	0.0000	0.0000	0.0000	0.0000	0.0001	0.0001	0.0002	0.0002	0.0004
17	0.0000	0.0000	0.0000	0.0000	0.0000	0.0000	0.0000	0.0000	0.0001	0.0001

r	p									
	0.31	0.32	0.33	0.34	0.35	0.36	0.37	0.38	0.39	0.40
0	0.0001	0.0001	0.0000	0.0000	0.0000	0.0000	0.0000	0.0000	0.0000	0.0000
1	0.0011	0.0008	0.0006	0.0004	0.0003	0.0002	0.0001	0.0001	0.0001	0.0000
2	0.0057	0.0043	0.0033	0.0025	0.0018	0.0014	0.0010	0.0007	0.0005	0.0004
3	0.0195	0.0156	0.0123	0.0097	0.0076	0.0058	0.0045	0.0034	0.0026	0.0019
4	0.0482	0.0403	0.0334	0.0274	0.0224	0.0181	0.0145	0.0115	0.0091	0.0071
5	0.0910	0.0797	0.0691	0.0594	0.0506	0.0427	0.0357	0.0297	0.0244	0.0199
6	0.1363	0.1250	0.1134	0.1020	0.0908	0.0801	0.0700	0.0606	0.0520	0.0442
7	0.1662	0.1596	0.1516	0.1426	0.1327	0.1222	0.1115	0.1008	0.0902	0.0800
8	0.1680	0.1690	0.1681	0.1652	0.1607	0.1547	0.1474	0.1390	0.1298	0.1200
9	0.1426	0.1502	0.1563	0.1608	0.1635	0.1644	0.1635	0.1609	0.1567	0.1511
10	0.1025	0.1131	0.1232	0.1325	0.1409	0.1479	0.1536	0.1578	0.1603	0.1612
11	0.0628	0.0726	0.0828	0.0931	0.1034	0.1135	0.1230	0.1319	0.1398	0.1465
12	0.0329	0.0399	0.0476	0.0560	0.0650	0.0745	0.0843	0.0943	0.1043	0.1140
13	0.0148	0.0188	0.0234	0.0288	0.0350	0.0419	0.0495	0.0578	0.0667	0.0760
14	0.0057	0.0076	0.0099	0.0127	0.0161	0.0202	0.0249	0.0304	0.0365	0.0434
15	0.0019	0.0026	0.0036	0.0048	0.0064	0.0083	0.0107	0.0136	0.0171	0.0212
16	0.0005	0.0008	0.0011	0.0015	0.0021	0.0029	0.0039	0.0052	0.0068	0.0088
17	0.0001	0.0002	0.0003	0.0004	0.0006	0.0009	0.0012	0.0017	0.0023	0.0031
18	0.0000	0.0000	0.0001	0.0001	0.0001	0.0002	0.0003	0.0005	0.0007	0.0009
19	0.0000	0.0000	0.0000	0.0000	0.0000	0.0000	0.0001	0.0001	0.0002	0.0002

附表 1 二项分布数值表

续表

| r | p |||||||||| |
---	0.41	0.42	0.43	0.44	0.45	0.46	0.47	0.48	0.49	0.50
2	0.0003	0.0002	0.0001	0.0001	0.0001	0.0000	0.0000	0.0000	0.0000	0.0000
3	0.0014	0.0011	0.0008	0.0006	0.0004	0.0003	0.0002	0.0001	0.0001	0.0001
4	0.0055	0.0042	0.0032	0.0024	0.0018	0.0014	0.0010	0.0007	0.0005	0.0004
5	0.0161	0.0129	0.0102	0.0081	0.0063	0.0049	0.0037	0.0028	0.0021	0.0016
6	0.0372	0.0311	0.0257	0.0211	0.0172	0.0138	0.0110	0.0087	0.0068	0.0053
7	0.0703	0.0611	0.0527	0.0450	0.0381	0.0319	0.0265	0.0218	0.0178	0.0143
8	0.1099	0.0996	0.0895	0.0796	0.0701	0.0612	0.0529	0.0453	0.0384	0.0322
9	0.1442	0.1363	0.1275	0.1181	0.1084	0.0985	0.0886	0.0790	0.0697	0.0609
10	0.1603	0.1579	0.1539	0.1485	0.1419	0.1342	0.1257	0.1166	0.1071	0.0974
11	0.1519	0.1559	0.1583	0.1591	0.1583	0.1559	0.1521	0.1468	0.1404	0.1328
12	0.1232	0.1317	0.1393	0.1458	0.1511	0.1550	0.1573	0.1581	0.1573	0.1550
13	0.0856	0.0954	0.1051	0.1146	0.1236	0.1320	0.1395	0.1460	0.1512	0.1550
14	0.0510	0.0592	0.0680	0.0772	0.0867	0.0964	0.1060	0.1155	0.1245	0.1328
15	0.0260	0.0314	0.0376	0.0445	0.0520	0.0602	0.0690	0.0782	0.0877	0.0974
16	0.0113	0.0142	0.0177	0.0218	0.0266	0.0321	0.0382	0.0451	0.0527	0.0609
17	0.0042	0.0055	0.0071	0.0091	0.0115	0.0145	0.0179	0.0220	0.0268	0.0322
18	0.0013	0.0018	0.0024	0.0032	0.0042	0.0055	0.0071	0.0090	0.0114	0.0143
19	0.0003	0.0005	0.0007	0.0009	0.0013	0.0017	0.0023	0.0031	0.0040	0.0053
20	0.0001	0.0001	0.0001	0.0002	0.0003	0.0004	0.0006	0.0009	0.0012	0.0016
21	0.0000	0.0000	0.0000	0.0000	0.0001	0.0001	0.0001	0.0002	0.0003	0.0004
22	0.0000	0.0000	0.0000	0.0000	0.0000	0.0000	0.0000	0.0000	0.0000	0.0001

附表 2 泊松分布表

$$P\{X=m\} = \frac{\lambda^m}{m!}e^{-\lambda}$$

m	λ=0.1	0.2	0.3	0.4	0.5	0.6	0.7	0.8
0	0.904837	0.818731	0.740818	0.670320	0.606531	0.548812	0.496585	0.449329
1	0.090484	0.163746	0.222245	0.268128	0.303265	0.329287	0.347610	0.359463
2	0.004524	0.016375	0.033337	0.053626	0.075816	0.098786	0.121663	0.143785
3	0.000151	0.001092	0.003334	0.007150	0.012636	0.019757	0.028388	0.038343
4	0.000004	0.000055	0.000250	0.000715	0.001580	0.002964	0.004968	0.007669
5		0.000002	0.000015	0.000057	0.000158	0.000356	0.000696	0.001227
6			0.000001	0.000004	0.000013	0.000036	0.000081	0.000164
7					0.000001	0.000003	0.000008	0.000019
8							0.000001	0.000002
9								

m	λ=0.9	1.0	1.5	2.0	2.5	3.0	3.5	4.0
0	0.406570	0.367879	0.223130	0.135335	0.082085	0.049787	0.030197	0.018316
1	0.365913	0.367879	0.334695	0.270671	0.205212	0.149361	0.105691	0.073263
2	0.164661	0.183940	0.251021	0.270671	0.256516	0.224042	0.184959	0.146525
3	0.049398	0.061313	0.125511	0.180447	0.213763	0.224042	0.215785	0.195367
4	0.011115	0.015328	0.047067	0.090224	0.133602	0.168031	0.188812	0.195367
5	0.002001	0.003066	0.014120	0.036089	0.066801	0.100819	0.132169	0.156293
6	0.000300	0.000511	0.003530	0.012030	0.027834	0.050409	0.077098	0.104196
7	0.000039	0.000073	0.000756	0.003437	0.009941	0.021604	0.038549	0.059540
8	0.000004	0.00009	0.000142	0.000859	0.003106	0.008102	0.016865	0.029770
9		0.00001	0.000024	0.000191	0.000863	0.002701	0.006559	0.013231
10			0.000004	0.000038	0.000216	0.000810	0.002296	0.005292
11				0.000007	0.000049	0.000221	0.000730	0.001925
12				0.000001	0.000010	0.000055	0.000213	0.000642
13					0.000002	0.000013	0.000057	0.000197
14						0.000003	0.000014	0.000056
15						0.000001	0.000003	0.000015
16							0.000001	0.000004
17								0.000001

附表2 泊松分布表

续表

m	λ							
	4.5	5.0	5.5	6.0	6.5	7.0	7.5	8.0
0	0.011109	0.006738	0.004087	0.002479	0.001303	0.000912	0.000353	0.000335
1	0.049990	0.033690	0.022477	0.014873	0.009772	0.006383	0.004148	0.002684
2	0.112479	0.084224	0.061812	0.044618	0.031760	0.022341	0.015555	0.010735
3	0.168718	0.140374	0.113323	0.089235	0.068814	0.052129	0.038889	0.028626
4	0.189808	0.175467	0.155814	0.133853	0.111822	0.041226	0.072916	0.057252
5	0.170827	0.175467	0.171401	0.160623	0.145369	0.127717	0.109375	0.091604
6	0.128120	0.146223	0.157117	0.160623	0.157483	0.149003	0.136718	0.122138
7	0.082363	0.104445	0.123449	0.137677	0.146234	0.149003	0.146484	0.139587
8	0.046329	0.065278	0.084871	0.103258	0.118815	0.130377	0.137329	0.139587
9	0.023165	0.036266	0.051866	0.068838	0.085811	0.101405	0.114440	0.124077
10	0.010424	0.018133	0.028526	0.041303	0.055777	0.070983	0.085830	0.099262
11	0.004264	0.008242	0.014263	0.022529	0.032959	0.045171	0.058521	0.072190
12	0.001599	0.003434	0.006537	0.011264	0.017853	0.026350	0.036575	0.048127
13	0.000554	0.001321	0.002766	0.005199	0.008926	0.014188	0.021101	0.029616
14	0.000178	0.000472	0.001087	0.002228	0.004144	0.007094	0.011304	0.016924
15	0.000053	0.000157	0.000398	0.000891	0.001796	0.003311	0.005652	0.009026
16	0.000015	0.000049	0.000137	0.000334	0.000730	0.001448	0.002649	0.004513
17	0.000004	0.000014	0.000044	0.000118	0.000279	0.000596	0.001169	0.002124
18	0.000001	0.000004	0.000014	0.000039	0.000101	0.000232	0.000487	0.000944
19		0.000001	0.000004	0.000012	0.000034	0.000085	0.000192	0.000397
20			0.000001	0.000004	0.000011	0.000030	0.000072	0.000159
21				0.000001	0.000003	0.000010	0.000026	0.000061
22					0.000001	0.000003	0.000009	0.000022
23						0.000001	0.000003	0.000008
24							0.000001	0.000003
25								0.000001

m	λ							
	8.5	9.0	9.5	10	12	15	18	20
0	0.000203	0.000123	0.000075	0.000045	0.000006	0.000000	0.000000	0.000000
1	0.001729	0.001111	0.000711	0.000454	0.000074	0.000005	0.000000	0.000000
2	0.007350	0.004998	0.003378	0.002270	0.000442	0.000034	0.000002	0.000000
3	0.020826	0.014994	0.010696	0.007567	0.001770	0.000172	0.000015	0.000003
4	0.044255	0.033737	0.025403	0.018917	0.005309	0.000645	0.000067	0.000014
5	0.075233	0.060727	0.048266	0.037833	0.012741	0.001936	0.000240	0.000055
6	0.106581	0.091090	0.076421	0.063055	0.025481	0.004839	0.000719	0.000183
7	0.129419	0.117116	0.103714	0.090079	0.043682	0.010370	0.001850	0.000523
8	0.137508	0.131756	0.123160	0.112599	0.065523	0.019444	0.004163	0.001309

续表

m	\$\lambda\$							
	8.5	9.0	9.5	10	12	15	18	20
9	0.129869	0.131756	0.130003	0.125110	0.087364	0.032407	0.008325	0.002908
10	0.110388	0.118580	0.123502	0.125110	0.104837	0.048611	0.014985	0.005816
11	0.085300	0.097020	0.106661	0.113736	0.114368	0.066287	0.024521	0.010575
12	0.060421	0.072765	0.084440	0.094780	0.114368	0.082859	0.036782	0.017625
13	0.039506	0.050376	0.061706	0.072908	0.105570	0.095607	0.050929	0.027116
14	0.023986	0.032384	0.041872	0.052077	0.090489	0.102436	0.065480	0.038737
15	0.013592	0.019431	0.026519	0.034718	0.072391	0.102436	0.078576	0.051649
16	0.007221	0.010930	0.015746	0.021699	0.054293	0.096034	0.088397	0.064561
17	0.003610	0.005786	0.008799	0.012764	0.038325	0.084736	0.093597	0.075954
18	0.001705	0.002893	0.004644	0.007091	0.025550	0.070613	0.093597	0.084394
19	0.000763	0.001370	0.002322	0.003732	0.016137	0.055747	0.088671	0.088835
20	0.000324	0.000617	0.001103	0.001866	0.009682	0.041810	0.079804	0.088835
21	0.000131	0.000264	0.000499	0.000889	0.005533	0.029865	0.068403	0.084605
22	0.000051	0.000108	0.000215	0.000404	0.003018	0.020362	0.055966	0.076914
23	0.000019	0.000042	0.000089	0.000176	0.001574	0.013280	0.043800	0.066881
24	0.000007	0.000016	0.000035	0.000073	0.000787	0.008300	0.032850	0.055735
25	0.000002	0.000006	0.000013	0.000029	0.000378	0.004980	0.023652	0.044588
26	0.000001	0.000002	0.000005	0.000011	0.000174	0.002873	0.016374	0.034298
27		0.000001	0.000002	0.000004	0.000078	0.001596	0.010916	0.025406
28			0.000001	0.000001	0.000033	0.000855	0.007018	0.018147
29				0.000001	0.000014	0.000442	0.004356	0.012515
30					0.000005	0.000221	0.002613	0.008344
31					0.000002	0.000107	0.001517	0.005383
32					0.000001	0.000050	0.000854	0.003364
33						0.000023	0.000466	0.002039
34						0.000010	0.000246	0.001199
35						0.000004	0.000127	0.000685
36						0.000002	0.000063	0.000381
37						0.000001	0.000031	0.000206
38							0.000015	0.000108
39							0.000007	0.000056

附表 3 标准正态分布表

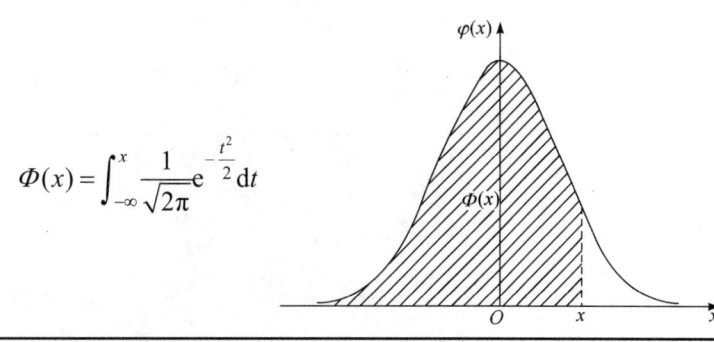

$$\Phi(x) = \int_{-\infty}^{x} \frac{1}{\sqrt{2\pi}} e^{-\frac{t^2}{2}} dt$$

x	0.00	0.01	0.02	0.03	0.04	0.05	0.06	0.07	0.08	0.09
0.0	0.5000	0.5040	0.5080	0.5120	0.5160	0.5199	0.5239	0.5279	0.5319	0.5359
0.1	0.5398	0.5438	0.5478	0.5517	0.5557	0.5596	0.5636	0.5675	0.5714	0.5753
0.2	0.5793	0.5832	0.5871	0.5910	0.5948	0.5987	0.6026	0.6064	0.6103	0.6141
0.3	0.6179	0.6217	0.6255	0.6293	0.6331	0.6368	0.6404	0.6443	0.6480	0.6517
0.4	0.6554	0.6591	0.6628	0.6664	0.6700	0.6736	0.6772	0.6808	0.6844	0.6879
0.5	0.6915	0.6950	0.6985	0.7019	0.7054	0.7088	0.7123	0.7157	0.7190	0.7224
0.6	0.7257	0.7291	0.7324	0.7357	0.7389	0.7422	0.7454	0.7486	0.7517	0.7549
0.7	0.7580	0.7611	0.7642	0.7673	0.7703	0.7734	0.7764	0.7794	0.7823	0.7852
0.8	0.7881	0.7910	0.7939	0.7967	0.7995	0.8023	0.8051	0.8078	0.8106	0.8133
0.9	0.8159	0.8186	0.8212	0.8238	0.8264	0.8289	0.8355	0.8340	0.8365	0.8389
1.0	0.8413	0.8438	0.8461	0.8485	0.8508	0.8531	0.8554	0.8577	0.8599	0.8621
1.1	0.8643	0.8665	0.8686	0.8708	0.8729	0.8749	0.8770	0.8790	0.8810	0.8830
1.2	0.8849	0.8869	0.8888	0.8907	0.8925	0.8944	0.8962	0.8980	0.8997	0.9015
1.3	0.9032	0.9049	0.9066	0.9082	0.9099	0.9115	0.9131	0.9147	0.9162	0.9177
1.4	0.9192	0.9207	0.9222	0.9236	0.9251	0.9265	0.9279	0.9292	0.9306	0.9319
1.5	0.9332	0.9345	0.9357	0.9370	0.9382	0.9394	0.9406	0.9418	0.9430	0.9441
1.6	0.9452	0.9463	0.9474	0.9484	0.9495	0.9505	0.9515	0.9525	0.9535	0.9535
1.7	0.9554	0.9564	0.9573	0.9582	0.9591	0.9599	0.9608	0.9616	0.9625	0.9633
1.8	0.9641	0.9648	0.9656	0.9664	0.9672	0.9678	0.9686	0.9693	0.9700	0.9706
1.9	0.9713	0.9719	0.9726	0.9732	0.9738	0.9744	0.9750	0.9756	0.9762	0.9767
2.0	0.9772	0.9778	0.9783	0.9788	0.9793	0.9798	0.9803	0.9808	0.9812	0.9817
2.1	0.9821	0.9826	0.9830	0.9834	0.9838	0.9842	0.9846	0.9850	0.9854	0.9857
2.2	0.9861	0.9864	0.9868	0.9871	0.9874	0.9878	0.9881	0.9884	0.9887	0.9890
2.3	0.9893	0.9896	0.9898	0.9901	0.9904	0.9906	0.9909	0.9911	0.9913	0.9916

续表

x	0.00	0.01	0.02	0.03	0.04	0.05	0.06	0.07	0.08	0.09
2.4	0.9918	0.9920	0.9922	0.9925	0.9927	0.9929	0.9931	0.9932	0.9934	0.9936
2.5	0.9938	0.9940	0.9941	0.9943	0.9945	0.9946	0.9948	0.9949	0.9951	0.9952
2.6	0.9953	0.9955	0.9956	0.9957	0.9959	0.9960	0.9961	0.9962	0.9963	0.9964
2.7	0.9965	0.9966	0.9967	0.9968	0.9969	0.9970	0.9971	0.9972	0.9973	0.9974
2.8	0.9974	0.9975	0.9976	0.9977	0.9977	0.9978	0.9979	0.9979	0.9980	0.9981
2.9	0.9981	0.9982	0.9982	0.9983	0.9984	0.9984	0.9985	0.9985	0.9986	0.9986
3.0	0.9987	0.9990	0.9993	0.9995	0.9997	0.9998	0.9998	0.9999	0.9999	1.0000

注：表中最后一行表示函数值 $\Phi(3.0), \Phi(3.1), \cdots, \Phi(3.9)$.

附表4　χ^2分布表

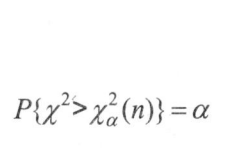

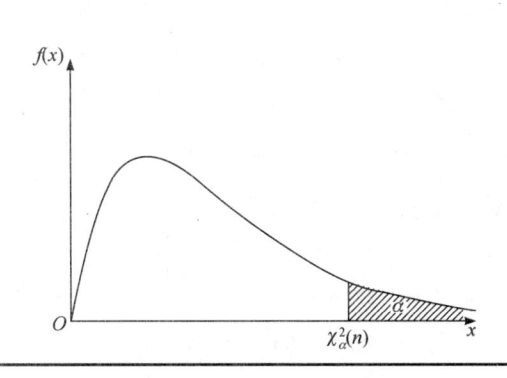

$P\{\chi^2 > \chi_\alpha^2(n)\} = \alpha$

n	α										
	0.995	0.99	0.975	0.95	0.9	0.25	0.1	0.05	0.025	0.01	0.005
1	0.0000	0.0002	0.0010	0.0039	0.0158	1.3233	2.7055	3.8415	5.0239	6.6349	7.8794
2	0.0100	0.0201	0.0506	0.1026	0.2107	2.7726	4.6052	5.9915	7.3778	9.2103	10.5966
3	0.0717	0.1148	0.2158	0.3518	0.5844	4.1083	6.2514	7.8147	9.3484	11.3449	12.8382
4	0.2070	0.2971	0.4844	0.7107	1.0636	5.3853	7.7794	9.4877	11.1433	13.2767	14.8603
5	0.4117	0.5543	0.8312	1.1455	1.6103	6.6257	9.2364	11.0705	12.8325	15.0863	16.7496
6	0.6757	0.8721	1.2373	1.6354	2.2041	7.8408	10.6446	12.5916	14.4494	16.8119	18.5476
7	0.9893	1.2390	1.6899	2.1673	2.8331	9.0371	12.0170	14.0671	16.0128	18.4753	20.2777
8	1.3444	1.6465	2.1797	2.7326	3.4895	10.2189	13.3616	15.5073	17.5345	20.0902	21.9550
9	1.7349	2.0879	2.7004	3.3251	4.1682	11.3888	14.6837	16.9190	19.0228	21.6660	23.5894
10	2.1559	2.5582	3.2470	3.9403	4.8652	12.5489	15.9872	18.3070	20.4832	23.2093	25.1882
11	2.6032	3.0535	3.8157	4.5748	5.5778	13.7007	17.2750	19.6751	21.9200	24.7250	26.7568
12	3.0738	3.5706	4.4038	5.2260	6.3038	14.8454	18.5493	21.0261	23.3367	26.2170	28.2995
13	3.5650	4.1069	5.0088	5.8919	7.0415	15.9839	19.8119	22.3620	24.7356	27.6882	29.8195
14	4.0747	4.6604	5.6287	6.5706	7.7895	17.1169	21.0641	23.6848	26.1189	29.1412	31.3193
15	4.6009	5.2293	6.2621	7.2609	8.5468	18.2451	22.3071	24.9958	27.4884	30.5779	32.8013
16	5.1422	5.8122	6.9077	7.9616	9.3122	19.3689	23.5418	26.2962	28.8454	31.9999	34.2672
17	5.6972	6.4078	7.5642	8.6718	10.0852	20.4887	24.7690	27.5871	30.1910	33.4087	35.7185
18	6.2648	7.0149	8.2307	9.3905	10.8649	21.6049	25.9894	28.8693	31.5264	34.8053	37.1565

续表

n	0.995	0.99	0.975	0.95	0.9	0.25	0.1	0.05	0.025	0.01	0.005
19	6.8440	7.6327	8.9065	10.1170	11.6509	22.7178	27.2036	30.1435	32.8523	36.1909	38.5823
20	7.4338	8.2604	9.5908	10.8508	12.4426	23.8277	28.4120	31.4104	34.1696	37.5662	39.9968
21	8.0337	8.8972	10.2829	11.5913	13.2396	24.9348	29.6151	32.6706	35.4789	38.9322	41.4011
22	8.6427	9.5425	10.9823	12.3380	14.0415	26.0393	30.8133	33.9244	36.7807	40.2894	42.7957
23	9.2604	10.1957	11.6886	13.0905	14.8480	27.1413	32.0069	35.1725	38.0756	41.6384	44.1813
24	9.8862	10.8564	12.4012	13.8484	15.6587	28.2412	33.1962	36.4150	39.3641	42.9798	45.5585
25	10.5197	11.5240	13.1197	14.6114	16.4734	29.3389	34.3816	37.6525	40.6465	44.3141	46.9279
26	11.1602	12.1981	13.8439	15.3792	17.2919	30.4346	35.5632	38.8851	41.9232	45.6417	48.2899
27	11.8076	12.8785	14.5734	16.1514	18.1139	31.5284	36.7412	40.1133	43.1945	46.9629	49.6449
28	12.4613	13.5647	15.3079	16.9279	18.9392	32.6205	37.9159	41.3371	44.4608	48.2782	50.9934
29	13.1211	14.2565	16.0471	17.7084	19.7677	33.7109	39.0875	42.5570	45.7223	49.5879	52.3356
30	13.7867	14.9535	16.7908	18.4927	20.5992	34.7997	40.2560	43.7730	46.9792	50.8922	53.6720
31	14.4578	15.6555	17.5387	19.2806	21.4336	35.8871	41.4217	44.9853	48.2319	52.1914	55.0027
32	15.1340	16.3622	18.2908	20.0719	22.2706	36.9730	42.5847	46.1943	49.4804	53.4858	56.3281
33	15.8153	17.0735	19.0467	20.8665	23.1102	38.0575	43.7452	47.3999	50.7251	54.7755	57.6484
34	16.5013	17.7891	19.8063	21.6643	23.9523	39.1408	44.9032	48.6024	51.9660	56.0609	58.9639
35	17.1918	18.5089	20.5694	22.4650	24.7967	40.2228	46.0588	49.8018	53.2033	57.3421	60.2748
36	17.8867	19.2327	21.3359	23.2686	25.6433	41.3036	47.2122	50.9985	54.4373	58.6192	61.5812
37	18.5858	19.9602	22.1056	24.0749	26.4921	42.3833	48.3634	52.1923	55.6680	59.8925	62.8833
38	19.2889	20.6914	22.8785	24.8839	27.3430	43.4619	49.5126	53.3835	56.8955	61.1621	64.1814
39	19.9959	21.4262	23.6543	25.6954	28.1958	44.5395	50.6598	54.5722	58.1201	62.4281	65.4756
40	20.7065	22.1643	24.4330	26.5093	29.0505	45.6160	51.8051	55.7585	59.3417	63.6907	66.7660
41	21.4208	22.9056	25.2145	27.3256	29.9071	46.6916	52.9485	56.9424	60.5606	64.9501	68.0527
42	22.1385	23.6501	25.9987	28.1440	30.7654	47.7663	54.0902	58.1240	61.7768	66.2062	69.3360
43	22.8595	24.3976	26.7854	28.9647	31.6255	48.8400	55.2302	59.3035	62.9904	67.4593	70.6159
44	23.5837	25.1480	27.5746	29.7875	32.4871	49.9129	56.3685	60.4809	64.2015	68.7095	71.8926
45	24.3110	25.9013	28.3662	30.6123	33.3504	50.9849	57.5053	61.6562	65.4102	69.9568	73.1661

附表 5　t 分布表

$P\{t > t_\alpha(n)\} = \alpha$

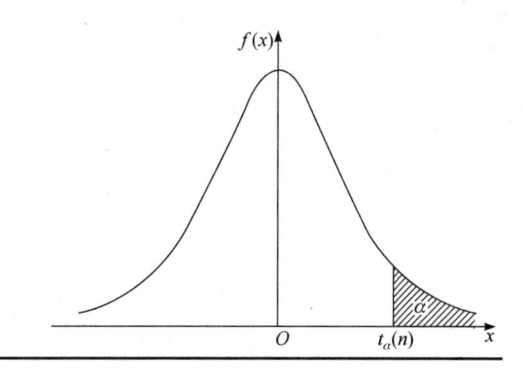

n	α					
	0.2	0.1	0.05	0.025	0.01	0.005
1	1.3764	3.0777	6.3138	12.7062	31.8205	63.6567
2	1.0607	1.8856	2.9200	4.3027	6.9646	9.9248
3	0.9785	1.6377	2.3534	3.1824	4.5407	5.8409
4	0.9410	1.5332	2.1318	2.7764	3.7469	4.6041
5	0.9195	1.4759	2.0150	2.5706	3.3649	4.0321
6	0.9057	1.4398	1.9432	2.4469	3.1427	3.7074
7	0.8960	1.4149	1.8946	2.3646	2.9980	3.4995
8	0.8889	1.3968	1.8595	2.3060	2.8965	3.3554
9	0.8834	1.3830	1.8331	2.2622	2.8214	3.2498
10	0.8791	1.3722	1.8125	2.2281	2.7638	3.1693
11	0.8755	1.3634	1.7959	2.2010	2.7181	3.1058
12	0.8726	1.3562	1.7823	2.1788	2.6810	3.0545
13	0.8702	1.3502	1.7709	2.1604	2.6503	3.0123
14	0.8681	1.3450	1.7613	2.1448	2.6245	2.9768
15	0.8662	1.3406	1.7531	2.1314	2.6025	2.9467
16	0.8647	1.3368	1.7459	2.1199	2.5835	2.9208
17	0.8633	1.3334	1.7396	2.1098	2.5669	2.8982
18	0.8620	1.3304	1.7341	2.1009	2.5524	2.8784
19	0.8610	1.3277	1.7291	2.0930	2.5395	2.8609
20	0.8600	1.3253	1.7247	2.0860	2.5280	2.8453
21	0.8591	1.3232	1.7207	2.0796	2.5176	2.8314

续表

n	\multicolumn{6}{c}{α}
	0.2	0.1	0.05	0.025	0.01	0.005
22	0.8583	1.3212	1.7171	2.0739	2.5083	2.8188
23	0.8575	1.3195	1.7139	2.0687	2.4999	2.8073
24	0.8569	1.3178	1.7109	2.0639	2.4922	2.7969
25	0.8562	1.3163	1.7081	2.0595	2.4851	2.7874
26	0.8557	1.3150	1.7056	2.0555	2.4786	2.7787
27	0.8551	1.3137	1.7033	2.0518	2.4727	2.7707
28	0.8546	1.3125	1.7011	2.0484	2.4671	2.7633
29	0.8542	1.3114	1.6991	2.0452	2.4620	2.7564
30	0.8538	1.3104	1.6973	2.0423	2.4573	2.7500
31	0.8534	1.3095	1.6955	2.0395	2.4528	2.7440
32	0.8530	1.3086	1.6939	2.0369	2.4487	2.7385
33	0.8526	1.3077	1.6924	2.0345	2.4448	2.7333
34	0.8523	1.3070	1.6909	2.0322	2.4411	2.7284
35	0.8520	1.3062	1.6896	2.0301	2.4377	2.7238
36	0.8517	1.3055	1.6883	2.0281	2.4345	2.7195
37	0.8514	1.3049	1.6871	2.0262	2.4314	2.7154
38	0.8512	1.3042	1.6860	2.0244	2.4286	2.7116
39	0.8509	1.3036	1.6849	2.0227	2.4258	2.7079
40	0.8507	1.3031	1.6839	2.0211	2.4233	2.7045
41	0.8505	1.3025	1.6829	2.0195	2.4208	2.7012
42	0.8503	1.3020	1.6820	2.0181	2.4185	2.6981
43	0.8501	1.3016	1.6811	2.0167	2.4163	2.6951
44	0.8499	1.3011	1.6802	2.0154	2.4141	2.6923
45	0.8497	1.3006	1.6794	2.0141	2.4121	2.6896
50	0.8489	1.2987	1.6759	2.0086	2.4033	2.6778
60	0.8477	1.2958	1.6706	2.0003	2.3901	2.6603
70	0.8468	1.2938	1.6669	1.9944	2.3808	2.6479
80	0.8461	1.2922	1.6641	1.9901	2.3739	2.6387
90	0.8456	1.2910	1.6620	1.9867	2.3685	2.6316
100	0.8452	1.2901	1.6602	1.9840	2.3642	2.6259
110	0.8449	1.2893	1.6588	1.9818	2.3607	2.6213
120	0.8446	1.2886	1.6577	1.9799	2.3578	2.6174

附表 6 F 分布表

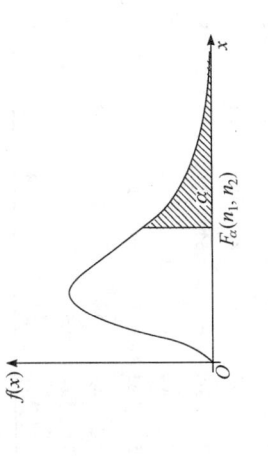

$$P\{F > F_\alpha(n_1, n_2)\} = \alpha$$

$\alpha = 0.10$

n_2 \ n_1	1	2	3	4	5	6	7	8	9	10	11	12	13	14	15	17	19	20	25	30
1	39.86	49.50	53.59	55.83	57.24	58.20	58.91	59.44	59.86	60.19	60.47	60.71	60.90	61.07	61.22	61.46	61.66	61.74	62.05	62.26
2	8.53	9.00	9.16	9.24	9.29	9.33	9.35	9.37	9.38	9.39	9.40	9.41	9.41	9.42	9.42	9.43	9.44	9.44	9.45	9.46
3	5.54	5.46	5.39	5.34	5.31	5.28	5.27	5.25	5.24	5.23	5.22	5.22	5.21	5.20	5.20	5.19	5.19	5.18	5.17	5.17
4	4.54	4.32	4.19	4.11	4.05	4.01	3.98	3.95	3.94	3.92	3.91	3.90	3.89	3.88	3.87	3.86	3.85	3.84	3.83	3.82
5	4.06	3.78	3.62	3.52	3.45	3.40	3.37	3.34	3.32	3.30	3.28	3.27	3.26	3.25	3.24	3.22	3.21	3.21	3.19	3.17
6	3.78	3.46	3.29	3.18	3.11	3.05	3.01	2.98	2.96	2.94	2.92	2.90	2.89	2.88	2.87	2.85	2.84	2.84	2.81	2.80
7	3.59	3.26	3.07	2.96	2.88	2.83	2.78	2.75	2.72	2.70	2.68	2.67	2.65	2.64	2.63	2.61	2.60	2.59	2.57	2.56
8	3.46	3.11	2.92	2.81	2.73	2.67	2.62	2.59	2.56	2.54	2.52	2.50	2.49	2.48	2.46	2.45	2.43	2.42	2.40	2.38
9	3.36	3.01	2.81	2.69	2.61	2.55	2.51	2.47	2.44	2.42	2.40	2.38	2.36	2.35	2.34	2.32	2.30	2.30	2.27	2.25
10	3.29	2.92	2.73	2.61	2.52	2.46	2.41	2.38	2.35	2.32	2.30	2.28	2.27	2.26	2.24	2.22	2.21	2.20	2.17	2.16
11	3.23	2.86	2.66	2.54	2.45	2.39	2.34	2.30	2.27	2.25	2.23	2.21	2.19	2.18	2.17	2.15	2.13	2.12	2.10	2.08
12	3.18	2.81	2.61	2.48	2.39	2.33	2.28	2.24	2.21	2.19	2.17	2.15	2.13	2.12	2.10	2.08	2.07	2.06	2.03	2.01
13	3.14	2.76	2.56	2.43	2.35	2.28	2.23	2.20	2.16	2.14	2.12	2.10	2.08	2.07	2.05	2.03	2.01	2.01	1.98	1.96
14	3.10	2.73	2.52	2.39	2.31	2.24	2.19	2.15	2.12	2.10	2.07	2.05	2.04	2.02	2.01	1.99	1.97	1.96	1.93	1.91

续表

n_2 \ n_1	1	2	3	4	5	6	7	8	9	10	11	12	13	14	15	17	19	20	25	30
15	3.07	2.70	2.49	2.36	2.27	2.21	2.16	2.12	2.09	2.06	2.04	2.02	2.00	1.99	1.97	1.95	1.93	1.92	1.89	1.87
16	3.05	2.67	2.46	2.33	2.24	2.18	2.13	2.09	2.06	2.03	2.01	1.99	1.97	1.95	1.94	1.92	1.90	1.89	1.86	1.84
17	3.03	2.64	2.44	2.31	2.22	2.15	2.10	2.06	2.03	2.00	1.98	1.96	1.94	1.93	1.91	1.89	1.87	1.86	1.83	1.81
18	3.01	2.62	2.42	2.29	2.20	2.13	2.08	2.04	2.00	1.98	1.95	1.93	1.92	1.90	1.89	1.86	1.84	1.84	1.80	1.78
19	2.99	2.61	2.40	2.27	2.18	2.11	2.06	2.02	1.98	1.96	1.93	1.91	1.89	1.88	1.86	1.84	1.82	1.81	1.78	1.76
20	2.97	2.59	2.38	2.25	2.16	2.09	2.04	2.00	1.96	1.94	1.91	1.89	1.87	1.86	1.84	1.82	1.80	1.79	1.76	1.74
21	2.96	2.57	2.36	2.23	2.14	2.08	2.02	1.98	1.95	1.92	1.90	1.87	1.86	1.84	1.83	1.80	1.78	1.78	1.74	1.72
22	2.95	2.56	2.35	2.22	2.13	2.06	2.01	1.97	1.93	1.90	1.88	1.86	1.84	1.83	1.81	1.79	1.77	1.76	1.73	1.70
23	2.94	2.55	2.34	2.21	2.11	2.05	1.99	1.95	1.92	1.89	1.87	1.84	1.83	1.81	1.80	1.77	1.75	1.74	1.71	1.69
24	2.93	2.54	2.33	2.19	2.10	2.04	1.98	1.94	1.91	1.88	1.85	1.83	1.81	1.80	1.78	1.76	1.74	1.73	1.70	1.67
25	2.92	2.53	2.32	2.18	2.09	2.02	1.97	1.93	1.89	1.87	1.84	1.82	1.80	1.79	1.77	1.75	1.73	1.72	1.68	1.66
26	2.91	2.52	2.31	2.17	2.08	2.01	1.96	1.92	1.88	1.86	1.83	1.81	1.79	1.77	1.76	1.73	1.71	1.71	1.67	1.65
27	2.90	2.51	2.30	2.17	2.07	2.00	1.95	1.91	1.87	1.85	1.82	1.80	1.78	1.76	1.75	1.72	1.70	1.70	1.66	1.64
28	2.89	2.50	2.29	2.16	2.06	2.00	1.94	1.90	1.87	1.84	1.81	1.79	1.77	1.75	1.74	1.71	1.69	1.69	1.65	1.63
29	2.89	2.50	2.28	2.15	2.06	1.99	1.93	1.89	1.86	1.83	1.80	1.78	1.76	1.75	1.73	1.71	1.68	1.68	1.64	1.62
30	2.88	2.49	2.28	2.14	2.05	1.98	1.93	1.88	1.85	1.82	1.79	1.77	1.75	1.74	1.72	1.70	1.68	1.67	1.63	1.61
40	2.84	2.44	2.23	2.09	2.00	1.93	1.87	1.83	1.79	1.76	1.74	1.71	1.70	1.68	1.66	1.64	1.61	1.61	1.57	1.54
50	2.81	2.41	2.20	2.06	1.97	1.90	1.84	1.80	1.76	1.73	1.70	1.68	1.66	1.64	1.63	1.60	1.58	1.57	1.53	1.50
60	2.79	2.39	2.18	2.04	1.95	1.87	1.82	1.77	1.74	1.71	1.68	1.66	1.64	1.62	1.60	1.58	1.55	1.54	1.50	1.48
80	2.77	2.37	2.15	2.02	1.92	1.85	1.79	1.75	1.71	1.68	1.65	1.63	1.61	1.59	1.57	1.55	1.52	1.51	1.47	1.44
100	2.76	2.36	2.14	2.00	1.91	1.83	1.78	1.73	1.69	1.66	1.64	1.61	1.59	1.57	1.56	1.53	1.50	1.49	1.45	1.42
120	2.75	2.35	2.13	1.99	1.90	1.82	1.77	1.72	1.68	1.65	1.63	1.60	1.58	1.56	1.55	1.52	1.49	1.48	1.44	1.41
∞	2.71	2.30	2.08	1.94	1.85	1.77	1.72	1.67	1.63	1.60	1.57	1.55	1.52	1.50	1.49	1.46	1.43	1.42	1.38	1.34

附表6 F 分布表

$\alpha = 0.05$

n_2\n_1	1	2	3	4	5	6	7	8	9	10	11	12	13	14	15	17	19	20	25	30
1	161.45	199.50	215.71	224.58	230.16	233.99	236.77	238.88	240.54	241.88	242.98	243.91	244.69	245.36	245.95	246.92	247.69	248.01	249.26	250.10
2	18.51	19.00	19.16	19.25	19.30	19.33	19.35	19.37	19.38	19.40	19.40	19.41	19.42	19.42	19.43	19.44	19.44	19.45	19.46	19.46
3	10.13	9.55	9.28	9.12	9.01	8.94	8.89	8.85	8.81	8.79	8.76	8.74	8.73	8.71	8.70	8.68	8.67	8.66	8.63	8.62
4	7.71	6.94	6.59	6.39	6.26	6.16	6.09	6.04	6.00	5.96	5.94	5.91	5.89	5.87	5.86	5.83	5.81	5.80	5.77	5.75
5	6.61	5.79	5.41	5.19	5.05	4.95	4.88	4.82	4.77	4.74	4.70	4.68	4.66	4.64	4.62	4.59	4.57	4.56	4.52	4.50
6	5.99	5.14	4.76	4.53	4.39	4.28	4.21	4.15	4.10	4.06	4.03	4.00	3.98	3.96	3.94	3.91	3.88	3.87	3.83	3.81
7	5.59	4.74	4.35	4.12	3.97	3.87	3.79	3.73	3.68	3.64	3.60	3.57	3.55	3.53	3.51	3.48	3.46	3.44	3.40	3.38
8	5.32	4.46	4.07	3.84	3.69	3.58	3.50	3.44	3.39	3.35	3.31	3.28	3.26	3.24	3.22	3.19	3.16	3.15	3.11	3.08
9	5.12	4.26	3.86	3.63	3.48	3.37	3.29	3.23	3.18	3.14	3.10	3.07	3.05	3.03	3.01	2.97	2.95	2.94	2.89	2.86
10	4.96	4.10	3.71	3.48	3.33	3.22	3.14	3.07	3.02	2.98	2.94	2.91	2.89	2.86	2.85	2.81	2.79	2.77	2.73	2.70
11	4.84	3.98	3.59	3.36	3.20	3.09	3.01	2.95	2.90	2.85	2.82	2.79	2.76	2.74	2.72	2.69	2.66	2.65	2.60	2.57
12	4.75	3.89	3.49	3.26	3.11	3.00	2.91	2.85	2.80	2.75	2.72	2.69	2.66	2.64	2.62	2.58	2.56	2.54	2.50	2.47
13	4.67	3.81	3.41	3.18	3.03	2.92	2.83	2.77	2.71	2.67	2.63	2.60	2.58	2.55	2.53	2.50	2.47	2.46	2.41	2.38
14	4.60	3.74	3.34	3.11	2.96	2.85	2.76	2.70	2.65	2.60	2.57	2.53	2.51	2.48	2.46	2.43	2.40	2.39	2.34	2.31
15	4.54	3.68	3.29	3.06	2.90	2.79	2.71	2.64	2.59	2.54	2.51	2.48	2.45	2.42	2.40	2.37	2.34	2.33	2.28	2.25
16	4.49	3.63	3.24	3.01	2.85	2.74	2.66	2.59	2.54	2.49	2.46	2.42	2.40	2.37	2.35	2.32	2.29	2.28	2.23	2.19
17	4.45	3.59	3.20	2.96	2.81	2.70	2.61	2.55	2.49	2.45	2.41	2.38	2.35	2.33	2.31	2.27	2.24	2.23	2.18	2.15
18	4.41	3.55	3.16	2.93	2.77	2.66	2.58	2.51	2.46	2.41	2.37	2.34	2.31	2.29	2.27	2.23	2.20	2.19	2.14	2.11
19	4.38	3.52	3.13	2.90	2.74	2.63	2.54	2.48	2.42	2.38	2.34	2.31	2.28	2.26	2.23	2.20	2.17	2.16	2.11	2.07
20	4.35	3.49	3.10	2.87	2.71	2.60	2.51	2.45	2.39	2.35	2.31	2.28	2.25	2.22	2.20	2.17	2.14	2.12	2.07	2.04
21	4.32	3.47	3.07	2.84	2.68	2.57	2.49	2.42	2.37	2.32	2.28	2.25	2.22	2.20	2.18	2.14	2.11	2.10	2.05	2.01
22	4.30	3.44	3.05	2.82	2.66	2.55	2.46	2.40	2.34	2.30	2.26	2.23	2.20	2.17	2.15	2.11	2.08	2.07	2.02	1.98

续表

n_2	1	2	3	4	5	6	7	8	9	10	11	12	13	14	15	17	19	20	25	30
23	4.28	3.42	3.03	2.80	2.64	2.53	2.44	2.37	2.32	2.27	2.24	2.20	2.18	2.15	2.13	2.09	2.06	2.05	2.00	1.96
24	4.26	3.40	3.01	2.78	2.62	2.51	2.42	2.36	2.30	2.25	2.22	2.18	2.15	2.13	2.11	2.07	2.04	2.03	1.97	1.94
25	4.24	3.39	2.99	2.76	2.60	2.49	2.40	2.34	2.28	2.24	2.20	2.16	2.14	2.11	2.09	2.05	2.02	2.01	1.96	1.92
26	4.23	3.37	2.98	2.74	2.59	2.47	2.39	2.32	2.27	2.22	2.18	2.15	2.12	2.09	2.07	2.03	2.00	1.99	1.94	1.90
27	4.21	3.35	2.96	2.73	2.57	2.46	2.37	2.31	2.25	2.20	2.17	2.13	2.10	2.08	2.06	2.02	1.99	1.97	1.92	1.88
28	4.20	3.34	2.95	2.71	2.56	2.45	2.36	2.29	2.24	2.19	2.15	2.12	2.09	2.06	2.04	2.00	1.97	1.96	1.91	1.87
29	4.18	3.33	2.93	2.70	2.55	2.43	2.35	2.28	2.22	2.18	2.14	2.10	2.08	2.05	2.03	1.99	1.96	1.94	1.89	1.85
30	4.17	3.32	2.92	2.69	2.53	2.42	2.33	2.27	2.21	2.16	2.13	2.09	2.06	2.04	2.01	1.98	1.95	1.93	1.88	1.84
40	4.08	3.23	2.84	2.61	2.45	2.34	2.25	2.18	2.12	2.08	2.04	2.00	1.97	1.95	1.92	1.89	1.85	1.84	1.78	1.74
50	4.03	3.18	2.79	2.56	2.40	2.29	2.20	2.13	2.07	2.03	1.99	1.95	1.92	1.89	1.87	1.83	1.80	1.78	1.73	1.69
60	4.00	3.15	2.76	2.53	2.37	2.25	2.17	2.10	2.04	1.99	1.95	1.92	1.89	1.86	1.84	1.80	1.76	1.75	1.69	1.65
80	3.96	3.11	2.72	2.49	2.33	2.21	2.13	2.06	2.00	1.95	1.91	1.88	1.84	1.82	1.79	1.75	1.72	1.70	1.64	1.60
100	3.94	3.09	2.70	2.46	2.31	2.19	2.10	2.03	1.97	1.93	1.89	1.85	1.82	1.79	1.77	1.73	1.69	1.68	1.62	1.57
120	3.92	3.07	2.68	2.45	2.29	2.18	2.09	2.02	1.96	1.91	1.87	1.83	1.80	1.78	1.75	1.71	1.67	1.66	1.60	1.55
∞	3.84	3.00	2.60	2.37	2.21	2.10	2.01	1.94	1.88	1.83	1.79	1.75	1.72	1.69	1.67	1.62	1.59	1.57	1.51	1.46

$\alpha = 0.025$

n_2	1	2	3	4	5	6	7	8	9	10	11	12	13	14	15	17	19	20	25	30
1	647.79	799.50	864.16	899.58	921.85	937.11	948.22	956.66	963.28	968.63	973.03	976.71	979.84	982.53	984.87	988.73	991.80	993.10	998.08	1001.41
2	38.51	39.00	39.17	39.25	39.30	39.33	39.36	39.37	39.39	39.40	39.41	39.41	39.42	39.43	39.43	39.44	39.45	39.45	39.46	39.46
3	17.44	16.04	15.44	15.10	14.88	14.73	14.62	14.54	14.47	14.42	14.37	14.34	14.30	14.28	14.25	14.21	14.18	14.17	14.12	14.08
4	12.22	10.65	9.98	9.60	9.36	9.20	9.07	8.98	8.90	8.84	8.79	8.75	8.71	8.68	8.66	8.61	8.58	8.56	8.50	8.46
5	10.01	8.43	7.76	7.39	7.15	6.98	6.85	6.76	6.68	6.62	6.57	6.52	6.49	6.46	6.43	6.38	6.34	6.33	6.27	6.23

附表6 F 分布表

续表

n_2	1	2	3	4	5	6	7	8	9	10	11	12	13	14	15	17	19	20	25	30
6	8.81	7.26	6.60	6.23	5.99	5.82	5.70	5.60	5.52	5.46	5.41	5.37	5.33	5.30	5.27	5.22	5.18	5.17	5.11	5.07
7	8.07	6.54	5.89	5.52	5.29	5.12	4.99	4.90	4.82	4.76	4.71	4.67	4.63	4.60	4.57	4.52	4.48	4.47	4.40	4.36
8	7.57	6.06	5.42	5.05	4.82	4.65	4.53	4.43	4.36	4.30	4.24	4.20	4.16	4.13	4.10	4.05	4.02	4.00	3.94	3.89
9	7.21	5.71	5.08	4.72	4.48	4.32	4.20	4.10	4.03	3.96	3.91	3.87	3.83	3.80	3.77	3.72	3.68	3.67	3.60	3.56
10	6.94	5.46	4.83	4.47	4.24	4.07	3.95	3.85	3.78	3.72	3.66	3.62	3.58	3.55	3.52	3.47	3.44	3.42	3.35	3.31
11	6.72	5.26	4.63	4.28	4.04	3.88	3.76	3.66	3.59	3.53	3.47	3.43	3.39	3.36	3.33	3.28	3.24	3.23	3.16	3.12
12	6.55	5.10	4.47	4.12	3.89	3.73	3.61	3.51	3.44	3.37	3.32	3.28	3.24	3.21	3.18	3.13	3.09	3.07	3.01	2.96
13	6.41	4.97	4.35	4.00	3.77	3.60	3.48	3.39	3.31	3.25	3.20	3.15	3.12	3.08	3.05	3.00	2.96	2.95	2.88	2.84
14	6.30	4.86	4.24	3.89	3.66	3.50	3.38	3.29	3.21	3.15	3.09	3.05	3.01	2.98	2.95	2.90	2.86	2.84	2.78	2.73
15	6.20	4.77	4.15	3.80	3.58	3.41	3.29	3.20	3.12	3.06	3.01	2.96	2.92	2.89	2.86	2.81	2.77	2.76	2.69	2.64
16	6.12	4.69	4.08	3.73	3.50	3.34	3.22	3.12	3.05	2.99	2.93	2.89	2.85	2.82	2.79	2.74	2.70	2.68	2.61	2.57
17	6.04	4.62	4.01	3.66	3.44	3.28	3.16	3.06	2.98	2.92	2.87	2.82	2.79	2.75	2.72	2.67	2.63	2.62	2.55	2.50
18	5.98	4.56	3.95	3.61	3.38	3.22	3.10	3.01	2.93	2.87	2.81	2.77	2.73	2.70	2.67	2.62	2.58	2.56	2.49	2.44
19	5.92	4.51	3.90	3.56	3.33	3.17	3.05	2.96	2.88	2.82	2.76	2.72	2.68	2.65	2.62	2.57	2.53	2.51	2.44	2.39
20	5.87	4.46	3.86	3.51	3.29	3.13	3.01	2.91	2.84	2.77	2.72	2.68	2.64	2.60	2.57	2.52	2.48	2.46	2.40	2.35
21	5.83	4.42	3.82	3.48	3.25	3.09	2.97	2.87	2.80	2.73	2.68	2.64	2.60	2.56	2.53	2.48	2.44	2.42	2.36	2.31
22	5.79	4.38	3.78	3.44	3.22	3.05	2.93	2.84	2.76	2.70	2.65	2.60	2.56	2.53	2.50	2.45	2.41	2.39	2.32	2.27
23	5.75	4.35	3.75	3.41	3.18	3.02	2.90	2.81	2.73	2.67	2.62	2.57	2.53	2.50	2.47	2.42	2.37	2.36	2.29	2.24
24	5.72	4.32	3.72	3.38	3.15	2.99	2.87	2.78	2.70	2.64	2.59	2.54	2.50	2.47	2.44	2.39	2.35	2.33	2.26	2.21
25	5.69	4.29	3.69	3.35	3.13	2.97	2.85	2.75	2.68	2.61	2.56	2.51	2.48	2.44	2.41	2.36	2.32	2.30	2.23	2.18
26	5.66	4.27	3.67	3.33	3.10	2.94	2.82	2.73	2.65	2.59	2.54	2.49	2.45	2.42	2.39	2.34	2.29	2.28	2.21	2.16
27	5.63	4.24	3.65	3.31	3.08	2.92	2.80	2.71	2.63	2.57	2.51	2.47	2.43	2.39	2.36	2.31	2.27	2.25	2.18	2.13
28	5.61	4.22	3.63	3.29	3.06	2.90	2.78	2.69	2.61	2.55	2.49	2.45	2.41	2.37	2.34	2.29	2.25	2.23	2.16	2.11
29	5.59	4.20	3.61	3.27	3.04	2.88	2.76	2.67	2.59	2.53	2.48	2.43	2.39	2.36	2.32	2.27	2.23	2.21	2.14	2.09
30	5.57	4.18	3.59	3.25	3.03	2.87	2.75	2.65	2.57	2.51	2.46	2.41	2.37	2.34	2.31	2.26	2.21	2.20	2.12	2.07

续表

n_2	\multicolumn{15}{c}{n_1}
	1	2	3	4	5	6	7	8	9	10	11	12	13	14	15	17	19	20	25	30
40	5.42	4.05	3.46	3.13	2.90	2.74	2.62	2.53	2.45	2.39	2.33	2.29	2.25	2.21	2.18	2.13	2.09	2.07	1.99	1.94
50	5.34	3.97	3.39	3.05	2.83	2.67	2.55	2.46	2.38	2.32	2.26	2.22	2.18	2.14	2.11	2.06	2.01	1.99	1.92	1.87
60	5.29	3.93	3.34	3.01	2.79	2.63	2.51	2.41	2.33	2.27	2.22	2.17	2.13	2.09	2.06	2.01	1.96	1.94	1.87	1.82
80	5.22	3.86	3.28	2.95	2.73	2.57	2.45	2.35	2.28	2.21	2.16	2.11	2.07	2.03	2.00	1.95	1.90	1.88	1.81	1.75
100	5.18	3.83	3.25	2.92	2.70	2.54	2.42	2.32	2.24	2.18	2.12	2.08	2.04	2.00	1.97	1.91	1.87	1.85	1.77	1.71
120	5.15	3.80	3.23	2.89	2.67	2.52	2.39	2.30	2.22	2.16	2.10	2.05	2.01	1.98	1.94	1.89	1.84	1.82	1.75	1.69
∞	5.02	3.69	3.12	2.79	2.57	2.41	2.29	2.19	2.11	2.05	1.99	1.94	1.90	1.87	1.83	1.78	1.73	1.71	1.63	1.57

$\alpha = 0.01$

n_2	\multicolumn{15}{c}{n_1}
	1	2	3	4	5	6	7	8	9	10	11	12	13	14	15	17	19	20	25	30
1	4052.18	4999.50	5403.35	5624.58	5763.65	5858.99	5928.36	5981.07	6022.47	6055.85	6083.32	6106.32	6125.86	6142.67	6157.28	6181.43	6208.73	6239.83	6260.65
2	98.50	99.00	99.17	99.25	99.30	99.33	99.36	99.37	99.39	99.40	99.41	99.42	99.42	99.43	99.43	99.44	99.45	99.46	99.47
3	34.12	30.82	29.46	28.71	28.24	27.91	27.67	27.49	27.35	27.23	27.13	27.05	26.98	26.92	26.87	26.79	26.69	26.58	26.50
4	21.20	18.00	16.69	15.98	15.52	15.21	14.98	14.80	14.66	14.55	14.45	14.37	14.31	14.25	14.20	14.11	14.02	13.91	13.84
5	16.26	13.27	12.06	11.39	10.97	10.67	10.46	10.29	10.16	10.05	9.96	9.89	9.82	9.77	9.72	9.64	9.55	9.45	9.38
6	13.75	10.92	9.78	9.15	8.75	8.47	8.26	8.10	7.98	7.87	7.79	7.72	7.66	7.60	7.56	7.48	7.40	7.30	7.23
7	12.25	9.55	8.45	7.85	7.46	7.19	6.99	6.84	6.72	6.62	6.54	6.47	6.41	6.36	6.31	6.24	6.16	6.06	5.99
8	11.26	8.65	7.59	7.01	6.63	6.37	6.18	6.03	5.91	5.81	5.73	5.67	5.61	5.56	5.52	5.44	5.36	5.26	5.20
9	10.56	8.02	6.99	6.42	6.06	5.80	5.61	5.47	5.35	5.26	5.18	5.11	5.05	5.01	4.96	4.89	4.81	4.71	4.65
10	10.04	7.56	6.55	5.99	5.64	5.39	5.20	5.06	4.94	4.85	4.77	4.71	4.65	4.60	4.56	4.49	4.41	4.31	4.25
11	9.65	7.21	6.22	5.67	5.32	5.07	4.89	4.74	4.63	4.54	4.46	4.40	4.34	4.29	4.25	4.18	4.10	4.01	3.94
12	9.33	6.93	5.95	5.41	5.06	4.82	4.64	4.50	4.39	4.30	4.22	4.16	4.10	4.05	4.01	3.94	3.86	3.76	3.70
13	9.07	6.70	5.74	5.21	4.86	4.62	4.44	4.30	4.19	4.10	4.02	3.96	3.91	3.86	3.82	3.75	3.66	3.57	3.51
14	8.86	6.51	5.56	5.04	4.69	4.46	4.28	4.14	4.03	3.94	3.86	3.80	3.75	3.70	3.66	3.59	3.51	3.41	3.35

附表6 F分布表

续表

n_2 \ n_1	1	2	3	4	5	6	7	8	9	10	11	12	13	14	15	17	20	25	30
15	8.68	6.36	5.42	4.89	4.56	4.32	4.14	4.00	3.89	3.80	3.73	3.67	3.61	3.56	3.52	3.45	3.37	3.28	3.21
16	8.53	6.23	5.29	4.77	4.44	4.20	4.03	3.89	3.78	3.69	3.62	3.55	3.50	3.45	3.41	3.34	3.26	3.16	3.10
17	8.40	6.11	5.18	4.67	4.34	4.10	3.93	3.79	3.68	3.59	3.52	3.46	3.40	3.35	3.31	3.24	3.16	3.07	3.00
18	8.29	6.01	5.09	4.58	4.25	4.01	3.84	3.71	3.60	3.51	3.43	3.37	3.32	3.27	3.23	3.16	3.08	2.98	2.92
19	8.18	5.93	5.01	4.50	4.17	3.94	3.77	3.63	3.52	3.43	3.36	3.30	3.24	3.19	3.15	3.08	3.00	2.91	2.84
20	8.10	5.85	4.94	4.43	4.10	3.87	3.70	3.56	3.46	3.37	3.29	3.23	3.18	3.13	3.09	3.02	2.94	2.84	2.78
21	8.02	5.78	4.87	4.37	4.04	3.81	3.64	3.51	3.40	3.31	3.24	3.17	3.12	3.07	3.03	2.96	2.88	2.79	2.72
22	7.95	5.72	4.82	4.31	3.99	3.76	3.59	3.45	3.35	3.26	3.18	3.12	3.07	3.02	2.98	2.91	2.83	2.73	2.67
23	7.88	5.66	4.76	4.26	3.94	3.71	3.54	3.41	3.30	3.21	3.14	3.07	3.02	2.97	2.93	2.86	2.78	2.69	2.62
24	7.82	5.61	4.72	4.22	3.90	3.67	3.50	3.36	3.26	3.17	3.09	3.03	2.98	2.93	2.89	2.82	2.74	2.64	2.58
25	7.77	5.57	4.68	4.18	3.85	3.63	3.46	3.32	3.22	3.13	3.06	2.99	2.94	2.89	2.85	2.78	2.70	2.60	2.54
26	7.72	5.53	4.64	4.14	3.82	3.59	3.42	3.29	3.18	3.09	3.02	2.96	2.90	2.86	2.81	2.75	2.66	2.57	2.50
27	7.68	5.49	4.60	4.11	3.78	3.56	3.39	3.26	3.15	3.06	2.99	2.93	2.87	2.82	2.78	2.71	2.63	2.54	2.47
28	7.64	5.45	4.57	4.07	3.75	3.53	3.36	3.23	3.12	3.03	2.96	2.90	2.84	2.79	2.75	2.68	2.60	2.51	2.44
29	7.60	5.42	4.54	4.04	3.73	3.50	3.33	3.20	3.09	3.00	2.93	2.87	2.81	2.77	2.73	2.66	2.57	2.48	2.41
30	7.56	5.39	4.51	4.02	3.70	3.47	3.30	3.17	3.07	2.98	2.91	2.84	2.79	2.74	2.70	2.63	2.55	2.45	2.39
40	7.31	5.18	4.31	3.83	3.51	3.29	3.12	2.99	2.89	2.80	2.73	2.66	2.61	2.56	2.52	2.45	2.37	2.27	2.20
50	7.17	5.06	4.20	3.72	3.41	3.19	3.02	2.89	2.78	2.70	2.63	2.56	2.51	2.46	2.42	2.35	2.27	2.17	2.10
60	7.08	4.98	4.13	3.65	3.34	3.12	2.95	2.82	2.72	2.63	2.56	2.50	2.44	2.39	2.35	2.28	2.20	2.10	2.03
80	6.96	4.88	4.04	3.56	3.26	3.04	2.87	2.74	2.64	2.55	2.48	2.42	2.36	2.31	2.27	2.20	2.12	2.01	1.94
100	6.90	4.82	3.98	3.51	3.21	2.99	2.82	2.69	2.59	2.50	2.43	2.37	2.31	2.27	2.22	2.15	2.07	1.97	1.89
120	6.85	4.79	3.95	3.48	3.17	2.96	2.79	2.66	2.56	2.47	2.40	2.34	2.28	2.23	2.19	2.12	2.03	1.93	1.86
∞	6.63	4.61	3.78	3.32	3.02	2.80	2.64	2.51	2.41	2.32	2.25	2.18	2.13	2.08	2.04	1.97	1.88	1.77	1.70

$\alpha = 0.005$

n_2 \ n_1	1	2	3	4	5	6	7	8	9	10	11	12	13	14	15	17	20
1	16210.72	19999.50	21614.74	22499.58	23055.80	23437.11	23714.57	23925.41	24091.00	24224.49	24334.36	24426.37	24504.54	24571.77	24630.21	24681.47	24726.80
2	198.50	199.00	199.17	199.25	199.30	199.33	199.36	199.37	199.39	199.40	199.41	199.42	199.42	199.43	199.43	199.44	199.44
3	55.55	49.80	47.47	46.19	45.39	44.84	44.43	44.13	43.88	43.69	43.52	43.39	43.27	43.17	43.08	43.01	42.94
4	31.33	26.28	24.26	23.15	22.46	21.97	21.62	21.35	21.14	20.97	20.82	20.70	20.60	20.51	20.44	20.37	20.31
5	22.78	18.31	16.53	15.56	14.94	14.51	14.20	13.96	13.77	13.62	13.49	13.38	13.29	13.21	13.15	13.09	13.03
6	18.63	14.54	12.92	12.03	11.46	11.07	10.79	10.57	10.39	10.25	10.13	10.03	9.95	9.88	9.81	9.76	9.71
7	16.24	12.40	10.88	10.05	9.52	9.16	8.89	8.68	8.51	8.38	8.27	8.18	8.10	8.03	7.97	7.91	7.87
8	14.69	11.04	9.60	8.81	8.30	7.95	7.69	7.50	7.34	7.21	7.10	7.01	6.94	6.87	6.81	6.76	6.72
9	13.61	10.11	8.72	7.96	7.47	7.13	6.88	6.69	6.54	6.42	6.31	6.23	6.15	6.09	6.03	5.98	5.94
10	12.83	9.43	8.08	7.34	6.87	6.54	6.30	6.12	5.97	5.85	5.75	5.66	5.59	5.53	5.47	5.42	5.38
11	12.23	8.91	7.60	6.88	6.42	6.10	5.86	5.68	5.54	5.42	5.32	5.24	5.16	5.10	5.05	5.00	4.96
12	11.75	8.51	7.23	6.52	6.07	5.76	5.52	5.35	5.20	5.09	4.99	4.91	4.84	4.77	4.72	4.67	4.63
13	11.37	8.19	6.93	6.23	5.79	5.48	5.25	5.08	4.94	4.82	4.72	4.64	4.57	4.51	4.46	4.41	4.37
14	11.06	7.92	6.68	6.00	5.56	5.26	5.03	4.86	4.72	4.60	4.51	4.43	4.36	4.30	4.25	4.20	4.16
15	10.80	7.70	6.48	5.80	5.37	5.07	4.85	4.67	4.54	4.42	4.33	4.25	4.18	4.12	4.07	4.02	3.98
16	10.58	7.51	6.30	5.64	5.21	4.91	4.69	4.52	4.38	4.27	4.18	4.10	4.03	3.97	3.92	3.87	3.83
17	10.38	7.35	6.16	5.50	5.07	4.78	4.56	4.39	4.25	4.14	4.05	3.97	3.90	3.84	3.79	3.75	3.71
18	10.22	7.21	6.03	5.37	4.96	4.66	4.44	4.28	4.14	4.03	3.94	3.86	3.79	3.73	3.68	3.64	3.60
19	10.07	7.09	5.92	5.27	4.85	4.56	4.34	4.18	4.04	3.93	3.84	3.76	3.70	3.64	3.59	3.54	3.50
20	9.94	6.99	5.82	5.17	4.76	4.47	4.26	4.09	3.96	3.85	3.76	3.68	3.61	3.55	3.50	3.46	3.42
21	9.83	6.89	5.73	5.09	4.68	4.39	4.18	4.01	3.88	3.77	3.68	3.60	3.54	3.48	3.43	3.38	3.34
22	9.73	6.81	5.65	5.02	4.61	4.32	4.11	3.94	3.81	3.70	3.61	3.54	3.47	3.41	3.36	3.31	3.27
23	9.63	6.73	5.58	4.95	4.54	4.26	4.05	3.88	3.75	3.64	3.55	3.47	3.41	3.35	3.30	3.25	3.21
24	9.55	6.66	5.52	4.89	4.49	4.20	3.99	3.83	3.69	3.59	3.50	3.42	3.35	3.30	3.25	3.20	3.16

续表

n_2	1	2	3	4	5	6	7	8	9	10	11	12	13	14	15	17	20
25	9.48	6.60	5.46	4.84	4.43	4.15	3.94	3.78	3.64	3.54	3.45	3.37	3.30	3.25	3.20	3.15	3.11
26	9.41	6.54	5.41	4.79	4.38	4.10	3.89	3.73	3.60	3.49	3.40	3.33	3.26	3.20	3.15	3.11	3.07
27	9.34	6.49	5.36	4.74	4.34	4.06	3.85	3.69	3.56	3.45	3.36	3.28	3.22	3.16	3.11	3.07	3.03
28	9.28	6.44	5.32	4.70	4.30	4.02	3.81	3.65	3.52	3.41	3.32	3.25	3.18	3.12	3.07	3.03	2.99
29	9.23	6.40	5.28	4.66	4.26	3.98	3.77	3.61	3.48	3.38	3.29	3.21	3.15	3.09	3.04	2.99	2.95
30	9.18	6.35	5.24	4.62	4.23	3.95	3.74	3.58	3.45	3.34	3.25	3.18	3.11	3.06	3.01	2.96	2.92
40	8.83	6.07	4.98	4.37	3.99	3.71	3.51	3.35	3.22	3.12	3.03	2.95	2.89	2.83	2.78	2.74	2.70
50	8.63	5.90	4.83	4.23	3.85	3.58	3.38	3.22	3.09	2.99	2.90	2.82	2.76	2.70	2.65	2.61	2.57
60	8.49	5.79	4.73	4.14	3.76	3.49	3.29	3.13	3.01	2.90	2.82	2.74	2.68	2.62	2.57	2.53	2.49
80	8.33	5.67	4.61	4.03	3.65	3.39	3.19	3.03	2.91	2.80	2.72	2.64	2.58	2.52	2.47	2.43	2.39
100	8.24	5.59	4.54	3.96	3.59	3.33	3.13	2.97	2.85	2.74	2.66	2.58	2.52	2.46	2.41	2.37	2.33
120	8.18	5.54	4.50	3.92	3.55	3.28	3.09	2.93	2.81	2.71	2.62	2.54	2.48	2.42	2.37	2.33	2.29
∞	7.88	5.30	4.28	3.72	3.35	3.09	2.90	2.74	2.62	2.52	2.43	2.36	2.29	2.24	2.19	2.14	2.10